革命老区赣南区域研究丛书

U0592892

新时代赣南老区
生态文明高质量发展研究

黄恩华　周利生◎主　编

刘善庆　祁　娟　黄小红◎编　著

RESEARCH ON
HIGH-QUALITY DEVELOPMENT OF
ECOLOGICAL CIVILIZATION OF
GANZHOU IN JIANGXI PROVINCE IN
THE NEW ERA

经济管理出版社

ECONOMY & MANAGEMENT PUBLISHING HOUSE

图书在版编目（CIP）数据

新时代赣南老区生态文明高质量发展研究/黄恩华，周利生主编；刘善庆，祁娟，黄小红编著．—北京：经济管理出版社，2022.7

ISBN 978-7-5096-8572-3

Ⅰ.①新… Ⅱ.①黄… ②周… ③刘… ④祁… ⑤黄… Ⅲ.①生态文明—建设—研究—赣南地区 Ⅳ.①X321.256

中国版本图书馆 CIP 数据核字（2022）第 118169 号

组稿编辑：丁慧敏
责任编辑：吴　倩　张玉珠
责任印制：黄章平
责任校对：蔡晓臻

出版发行：经济管理出版社
　　　　　（北京市海淀区北蜂窝 8 号中雅大厦 A 座 11 层　100038）
网　　址：www.E-mp.com.cn
电　　话：(010) 51915602
印　　刷：北京虎彩文化传播有限公司
经　　销：新华书店
开　　本：720mm×1000mm/16
印　　张：14.5
字　　数：260
版　　次：2022 年 9 月第 1 版　　2022 年 9 月第 1 次印刷
书　　号：ISBN 978-7-5096-8572-3
定　　价：88.00 元

前　言

　　生态环境不仅是关系党的宗旨及使命的重大政治问题，也是关系民生的重大社会问题。2015 年，习近平总书记在参加党的十二届全国人大三次会议江西代表团审议时指出："环境就是民生，青山就是美丽，蓝天也是幸福。要像保护眼睛一样保护生态环境，像对待生命一样对待生态环境。对破坏生态环境的行为，不能手软，不能下不为例。"2017 年，江西省成功获批国家生态文明试验区，江西省委、省政府明确表示绿色生态是江西最大财富、最大优势、最大品牌，一定要保护好，做好治山理水、显山露水的文章，走出一条经济发展和生态文明水平提高相辅相成、相得益彰的路子，打造美丽中国"江西样板"。2019 年 5 月，习近平总书记在视察江西时提出，"在加快革命老区高质量发展上做示范、在推动中部地区崛起上勇争先"的目标定位。革命老区高质量发展必然是体现新发展理念，必然是离不开生态环境保护的发展。中部地区崛起，也必定需要美丽的生态环境支撑。

　　赣南老区地处江西南部、赣江上游，不仅是著名的革命老区，也是我国南方地区重要生态屏障、粤港澳大湾区生态后花园、革命老区高质量发展示范区、美丽中国"江西样板"排头兵，其生态文明建设意义重大。近年来，赣南老区坚决贯彻落实习近平生态文明思想，秉持创新、协调、绿色、开放、共享的新发展理念，扎实推进赣南老区生态文明建设实现高质量发展。自 2012 年《国务院关于支持赣南等原中央苏区振兴发展的若干意见》出台实施以来，赣南老区一方面建立健全生态文明建设的制度和法治体系，推进赣南老区生态文明体系化建设；另一方面开展多样化的生态治理和生态修复实践，深入实施"八大标志性战役、30 个专项行动"，在生态环境保护和治理方面，赣南老区取得了丰硕成果。截至2021 年底，赣南老区成功创建国家级生态文明建设示范县 3 个（崇义县、寻乌县、石城县）、国家级"绿水青山就是金山银山"实践创新基地 1 个（崇义县）、国家级生态乡镇 11 个、国家级生态村 1 个；成功创建省级生态县 6 个（崇义县、寻乌县、石城县、全南县、上犹县、信丰县）、省级"绿水青山就是金山银山"实践创新基地 3 个（石城县、寻乌县、大余县丫山景区）、省级生态乡镇 116 个、省级生态村 161 个。

赣南老区生态文明高质量发展是全国生态文明高质量发展的典型代表，对全国生态文明建设具有重要的参考价值。本书主要是在实地调研和资料分析的基础上，从有效路径、发展机制、建设成效及典型案例等方面系统梳理赣南老区如何在新时代背景下推动生态文明实现高质量发展，以期为推动我国生态文明建设尤其是推动其他革命老区生态文明建设提供借鉴和启示。

目　录

第一章 绪论

第一节 研究背景与意义

一、研究背景

2012年6月，《国务院关于支持赣南等原中央苏区振兴发展的若干意见》正式出台。文件要求将赣南等原中央苏区打造为"全国稀有金属产业基地、先进制造业基地和特色农产品深加工基地""重要的区域性综合交通枢纽""我国南方地区重要的生态屏障""红色文化传承创新区"。建设南方地区重要生态屏障的主要工作是推进南岭、武夷山等重点生态功能区建设，加强江河源头保护和江河综合整治，加快森林植被保护与恢复，提升生态环境质量，切实保障我国南方地区生态安全。

在全面建设社会主义现代化国家新发展阶段，一方面有着"新"的发展任务，社会主义现代化是物质文明、政治文明、精神文明、社会文明、生态文明协调发展的现代化，是富强民主文明和谐美丽全面实现的现代化；另一方面也有着"新"的发展主题，即经济社会发展的重心将逐步从重视经济规模的"高增速"转到提高效率和质量上来，实现"高质量"发展成为新的发展主题。① 高质量发展，是能够满足人民日益增长的美好生活需要的发展，是创新成为第一动力、协

---

① 谈谈我国新发展阶段［EB/OL］. 新华网, http://www.xinhuanet.com/politics/2021-01/04/c_1126942998.htm, 2021-01-04.

调成为内生特点、绿色成为普遍形态、开放成为必由之路、共享成为根本目的且充分体现新发展理念的发展。

2021 年 3 月，习近平总书记在参加党的十三届全国人大四次会议青海代表团审议时提出，"进入新时代，进入新发展阶段，我们的认识也要不断发展深化，我们就是要有生态的认识，要有全局的意识"。① 无论是在经济发达地区，还是在其他地区，坚持生态优先、推动高质量发展都是一道亟待解答的"实践题"。在赣南老区，这道题又有着怎样的答案？赣南老区高质量的生态文明建设是如何开展的？积累了哪些经验？取得了怎样的成效？这些问题受到了学者和社会各界的广泛关注。

本书就以上问题进行了研究。第一章为绪论。介绍了研究背景、目的和意义；第二章为赣南老区践行习近平生态文明思想的路径研究；第三章为赣南老区生态文明高质量发展机制建设研究；第四章为赣南老区生态文明建设高质量发展典型案例分析。

二、研究目的与意义

长期以来，以农业为主的赣南地区生态优美、山清水秀。随着外来人口的不断迁入，人多地少的矛盾日益尖锐，赣南地区大量的土地被开发利用，生态环境趋于恶化。以兴国县为例，根据该县县志记载，兴国县曾经是一片原始森林繁茂、物种丰富、山清水秀的区域。在清同治十年（1871 年），平江两岸青山，航运畅通。但经过近现代人类对山区资源的残酷掠夺，尤其在第二次国内革命战争时期，国民党反动派焚烧山林，致使兴国县森林资源遭到了极为严重的损毁，亚热带原始森林损失殆尽。此外，兴国县广泛分布着多种易被侵蚀的土壤，如花岗岩红壤、红砂岩红壤等，再加上其山区地貌复杂、降水丰沛，由此引发了极其严重的水土流失，一度被称为江南的"红色沙漠"，其土壤侵蚀程度之烈、面积之广、危害之大，在我国南方红壤区实属罕见。1980 年，兴国县水土流失面积达到 1899 平方千米，占县域面积近 60%，占山地面积超过八成，山地植被覆盖率不到三成。

兴国县是赣南地区生态环境遭受严重破坏的一个缩影。这个案例说明，在赣南老区开展生态环境保护工作十分紧迫。自中华人民共和国成立以来，尤其是

---

① 习近平在参加青海代表团审议时强调：坚定不移走高质量发展之路坚定不移增进民生福祉［EB/OL］. 中华人民共和国中央人民政府，http：//www. gov. cn/xinwen/2021－03/07/content_ 5591271. htm，2021－03－07.

《国务院关于支持赣南等原中央苏区振兴发展的若干意见》出台实施以来，赣南老区的生态文明建设得到了中央政府的高度重视和全力支持。赣南老区系统性、全方位的生态保护与建设工作有序展开。

习近平总书记视察江西时强调指出，绿色生态是江西最大财富、最大优势、最大品牌，一定要保护好，做好治山理水、显山露水的文章，走出一条经济发展和生态文明水平提高相辅相成、相得益彰的路子，打造美丽中国"江西样板"。① 赣州市政府始终牢记习近平总书记的殷殷嘱托，在习近平新时代中国特色社会主义思想指引、国家政策大力支持下，赣南老区始终践行习近平生态文明思想，牢固树立新发展理念，紧紧围绕建设国家生态文明试验区、"我国南方地区重要的生态屏障"的战略定位，坚定不移走生态优先、绿色发展之路，大力推进山水林田湖草生态保护修复，在探索具备地域特色的生态高质量发展道路上争当国家生态文明试验区建设排头兵，创造了许多新亮点，翻开了绿色发展的新篇章，这些都是习近平生态文明思想的成功实践。学术界需要对此进行进一步系统研究，在理论上，进一步丰富和深化生态文明建设研究；在实践上，通过总结经验，为赣南老区在新发展阶段中进一步提升生态文明建设提供相关依据，为全国其他革命老区、欠发达地区的生态文明高质量发展提供经验借鉴。

第二节　习近平生态文明思想的地方实践

党的十九届五中全会提出新阶段、新理念、新格局的重要论断。随着经济社会发展和生产力水平的提高，人们对于全面发展的要求也越来越高。工业文明时期带来的负面效应阻碍了人类文明的可持续发展，需要不断实现文明样态的进化，建设新时代生态文明。习近平生态文明思想是习近平新时代中国特色社会主义思想的重要组成部分，具有极其珍贵的时代价值和现实意义，是新时代生态文明建设的根本遵循和行动指南。在习近平生态文明思想指导下，被选择为"国家生态文明试验区"的江西以"绿色崛起"为战略发展目标，提出了"点线面结

---

① 以绿色发展打造美丽中国"江西样板"[EB/OL]. 人民网, http://theory. people. com. cn/GB/n1/2016/0915/c83845-28717571. html, 2016-09-15.

合"等新发展思路；以"争当国家生态文明试验区建设排头兵"的赣州老区采取了一系列新发展举措，积极探寻谋求生态与经济共生发展、实现地方生态产品价值转换的实践路径。

一、习近平生态文明思想的江西实践

(一)"绿色崛起"实现发展新跨越

国家生态文明试验区的创建，是江西实施绿色发展转型、实现绿色崛起实践历程中"后来者居上"的一个关键体现。

自党的十七大正式提出"建设生态文明"目标后，江西提出了"生态立省、绿色发展"的区域发展战略。《鄱阳湖生态经济区规划》于 2009 年正式获得国务院批准，标志着鄱阳湖经济区建设上升为国家战略。围绕生态文明建设与环境监管体制改革，江西在政策与制度创新上进行探索，保持与提升全省生态环境质量。党的十八大以来，江西加快绿色发展转型。2013 年 7 月举办的中共江西省委十三届七次全体（扩大）会议是其中的重要节点。在这次会议上，江西提出了"发展升级、小康提速、绿色崛起、实干兴赣"的十六字方针，将"绿色崛起"作为江西发展战略目标。[①] 2014 年 7 月，江西成功入围"生态文明先行示范区建设"的第一批名单；同年 11 月，《江西省生态文明先行示范区建设实施方案》出台，其目标是要将江西建设成为中部地区绿色崛起先行区，率先走出一条绿色循环低碳发展的新路子。

2015 年 3 月，习近平总书记在参加"两会"江西代表团审议时明确要求江西"着力推动生态环境保护，走出一条经济发展和生态文明相辅相成、相得益彰的路子，打造生态文明建设的江西样板"。同年 12 月，为探索江西生态文明建设的有效模式，努力走出一条具有江西特色的生态文明建设新路子，江西出台《关于建设生态文明先行示范区的实施意见》，决定实施"六大体系"（构建定位清晰的国土空间开发体系、构建环境友好的绿色产业体系、构建节约集约的资源能源利用体系、构建安全可靠的生态环保体系、构建崇尚自然的生态文化体系、构建科学长效的生态文明制度体系），与其对应的"六大举措"如表1-1 所示。

---

① 发展升级 小康提速 绿色崛起 实干兴赣［EB/OL］. 江西新闻网，https：//jiangxi. jxnews. com. cn/system/2013/07/23/012527711. shtml，2013−07−23.

表 1-1　"六大体系"对应的"六大举措"

序号	体系	举措
1	构建定位清晰的国土空间开发体系	优化国土空间开发格局,健全与主体功能区相配套的政策体系,落实主体功能区空间管制措施,完善河湖管理与保护制度,改革和完善市县空间规划体系
2	构建环境友好的绿色产业体系	加快构建绿色产业体系,实施一批特色生态农业、绿色工业、现代服务业等方面的重大工程、重大项目,发展壮大产业集群
3	构建节约集约的资源能源利用体系	推动资源能源节约集约利用,推进节能降耗,加强水资源节约,节约集约利用土地,促进矿产资源合理开发利用
4	构建安全可靠的生态环保体系	加大生态建设和环境保护力度,推进鄱阳湖流域水环境综合治理、污水配套管网等一批重大项目,推进低碳城市、低碳园区、低碳社区等试点示范
5	构建崇尚自然的生态文化体系	加强生态文化建设,倡导生态文明行为,传承发展生态文化,开展生态创建行动
6	构建科学长效的生态文明制度体系	改革和创新体制机制,完善考评机制

资料来源:江西省人民政府官网。

2016 年,江西成为全国首批"国家生态文明试验区"之一(其他两省分别是福建和贵州)。这意味着,在创建"生态文明先行示范区"的第一阶段(2014~2017 年)结束后,江西迈入了"国家生态文明试验区"建设行列,成为"国家队"首批三名成员之一。

(二)"国家生态文明试验区"走出发展新路子

梳理党的十八大以来江西实施绿色发展转型的实践历程可以发现,新时代以来,在习近平生态文明思想的指引下,江西咬定"绿色崛起"这一战略目标,铆足干劲、久久为功,推动"生态文明先行示范区""国家生态文明试验区"的试点建设工作,积累了一系列新经验、新做法。以 2020 年 11 月国家发展改革委发布的《国家生态文明试验区改革举措和经验做法推广清单》为例,江西省共有 35 项做法位列其中,如表 1-2 所示。

表 1-2　江西 35 项改革举措与经验做法

序号	名称	具体内容	指导部门
一、自然资源资产产权			
1	古村落确权抵押利用机制	金溪县对县域范围内的古村落、古建筑进行确权登记。建立传统村落和古建筑的线上交易平台，探索通过多种方式盘活古建筑。开发"古建筑价值抵押+信用"等多种模式的金融产品，为古村落环境整治美化、古建筑保护修复提供资金支持。组建投资运营公司，统筹推进古村落保护与旅游资源开发	国家发展改革委、自然资源部
二、国土空间开发保护			
2	"上截、中蓄、下排"的海绵城市建设机制	萍乡市构建"上截、中蓄、下排"的城市雨洪蓄排体系。上游建设分洪隧洞，进行雨洪优化联合调配。中游布设大型调蓄水体，暴雨时蓄滞洪水，削减下泄洪峰流量；雨后逐步开闸放水，补给城市河流。下游城区段易涝区新建雨水箱涵和排涝泵站，解决因排水系统问题导致的局部内涝。老城区统筹源头减排、过程控制、系统治理各环节，着重解决城市洪涝、水质恶化、水资源短缺等涉水问题。新城区尊重自然肌理，保护河流、湖泊、塘堰、滩涂等自然蓄滞空间，充分利用"天然海绵体"本底	住房和城乡建设部
三、环境治理体系			
3	生态环境监测监察执法垂直管理	统筹推进省以下生态环境机构监测监察执法垂直管理制度改革、生态环境保护综合行政执法改革，设区市（州）生态环境局实行以省厅为主的双重管理，上收县区生态环境局人财物至设区市（州）管理。实行生态环境质量省级监测、考核，将设区市（州）环境监测机构调整为省驻市（州）环境监测机构，将县级环境监测机构主要职能调整为执法监测。按区域设置生态环境监察专员办公室，按照省厅内设机构管理。组建生态环境保护综合执法队伍，推进环境执法重心向市县下移	生态环境部
4	跨部门生态环境综合执法协调机制	建立由生态环境、自然资源、农业、林业、水利、矿管、公安等部门参加的联席会议制度，定期召开会议，开展联合执法检查。成立生态环境综合执法检查组，对相关部门抽调人员集中办公，对查处的生态环境案件提出处罚意见后，交相关职能部门审查确认。宜丰县探索成立生态警察中心，选调专职在编干部，统一负责13个相关职能部门生态环境领域执法事项，提高生态环境综合执法效率	生态环境部
5	按流域设置环境监管和行政执法机构	探索建立流域生态环境保护协作机制，推动流域环境保护统一规划、统一标准、统一环评、统一监测、统一执法。江西省设立赣江流域生态环境监督管理协作小组，省人民政府分管副省长担任组长，相关厅局和相关设区市人民政府分管负责同志为小组成员，组建赣江流域生态环境监督管理办公室	生态环境部

续表

序号	名称	具体内容	指导部门
四、生活垃圾分类与治理			
6	农村生活垃圾积分兑换机制	以村为单位成立"垃圾兑换超市/银行",制定垃圾兑换积分、积分换取商品实施细则,引导和鼓励村民主动开展垃圾分类。根据垃圾种类设定积分值,村民可将收集到的塑料袋、烟蒂、塑料瓶、易拉罐、废电池等垃圾兑换成积分,存入个人积分账户,积分可以兑换日常用品。"垃圾兑换超市/银行"启动阶段,地方财政给予一定资金支持	住房和城乡建设部、农业农村部、国家发展改革委
7	城乡生活垃圾第三方治理模式	鹰潭市按照"全域一体、政府主导、市场运作"方式实施城乡生活垃圾第三方治理,采取PPP模式引入企业提供全过程服务。针对地域面积小、人口较集中的特点,全域由一家公司负责收集转运,所有生活垃圾由一家焚烧发电厂焚烧处置。将农村"智慧环卫"平台接入城区"智慧城管"平台,把垃圾桶、收集站、转运车等设备集成在一套数字化管理平台下	住房和城乡建设部
五、水资源水环境综合整治			
8	河湖长制责任落实机制	省市县乡四级党委、人民政府主要负责同志共同担任总河长,分级分段(片)设立河长湖长。成立实体化运作的河长办,细化实化职责,充分发挥组织、协调、分办、督办作用。设立河道警长,逐村聘请河道专管员,与水文巡测、水政监察等专业队伍协同联动,承担河道日常巡查养护。设立全省统一的监督电话,开展第三方常态暗访。结合河湖长制年度重点工作任务,加强对各省级机关单位和各市县考核,考核结果作为领导干部综合考核评价的重要依据	水利部、国家发展改革委、自然资源部、生态环境部
六、农村人居环境整治			
9	"五定包干"村庄环境长效管护机制	建立定管护范围、定管护标准、定管护责任、定管护经费、定考核奖惩的"五定包干"管理机制,按照每个行政村不少于5万元/年的财政补助标准,建立"省市奖一点、县乡出一点、村集体助一点、群众筹一点、社会捐一点"的村庄环境管护筹资机制。搭建"万村码上通"信息化管护平台,畅通群众监督渠道。通过推行"多员合一"生态管护员制度、市场化运作机制等,实现管护模式多元化、管护队伍精干化、管护资源集约化、管护范围全域化、监管手段信息化,推动解决重建轻管问题	农业农村部

续表

序号	名称	具体内容	指导部门
七、生态保护与修复			
10	重点生态区位商品林管护机制	在加强财力评估的基础上,因地制宜采取租赁、改造提升、赎买、置换等方式,将重点生态区位内限制采伐的商品林逐步调整为公益林,实现"生态得保护,林农得利益"。优先将自然保护区和饮用水水源保护区等重点生态区位林木、个人所有或合作投资造林等非国有非集体权属成熟林和过熟林林木、起源为人工的林木以及优势树种为杉木、马尾松等针叶林纳入改革范围	国家林草局
11	山地丘陵地区山水林田湖草系统保护修复模式	科学规划设计,同步实施流域水环境保护与整治、矿山环境修复、水土流失治理、生态系统与生物多样性保护、土地整治与土壤改良等系统治理五大工程。创新生态修复模式,实施"山上山下、地上地下、流域上下游"同时治理,"上拦、下堵、中间削、内外绿化"全方位蓄水保土,生态化疏河理水、多元化治污洁水。在治理后的废弃矿区种植经济林果、发展生态旅游,实现变废为宝,助力乡村脱贫与振兴发展	自然资源部、生态环境部、财政部、水利部、国家林草局
12	城市生态修复功能修补	景德镇市坚持治山理水、修复生态、补齐短板、完善功能的理念,统筹城市修复与文脉传承,建立"规划一张图、建设一盘棋、管理一张网"推进模式,实施统一规划、系统治理,实施山体生态修复、水系生态治理、添加城区绿化、历史城区保护、补足基础设施、提升城市风貌六大专项行动,全面提升城市功能品质和综合承载能力	住房和城乡建设部
13	赣湘两省"千年鸟道"护鸟联盟	江西省遂川县、湖南省桂东县和炎陵县组建湘赣两省"千年鸟道"护鸟联盟,协同推进候鸟保护、打造"千年鸟道"品牌。两省三地的公安、综治、司法、林业等部门及护鸟队员、志愿者联合开展候鸟保护巡逻与护鸟执法。定期联合开展候鸟保护科普和法治教育,组织志愿者开展爱鸟护鸟、环境整治等志愿服务	国家林草局
八、绿色循环低碳发展			
14	绿色发展"靖安模式"	一产利用生态、二产服从生态、三产保护生态。做优生态精品农业,建设从田间到餐桌全过程溯源系统,打造绿色食品、有机农产品和地理标志农产品品牌,深入推进农村综合改革,成立15个村级集体股份经济合作社、51个村级集体经济合作社。发展绿色低碳产业,编制绿色低碳工业发展规划,形成绿色照明、硬质合金、清洁能源等为主的产业格局。打造全域景区,完善旅游集散中心、游客服务中心、休闲服务节点等基础设施,大力发展健康养生和户外运动产业,形成"有一种生活叫靖安"特色名片	国家发展改革委、生态环境部、农业农村部

序号	名称	具体内容	指导部门
八、绿色循环低碳发展			
15	生态农业融合发展机制	崇义县建立三产融合示范园、三产融合服务站、农企利益联结服务点、电商营销平台，开展院企合作，建成刺葡萄、南酸枣、高山茶等院士（专家）工作站、农业技术联盟。大力推广"龙头企业+基地+个体"合作模式，开发"云上崇义"App，建设智慧物流产业园区，增强产业融合发展动能	农业农村部、国家发展改革委
16	区域沼气生态循环农业发展模式	新余市推进第三方专业化处理，强化养殖企业、废弃物处理中心、农村合作社和农户的合作关系，建设农业废弃物集中量规模化沼气处理工程，实现沼肥全量储存，建立沼气集中供气、沼气全量发电上网系统。坚持农牧结合，因地制宜推广第三方集中处理、区域性循环农业等模式，加快推进粪肥还田，推动养殖和种植各产业链的无缝衔接，促进种植、养殖、加工三位一体发展	农业农村部、国家发展改革委
17	利用废弃矿山发展生态循环农业	定南县在废弃矿山实验种植皇竹草，在固土、改良、循环利用的同时，实现矿山复绿复种，并为草食畜牧业发展提供饲料。通过搭建智慧农业平台，建立养殖业粪污收集处理中心和科研中心，建设能源生态农场基地、科普试验基地和果蔬生态农场基地。以养殖业粪污收集中心沼气发电站和有机肥厂，链接上游多家养殖企业和下游多家种植企业，形成区域生态循环农业模式	农业农村部、国家发展改革委
18	"生态+大健康"产业模式	宜春市编制"生态+大健康"产业发展规划，分专项推进落实。制定鼓励发展中医药、富硒产业、绿色食品等政策。组建南方富硒研究院，成立中科院富硒产业院士工作站，建立"生态+大健康"产业统计核算体系，培育形成一批特色品牌	国家发展改革委
19	全域旅游"婺源"模式	婺源县以旅游为主线，把生态优势和自然美景转化为绿色发展动能，实行全域规划、全域统筹，发展"生态+旅游+民宿""生态+旅游+养生"，为大众提供更多旅游产品。大力培育多元化的市场主体，推进全民兴旅、万众创业。组建旅游市场联合执法调度中心，建立旅游经营户征信系统，落实旅游诚信预赔等制度	文化和旅游部、农业农村部
20	绿色生态技术标准创新机制	编制生态文明建设标准体系框架及明细表，开展国家技术标准创新基地（江西绿色生态）建设，推动节能、稀土、水土保持、中药等重点领域标准研制。制定绿色生态标准化原理和方法，开展节能、循环经济、绿色生态家园、美丽乡村等40多个国家级和省级标准化试点示范建设，完成10余项国家标准、300余项地方标准和10余项团体标准制修订	市场监管总局

续表

序号	名称	具体内容	指导部门
八、绿色循环低碳发展			
21	"碳普惠"制度	抚州市开发上线碳普惠公共服务平台"绿宝",采用实名注册,通过政府激励、商业活动、考核监管等手段,引导市民通过绿色低碳生活方式积累碳币、享受商业消费折扣。组建碳普惠商家联盟,联合千家商户开展碳币兑换	生态环境部、国家发展改革委
九、绿色金融			
22	林业金融产品创新	建立林业金融服务平台,形成线上线下结合的林银协同、信用评价和名单管理机制。强化中介监管,防范虚评高估等执业风险。推出林农信用贷款、细分林种抵押贷款	国家林草局、中国人民银行、中国人民银行保险监督委员会
23	林权抵押融资推进储备林基地建设	吉安市采用"足额商品林林权抵押担保+市级风险准备金+项目林权排他性承诺+林业综合保险"的林权抵押融资模式,从银行获得贷款用于储备林基地建设	国家林草局、中国人民银行
24	绿色市政工程地方政府债	江西省以赣江新区儒乐湖新城综合管廊建设项目为标的发行地方政府债券,合理确定发行规模和期限,通过"入廊运营收入+广告收入+政府补贴"模式实现项目收支整体动态平衡。发行期限为30年,有利于缓解期限错配,降低地方债务风险	财政部、中国人民银行
25	畜禽智能洁养贷	以养殖企业的立项备案书、环评合格报告、动物防疫条件合格证为基础,由政府颁发养殖经营权证。建立互联网智能养殖管理平台,以养殖经营权证做抵押,养殖企业向银行申请养殖废弃物资源化利用专项贷款,推动畜禽养殖业高质量发展	中国人民银行、财政部、农业农村部
26	"信用+"经营权贷款机制	抚州市对各类自然资源统一确权登记,以信用平台做依托,鼓励商业银行参考金融信用信息基础数据库信息和政府公共信用信息,推进林农快贷、云电贷、云税贷、抗疫信用贷等纯信用贷款产品	中国人民银行、自然资源部、国家林草局、国家发展改革委
十、生态补偿			
27	鄱阳湖流域全覆盖生态补偿机制	在鄱阳湖流域100个市县全面实施生态补偿机制,采用财政、行业部门、社会与市场各出资一部分的方式筹集补偿资金,资金规模每年超过30亿元。建立以水环境质量、森林生态质量、水资源管理为核心的考核分配制度,根据考核结果分配补偿资金,并重点向源头地区、重点生态功能区、贫困地区倾斜。加强资金管理,建立跟踪问效机制	财政部、生态环境部、自然资源部、国家发展改革委、水利部、国家林草局

续表

序号	名称	具体内容	指导部门
十、生态补偿			
28	东江流域跨省横向生态补偿机制	江西省与广东省签订东江流域横向补偿协议，各出资1亿元设立补偿资金，每年根据水质达标情况实施横向补偿。制定资金管理办法，根据各县流域面积、治理任务、水质目标等情况，按照因素法进行考核，并按照4∶1的权重，分别设立基本补偿资金和绩效奖励资金	财政部、生态环境部、国家发展改革委
十一、生态扶贫			
29	"多员合一"生态管护员制度	武宁县将原有分散的、季节性的、收入较低的护林员、养路员、保洁员、河流巡查员等队伍整合为集中的、全季性的、收入相对合理的专业生态管护员队伍。统筹考虑山林面积、公路里程、河流长度、村庄数量等因素，合理划分管护区域，实现"一人一岗、一岗多责"。统筹原护林员补助、保洁员补助和乡村公路养护费等，设立生态环境管护专项资金	国家林草局
十二、生态司法			
30	地域与流域相结合的环境资源审判机制	江西省在重点流域（区域）设置环境资源法庭，推进环境资源案件集中管辖，省级层面法检建立协商机制，各流域（区域）法庭所在地法检联合发文规范流域（区域）法庭跨区域管辖问题	最高人民法院、最高人民检察院
31	生态恢复性司法机制	改变以往对环境资源违法犯罪行为一判了之的做法，采用生态恢复性司法裁判方式，对盗伐林木罪、滥伐林木罪、非法占用农地罪等案件，除判处被告人刑罚外，还判令就地或异地补植林木、恢复土地原状、整治污染水体等。将是否主动修复生态环境作为认罚的重点，将修复生态环境的情形作为从宽处理的依据。建立联合监督机制，对被告人履行修复义务的效果进行全面评估，督促被告人全面充分履行生态修复义务，形成"破坏—判罚—修复—监督"完整闭环	最高人民法院、最高人民检察院、生态环境部、自然资源部、农业农村部、国家林草局
十三、生态文明立法与监督			
32	制定省级生态文明建设促进条例	以习近平生态文明思想为根本遵循，将中央关于生态文明建设的部署作为立法的主线，对生态文明建设的目标与原则、规划与建设、保护与治理、保障措施、监督机制、法律责任等作出规定。明确由省人民政府负责统一领导、组织、协调全省生态文明建设工作	国家发展改革委
33	省级人民政府向省人民代表大会报告生态文明建设情况制度	江西省人民政府向省人民代表大会报告全省生态文明建设情况，接受省人大代表监督，建立人大代表意见台账，及时办理落实，将办理意见反馈人大代表	全国人大环资委

续表

序号	名称	具体内容	指导部门
十三、生态文明立法与监督			
34	人大监督生态环境保护工作机制	江西省人大环资委牵头开展"环保赣江行"活动，省委、省政府有关部门参加，省市县三级人大常委会上下联动，每年围绕一个群众关心的环境问题，以"检查采访—反馈—整改—跟踪回访—再反馈—再整改"的模式开展监督	全国人大环资委
十四、生态文明考核与审计			
35	建立自然资源资产离任审计评价指标体系	针对各地主体功能区定位以及自然资源禀赋特点，结合领导干部岗位职责，科学设计评价指标。按照约束性指标完成情况、决策与监督职能履行情况、开发利用与保护修复情况、资金项目管理绩效等分类，初步构建自然资源资产离任审计指标库、知识库、法规库和审计数字化服务平台，探索界定党政领导干部的责任边界。通过组建省级大数据分析团队，统一分析数据、查找疑点，将分析结果推送至各现场审计组，缩短审计时间，扩大审计覆盖面	审计署

资料来源：中华人民共和国国家发展和改革委员会官网。

表1-2所述举措是江西"国家生态文明试验区"试点建设工作所取得的有益成果，该成果为全国提供了可复制、可推广、可操作的经验做法，不仅将极大地促进各地区进一步深化生态文明体制改革，而且对"十四五"时期加快推进生态文明建设具有重要意义。

（三）"点线面结合"实现发展新接力

回望40余年，绿色发展的接力赛，江西一直没有停步。从打造生态文明的"江西样板"，到打造美丽中国的"江西样板"，高质量建设江西生态文明的战鼓更急、步子更快。以"点线面"结合，由点带面、由线串点的方式统筹推进生态文明建设工作，是江西提出的一种重要思路，而践行这种思路的主要体现就是实行省市县乡村五级河长制、湖长制、林长制。

2015年底，江西省委办公厅、省政府办公厅联合印发《江西省实施"河长制"工作方案》，宣布在全省全面启动河长制。江西在全国率先建立了党政同责、区域和流域相结合，覆盖全省所有水域的高规格五级河长制组织体系，构建了河长领衔、部门协同、流域上下游共同治理的河长制运行机制。可以说，其体系之完备、覆盖面之广、工作力度之大，前所未有。江西省委、省政府主要负责同志分别担任省级"总河长"、副"总河长"，另外7名省领导分别担任赣江、信江、抚河、鄱阳湖、饶河、长江江西段、修河省级"河长"。2018年5月，江西省委办公厅、省政府办公厅印发了《关于在湖泊实施湖长制的工作方案》，并将湖长制工作内容纳入河长制组织体系、责任体系和制度体系，一同部署、一同推进、一同落实、一同考核。

林长制的推行要溯源至2016年。这一年，抚州市在全国率先推行"山长制"；2017年，武宁县又在江西省率先铺开"林长制"。2018年7月，江西省委办公厅、省政府办公厅发布《关于全面推行林长制的意见》，要求在全省全面建立以各级党政领导同志担任林长、全面负责相应行政区域内森林资源保护发展的林长制管理机制，并且将林长制工作纳入当年的全省政府工作报告和国家生态文明试验区建设工作要点。沿着"点线面结合"的总体思路，江西一步步完善发展，最终形成了河长制、湖长制、林长制工作的"江西样板"。

二、赣南老区践行习近平生态文明思想的实践创新：以"山水林田湖草"生态保护修复试点为例

（一）"山水林田湖草"生态保护修复试点的申报背景

党的十八届五中全会提出，实施山水林田湖生态保护和修复工程，筑牢生态安全屏障。中共中央、国务院印发的《生态文明体制改革总体方案》要求整合财政资金，推进山水林田湖生态修复工程。为贯彻落实以上会议及文件要求，2016年10月，财政部、原国土资源部、原环境保护部三部门联合印发《关于推进山水林田湖生态保护修复工作的通知》（财建〔2016〕725号）。该通知指出，除了加强对地方开展山水林田湖生态保护修复的指导之外，中央财政还将对典型重要山水林田湖生态保护修复工程给予奖补。2017年7月，中央全面深化改革领导小组第三十七次会议明确"坚持山水林田湖草是一个生命共同体"，要求构建以国家公园为代表的自然保护地体系。

赣州是赣江、东江源头，是我国南方地区重要的生态屏障，生态战略地位十分重要。建设好赣州生态屏障，对江西、对香港地区十分有利，对改善赣江和东江流域生态环境具有重要意义。赣州提出开展低质低效林改造工程，建设生态屏障，不仅对赣州、江西，甚至对广东等周边省份都是一件大好事。赣州紧抓低质低效林改造先行先试的良好契机，在2017年成功申报我国首批山水林田湖草生态保护修复试点。自试点工作开展以来，赣州积极实施流域水环境保护与整治、矿山环境修复、水土流失治理、生态系统与生物多样性保护、土地整治与土壤改良五大生态建设工程，筹集183亿元，首批开工28个项目，纵深推进国家山水林田湖草生态保护修复试点建设。

（二）"山水林田湖草"生态保护修复试点的创新之举

1. 设立赣州市山水林田湖生态保护中心

为加强"山水林田湖草"生态保护修复试点工作领导，赣州设立了直属市政府的山水林田湖生态保护中心，该机构为正处级全额拨款事业单位，内设综合科以及项目管理科。综合科主要负责文电、会务、机要、档案、劳动人事、工资、文秘、收文等机关日常运转，负责机关财务和行政后勤工作；项目管理科主要负责编制山水林田湖生态保护修复方案，负责牵头制定项目及资金管理办法，拟订上级补助资金分配方案，指导、组织项目实施，开展项目监督考核，负责生态保护协调等工作。同时，成立了以市政府主要领导为组长、分管领导为副组长，市财政局、自然资源局、生态环境局等相关部门主要领导为成员的山水林田湖生态修复工程领导小组，形成了主要领导亲自抓总、分管领导全力调度、单位部门抓实推进的协同作战工作机制。

2. 构建多元化要素投入机制

长期以来，受历史、地理等因素制约，赣南地区的经济发展仍然相对滞后，属于欠发达地区。只有将中央财政奖补资金用好，实现其放大效应，才能充分发挥生态保护修复的效益。

为了实现中央财政奖补资金的放大效应，赣州在资金筹措上创新了多种方式。例如，整合上级和本级相关生态环保资金，设立生态基金，发行绿色债券，采用 PPP（Public-Private-Partnership）模式，强化企业治理主体责任和引导群众投工投劳等，构建多元化要素投入机制。构建多元化要素投入机制的具体举措如表 1-3 所示。

表 1-3　构建多元化要素投入机制的具体举措

序号	具体举措
1	积极争取中央差异奖补资金和省财政资金支持
2	按照"职责不变、渠道不乱、资金整合、捆绑使用"的原则，整合各级财政相关资金，统筹用于山水林田湖草生态保护修复
3	设立生态基金。由县财政出资，按照 1∶4 的比例放大资金效益，吸引金融和社会资本合作设立山水林田湖草生态修复保护基金
4	以赣州获批国家产融合作城市为契机，抓住国家大力发展绿色金融的战略机遇，通过赣州发头集团等与国家开发银行等金融机构合作，发行绿色债券专项用于山水林田湖草生态保护修复

续表

序号	具体举措
5	鼓励社会投入。大力推广 PPP 模式，积极争取中国政企合作 PPP 引导基金支持，吸引社会资本投入，推进污水处理、垃圾处理等可产生经营性收益的山水林田湖草生态保护修复项目建设
6	发挥政府治理主体作用。加强宣传督查，强化企业主体责任落实，引导群众投工投劳

资料来源：赣州市人民政府官网。

3. 推动低质低效林改造工作

李克强在 2016 年视察赣州时，要求赣州市政府"对低质低效林改造怎么做，地方要先行研究方案，争取今年秋冬先动起来"。[①] 赣州首先将低质低效林的改造工作作为山水林田湖生态保护修复的重要环节，并积极先试先行。

低质低效林的改造重点包括三方面：一是铁路、高速公路、国省干道 1 千米范围可视山的低质低效林，按照多补阔叶树、多栽彩叶树、多造景观林，建设道生态风景林的要求进行重点改造；二是城镇、村庄周边的低质低效林，按照江西省林业局乡村风景林建设要求进行重点改造；三是主要江河源头、两岸的低质低效林，按照水源涵养林的建设要求进行重点改造。

改造方式主要有四种：更新改造、补植补造、抚育改造和封育改造。在具体操作过程中，因地制宜、因林而异，选用一种或多种改造方式，具体改造方式及改造对象如表 1-4 所示。

表 1-4　低质低效林的具体改造方式及改造对象

序号	改造方式	改造对象
1	更新改造	被火烧、采伐后的稀疏残次林（含未及时更新的火烧迹地、采伐迹地）以及不适地适树造林、盗伐滥伐、病虫害等原因造成的低质低效林，主要采取更新重造的方式，以恢复和增加森林植被，提高林木生长量
2	补植补造	长势差、郁闭度小、生态功能弱的马尾松低质低效林，特别是水土流失严重山地，适合在林中空地补植补造乡土阔叶树，以优化树种结构，培育针阔混交林，改良土壤结构，提高森林生态效益

---

① 赣州市：扎实推进山水林田湖生态保护修复试点工作［EB/OL］. 吉安市财政局，http://czj. jian. gov. cn/news-show-1274. html，2017-04-19.

续表

序号	改造方式	改造对象
3	抚育改造	密度过大、林木分化严重、生长量明显下降的林分，以及油茶低产林、毛竹低产林，主要采取抚育（包括砍杂、间伐、垦复、施肥等措施）改造的方式，以调整林分密度、结构，改善生长环境，促进林木生长、果实发育，提高林产品产量
4	封育改造	对自然条件及天然更新条件较好，通过封山育林可以达到改造目的的低质低效林，则采取封山育林或辅以人工促进更新措施。特别是生态公益林，适合采取封育改造措施

资料来源：赣州市林业局官网。

在低质低效林改造过程中，赣州坚持"生态优先、提升质量，发展产业、兴林富民，因地制宜、科学改造，重点优先、全面推进，政府引导、市场主导"的五大基本原则，通过科学制订方案、加大资金投入、完善采伐政策、创新经营机制、强化科技支撑、加强领导和考核等方式，保障方案的有效实施。

第三节　新时代赣南老区生态文明建设布局研究

一、赣南老区生态文明建设的战略规划和总体定位

（一）基本概况介绍

赣州也被称为赣南，是著名的革命老区，"据五岭之要会，扼赣闽粤湘之要冲"；自古就是"承南启北、呼东应西、南抚百越、北望中州"的战略要地；地处江西南部、赣江上游，东邻福建省三明市和龙岩市，南毗广东省梅州市、韶关市，西接湖南省郴州市，北连江西省吉安市和抚州市；纵距 295 千米，横距 219 千米，全市总面积 39379 平方千米，是江西面积最大的地级市。

赣南老区地处北纬 24°29′~27°09′，东经 113°54′~116°38′，属于亚热带丘陵山区湿润季风气候。域内山地众多，地形以山地丘陵为主，兼顾 50 个大小不等的红壤盆地，其中，市域内丘陵面积、山地面积和红壤盆地面积分别是 24053 平方千米、8620 平方千米、6706 平方千米，分别占市域土地总面积的 61%、22% 和 17%。四周山峦重叠、丘陵起伏、溪水密布、河流纵横，千余条支流汇成上犹江、章水、梅江、琴江、绵江、湘江、濂江、平江、桃江 9 条较大支流，最终在

章贡区相汇形成赣江，北入鄱阳湖，属长江流域赣江水系。另有百条支流分别从寻乌、安远、定南、信丰流入珠江流域东江、北江水系和韩江流域梅江水系。

（二）战略定位分析

赣南在中国革命历史上具有特殊的重要地位，是土地革命战争时期中央苏区的主体和核心区域，是中华苏维埃共和国临时中央政府所在地，是中华人民共和国的摇篮和苏区精神的主要发源地。自改革开放以来，赣南老区发生了翻天覆地的变化，但是相比于其他地区来说，其经济社会发展相对滞后。在党中央国务院的大力支持下、在江西省委省政府的全力推动下，赣南老区党委政府积极作为，老区人民感恩奋进，积极发挥赣州生态资源优势，推动赣南老区的振兴发展。综合各级政府出台的政策文件，赣南老区生态文明建设定位具有鲜明的时代性，并且随着时间的推移，其内涵不断得到丰富发展。

1. 我国南方地区重要生态屏障

2012 年，《国务院关于支持赣南等原中央苏区振兴发展的若干意见》出台，明确提出将赣南等原中央苏区打造成为我国南方地区的重要生态屏障。其主要依据在于，赣南等原中央苏区自然资源丰富、生态环境优美，尤其是赣州森林覆盖率高达 76.4%，同时地处南岭、武夷山和罗霄山三大山脉交汇地带，是东江和赣江的源头，是我国南方地区重要的水域，显著影响着南方地区的生态环境。自《国务院关于支持赣南等原中央苏区振兴发展的若干意见》实施以来，赣南老区积极贯彻落实文件精神，积极打造我国南方地区重要生态屏障，大力推进南岭、武夷山等重点生态功能区建设，加强江河源头保护和江河综合整治，加快森林植被保护与恢复，提升生态环境质量，切实保障我国南方地区生态安全。

2. 粤港澳大湾区生态后花园

2020 年 6 月，江西省人民政府印发《关于支持赣州打造对接融入粤港澳大湾区桥头堡若干政策措施的通知》，精准定位赣州生态文明建设，明确提出将赣州打造成"大湾区生态康养旅游后花园"，要求赣州充分发挥绿色生态、文化资源优势，适应大湾区消费升级和高端市场需求，成为大湾区的优质农产品供应基地、文化和旅游及康养休闲胜地。

赣州抓住政策机遇，大力建设康养休闲旅游胜地、国家区域医疗中心、国家结合试点单位和国家分级诊疗试点城市；积极推动与广东共建综合性医疗健康数据管理和健康服务中心，建设一批互换式、候鸟式、旅居式养老联合体。大力发展居家社区养老，深化公办养老院转型升级，支持养老服务体系建设；推动开通赣深（港）旅游专列和大湾区旅游直通车，联合打造高铁旅游走廊，共同开发高铁和高速公路"一程多站"旅游产品；争取实施"144 小时过境免签"政策。支持安远县三百山创建国家 AAAAA 级景区，大余丫山、阳明湖等创建国家级旅游度假区。

3. 美丽中国"江西样板"排头兵

习近平多次视察江西和赣州，多次强调要饮水思源、不能忘记革命老区的父老乡亲，为赣南老区振兴发展把脉定向、擘画蓝图。

2015 年，习近平总书记在参加党的十二届全国人大三次会议江西代表团审议时，殷殷嘱托江西要走出一条经济发展和生态文明相辅相成、相得益彰的路子，打造生态文明建设的"江西样板"。同年，中共中央、国务院下发《关于加快推进生态文明建设的意见》和《生态文明体制改革总体方案》，建立健全生态文明建设的"四梁八柱"，启动建立国家级生态文明试验区。2016 年 8 月，《关于设立统一规范的国家生态文明试验区的意见》出台，江西成为首批统一规范的国家级生态文明示范区。2017 年 10 月，《国家生态文明试验区（江西）实施方案》出台，指出"在江西建设国家生态文明试验区，有利于发挥江西生态优势，使绿水青山产生巨大的生态效益、经济效益、社会效益，探索中部地区绿色崛起新路径"。

美丽中国"江西样板"是党中央对江西的殷切希望，是江西承担的重要使命。赣州作为江西森林覆盖率最高和生态资源较为丰富的设区市，勇担责任，积极贯彻落实习近平视察江西和赣州讲话精神，在 2019 年 7 月召开的中共赣州市委五届七次全体（扩大）会议上明确提出高质量推进生态建设，争当美丽中国"江西样板"的排头兵，打造"山水林田湖草综合治理样板区"。为此，赣州在江西率先成立山水林田湖生态保护中心，统一协调治理山水林田治理工作，组织编制山水林田湖生态保护修复总体及分年度实施方案，牵头制定山水林田湖生态保护修复项目、资金管理办法，构建量化指标评价和考核体系并实施监督检查等。赣州山水林田湖保护中心结合废弃矿山修复、崩岗水土流失治理、土地征地等生态建设工程，以政策为导向，探索"绿水青山""金山银山"双向转换机制，探索开展自然资源和生态价值评估，让生态可以充分体现生态价值；探索市域内生态、经济、社会协调发展的新模式，为江西其他设区市生态保护和科学开发提供参考。

4. 革命老区生态文明高质量示范区

中共赣州市委五届七次全体（扩大）会议审议通过的《中共赣州市委关于深入学习贯彻习近平总书记视察江西和赣州重要讲话精神建设革命老区高质量发展示范区的决定》，对标对表习近平 2019 年 5 月视察江西、赣州的重要讲话精神，明确提出将赣州建设成革命老区高质量发展示范区。

赣州争当建设革命老区高质量发展示范区，推动"绿水青山""金山银山"的双向转化，实现生态文明高质量发展是其应有之义。为此，一方面，赣州结合自身生态资源特色，积极发展富硒蔬菜产业、赣南脐橙产业、生态康养产业等，推动"绿水青山"经济价值的实现；另一方面，赣州积极推动产业生态化发展，在实施污染防治攻坚战的基础上，大力发展实体经济，做大做强"两城两谷两带"主导产业和各地首位产业，构建赣州特色产业现代产业体系。

二、赣南老区生态文明建设的主要目标

2021年1月20日，中共赣州市委五届十次全体会议通过《中共赣州市委关于制定全市国民经济和社会发展第十四个五年规划和二〇三五年远景目标的建议》，清晰明确地订立了"十四五"时期赣州生态文明建设的主要目标。

第一，筑牢我国南方地区重要生态屏障。坚持绿水青山就是金山银山理念，坚定不移走生态优先、绿色发展之路，守住自然生态安全边界。持续深入推进防污治污。全面推进"五气"同治，开展臭氧污染防治攻坚、碳排放达峰行动，巩固提升大气环境质量。深入开展"清河行动"，推进城镇污水管网全覆盖，梯次实施农村污水治理，实现河畅水清岸绿景美。推进污染土壤修复治理，加强化肥农药减量、白色污染治理和危险废物、医疗废物安全处置，重视新污染物治理。推进长江经济带生态环境污染治理"4+1"工程建设，全面落实长江流域重点水域十年禁渔，强化沿岸整治，建设"百里滨江绿廊"。统筹山水林田湖草等各种生态要素协同治理，打造以废弃矿山生态修复、南方地区崩岗治理、多层次流域生态补偿为特色的生命共同体示范区。加强江河源头保护和江河综合整治，继续实施东江流域上下游横向生态补偿、低质低效林改造、水土流失治理、生态湿地保护等重大生态建设工程。以城乡污水垃圾、工业废水处理、危险废物利用处置、清洁能源供应及园区监测监控能力建设等为重点，推动环保基础设施提档升级。探索组建环保医院，加强基层环保人才队伍建设和技术储备。

第二，拓展"两山"转化通道。探索建立生态产品统一确权登记制度，建立生态产品价值核算体系，科学编制自然资源资产负债表。探索推进排污权、用能权、用水权、碳排放权等环境权益交易，开展碳汇交易、林地赎买等改革试点，加快生态产品价值实现。推进国家生态综合补偿试点建设，探索森林资源有偿使用和生态补偿制度。构建绿色生态产业体系。实施能效"领跑者"行动，推进资源高效节约利用，争创绿色矿业发展示范区，建设区域性固体废弃物综合

利用基地。加快发展循环经济、绿色经济，开展绿色技术创新企业培育行动，建立绿色技术创新体系和金融支撑体系。推进矿山公园、水保示范园建设。倡导绿色生活消费方式，大力发展绿色回收、服务租赁等新商业模式，推行垃圾分类和减量化、资源化利用，深入实施节约型机关、绿色社区、绿色建筑等创建行动。

第三，完善生态文明制度体系。实行最严格的生态保护制度。建立以国土空间规划为基础，以统一用途管制为手段的国土空间开发保护制度，全面实施国土空间监测预警和绩效考核机制，严格执行"三线一单"生态环境分区管控要求。打造河（湖）长制林长制路长制升级版。实施天然林保护和修复工程，建设木材储备林。健全耕地休耕轮作制度。推进自然保护地整合优化和分类管理，构建以国家公园为主体的自然保护地体系。加强外来物种管控。深化生态综合执法模式，建立环境资源司法保护和联动机制，落实生态环境督察制度。完善环境保护、节能减排约束性指标管理。建立健全环保信用评价、环保信息强制性披露和失信联合惩戒机制。全面推行生态环保"党政同责"和"一岗双责"，加大生态环保责任规定、自然资源资产审计、生态环境损害赔偿、生态环保执纪问责等制度执行力度。

第二章 赣南老区践行习近平生态文明思想的路径研究

第一节 不断创新发展形式

从历史上来看，生态文明时代是继狩猎文明、农业文明、工业文明时代之后出现的新文明时代，是人类社会文明形态发展的新阶段。从内容上来看，生态文明是与物质文明、政治文明、精神文明、社会文明有机统一、相辅相成、协同发展的具体文明形式，是人类社会文明体系的基础构成。[①] 赣南老区生态文明建设要实现高质量发展，必须坚持创新发展，发挥创新第一动力作用，解决好生态文明建设中发展动力的问题；通过理念创新、科技创新带动本区域生态文明高质量发展。

一、理念创新推动生态文明建设高质量发展

理论创新和实践创新是辩证互动的发展过程。一方面，我国生态文明理论创新是在生态文明建设实践中发展起来的，即生态文明实践及其创新是理念创新的出发点；另一方面，我国生态文明理论创新最后又要回归实践，对生态文明实践创新起指导性作用，即生态文明理念创新的落脚点依旧在于生态文明实践创新。[②] 因此，在生态文明建设中，思想理论的进步和理念的创新，往往是引领和

[①] 万劲波 . 强化生态文明建设的创新支撑 [J] . 世界环境，2017 (6)：19-21.

[②] 方世南 . 生态文明理念创新指导实践的十大着力点 [J] . 学习论坛，2020 (4)：5-10.

推动赣南老区生态文明实践的关键。党的十八大以来，赣南老区贯彻落实习近平生态文明思想，以系统治理"两山"理论指导生态文明实践，推动赣南老区生态文明高质量发展。

（一）"系统治理"理念创新生态修复模式

赣南老区坚持系统治理、全局治理的思想，率先在江西成立山水林田湖草中心，创新生态修复模式，打造试点示范样板。人与自然是生命共同体，自然中的山水林田湖草也是互为关联的生命共同体，只有系统治理，才能真正做好生态修复工作。赣南老区突破过往"管山不治水、治水不管山、种树不种草"的单一保护修复模式，以"系统治理"思想指导和探索基于当地特色的赣南治理模式。

第一，因地制宜，初步形成我国南方地区崩岗治理示范区。首先，赣南老区采用生态修复综合治理模式推进示范区建设，在科学规划"东北、东南、西北、西南"四大修复片区的基础上，大力开展流域水环境保护与整治、矿山环境修复、水土流失治理、生态系统与生物多样性保护、土地整治与土壤改良五大生态建设工程，既做到整体推进又突出重点。其次，赣南老区采用生态开发模式和生态旅游综合治理模式推进示范区建设，提出"像抓工业城镇化那样抓旅游"，充分发挥红色、古色、绿色资源，着力打造宋城文化旅游核心区、红色旅游区、客家文化旅游区、生态休闲度假旅游区"一核三区"，推动全域旅游的发展。截至2020年5月，赣州全域旅游实现了从"无"到"有"、从"一处美"到"一片美"、从"一时美"到"持续美"，旅游重点项目相互串联组合，形成了宋城文化之旅、红色文化之旅、客家文化之旅等两日游、三日游、五日游共计50条全域旅游精品游线。

第二，积极构建多层次的生态补偿先行区，建立健全市域内和跨省域的生态补偿机制，以推动赣南老区生态文明建设。赣南老区建立健全市域内生态补偿机制，探索建立章江、贡江等县与县之间的生态补偿机制，有效护住了行政区域内水域的水质、水流。赣南老区建立健全跨省域的生态补偿机制，与广东签署东江流域上下游横向生态补偿协议，有效保证东江"一江清水"向南流。

第三，打造废弃稀土矿山环境修复样板区。赣州老区坚持"系统治理"思想，构建了矿山治理山上山下、地上地下、流域上下的"三同治"修复模式，通过种树、植草、固土、定沙、洁水、净流综合治理等多元化方式提高植被覆盖率，改善土壤质量，提升入河水质，有效改善革命老区生态环境质量。

（二）"两山"理论创新生态惠民路径

赣南老区贯彻落实"两山"理论，创新生态惠民路径，打通双向转换通道。

赣南老区在生态文明建设中，高度践行"绿水青山就是金山银山"的理念，在大力保护生态环境、开展生态治理修复的基础上，以"生态产业化、产业生态化"为重要抓手，打通"两山"双向转换通道，以实现生态共享惠民。

大力开展生态产业化，积极盘活生态资源，将生态资源转换为经济要素，以推动赣南革命老区由"绿水青山"向"金山银山"转化。针对森林资源丰富的实际情况，赣南老区积极利用森林资源优势发展竹、森林药材与香精香料、森林食品、苗木花卉、森林景观利用等林下经济产业。充分发挥水资源丰富的优势，优化种养结构，大力发展循环经济，推动稻田养鱼、养鸭，茶园、果园、林地养鸡（畜），粮—猪—沼—果（茶）等复合式生产模式。

大力开展产业生态化，积极推动产业绿色发展、清洁发展，保证产业的发展既能够保护生态环境，又能够促进经济发展。赣南老区基于资源禀赋推进产业结构优化升级，强化生态产品联动机制，大力发展"生态+"，推动形成生态化产业体系，推动生态保护和经济发展之间保持优良的平衡关系，以实现"绿水青山"和"金山银山"的转化。

二、科技创新推动生态文明建设高质量发展

创新是发展的第一动力，是驱动赣州生态文明建设高质量发展的重要推力。所谓创新，是坚持创新在现代化建设全局中的核心地位，既要求在生态文明建设体制机制上实现创新，又要求充分发挥科技创新的保障支撑作用。赣南老区发挥科技创新的保障支撑作用主要体现在以下三大方面：一是依靠科技创新有利于缓解本区域内资源紧缺的严峻形势；二是依靠科技创新有利于解决本区域内生态环境的环境污染等问题；三是以创新驱动生态文明建设的根本点在于实现绿色发展，要求赣南老区大力加强绿色科技创新，大力发展绿色经济、低碳经济、循环经济及其所需的节能环保装备、产品和服务业，培育壮大节能环保产业，从而推动赣南老区绿色发展。

（一）以科技创新提升资源利用率

当前，赣州生态文明建设成效明显，资源消耗大幅下降，这是赣州贯彻落实习近平生态文明思想的重大成果，是赣州响应党中央、江西省号召的重要反馈，是赣州打好生态环境保卫战的重要捷报。然而，在国家大环境背景下，我国资源紧缺问题依旧严峻。面对"资源短缺"的现实困境，解决资源短缺的问题离不开技术的助力。过去，我国处于技术水平较低的困境中，以资源过度消耗换取经济的发展，但现在资源已经日益趋紧，再用消耗资源的方式换取经济的发展已经

行不通了。因此，必须加大科技的创新和研发力度，借助科技创新的力量提升资源利用效率，缓解我国资源短缺的问题。赣州主要采取了以下五个措施：

第一，依托科技创新，着力优化能源结构。赣州全面推进多种能源示范城市建设，把赣州建成多种新能源规模化利用的示范性城市。首先，赣州注重提升科学技术水平，加大火电清洁化改造力度，严控煤炭生产企业品质管理，排查和打击散煤销售行为，加强煤炭使用管理，推广洁净煤技术，从生产、销售、使用等多方面、全过程把握煤炭质量，提升火电利用效率。其次，赣州加大技术研发和技术支撑力度，加大力度建设水电农村电气化县、赣县区抽水蓄能电站等项目，加强清洁能源供应和利用，推进天然气管道建设，稳步推进开发区"煤改气"工程，有序推进一批太阳能、风能、生物质能发电项目建设，最大限度地加强风能、太阳能等新能源的建设和使用。

第二，依托科技创新，加强水资源节约。赣州坚持"节水优先"方针，贯彻落实严格的水资源管理制度，促进水资源的优化配置，推动节水型社会的建设：一是统筹安排区域内生产、生活、生态用水，加大企业节水技术改造力度，以技术推动水资源的节约；二是加强技术支持，加大力度建设和改造城乡供水管网和水资源管理监测系统，推广普及节水工具，整体提高水资源利用效率。

第三，依托科技创新，加强土地资源利用效率。推进国土资源节约集约利用既是各级政府的重要难题，也是赣州的重大困境。为解决这一困境，赣州破除思想桎梏，以土地推介会的形式激活土地市场，实现区域土地价值，以差别化土地供应实行区域产业优化升级，推动土地利用方式转变，以"先租后让"的方式减轻企业成本，推动工业新模式的创新。

第四，依托科技创新，推动稀土资源的高效利用。2020年10月20日，中国稀土学会2020学术年会暨江西（赣州）稀土资源绿色开发与高效利用大会在赣州召开，高校、企业、研究机构纷纷与会，包括中国科学院、江西理工大学、北方稀土（集团）高科技股份有限公司、中国南方稀土集团有限公司和包头稀土研究院等数十家国内知名稀土研究机构、稀土企业的820余名学者、研究人员和企业界人士。其中，赣州多家稀土企业加大科研投入，以科技创新改变过往粗放、散乱的开发和利用方式，推进稀土资源的绿色开发和高效利用。

第五，依托科技创新，全面落实节能降耗。赣州积极推动钢铁、有色金属、水泥等行业企业实施锅炉窑炉改造、能量系统优化等节能技术改造工程。重点推进LED照明、高效节能电机、节能变压器等一批节能产品产业化及应用。大力推广应用可再生、绿色建筑材料，加快建筑领域节能。积极倡导和推行公共交通出行，推广节能与新能源汽车。

（二）以科技创新缓解环境污染

习近平多次强调，我国生态文明建设需要重点解决大气、水、土壤污染防治的问题，这些问题的解决要依靠科技的力量。① 多部委联合印发《"十三五"环境领域科技创新专项规划》，以政策文件的形式推进我国环境保护科技工作，以加大科技对生态文明建设的支撑力度，强化科技创新对生态环境质量改善的作用。赣州积极响应政策号召，积极采取科学的方式方法和先进的技术手段打好环境污染攻坚战。

在蓝天保卫战方面，赣州多措并举推动大气污染防治，开展"7×24"大气污染防治模式，坚持全天候巡查，一刻也不松懈大气污染防治力度；采用"休克疗法"和"开复工验收制度"对全市1000多家建筑工地进行严格管理，严格规定防尘降尘不达标的建筑企业无法施工，从源头上减少空气中灰尘的含量；渣土车全部实行GPS定位控制，公司化运营保证渣土车规划、清洁生产和运作；聘请"环保专家"，指导安装空气质量监测微型监测站、TVOC微型监测站等监测设备，构建设备网络，辅以视频无人机、PM2.5解析车、六参数走航车、VOCs解析车、气溶胶激光雷达等技术，对空气中的污染物质进行全面监控，及时做好污染天气的防控准备。

在绿水保卫战方面，赣州积极响应《"十三五"环境领域科技创新专项规划》，加大研发力度，努力探索基于低耗与高效利用的工业废水处理技术、污水资源能源回收利用技术、地下水污染综合防控与修复技术、基于标准与效应协同控制的饮用水净化技术、流域水生态管理理论与技术等，以推动行政区域内水环境质量改善与生态修复。

在净土保卫战方面，赣州以保护耕地和饮用水水源地土壤环境、严格控制新增土壤污染和提升土壤环境保护监督管理能力为重点，大力推广绿色防控技术和专业化统防统治，科学施用化肥，提高肥效、减少施用量，禁止使用重金属等有毒有害物质超标的肥料，并积极探索农用地土壤污染防控与修复技术、工业场地土壤污染修复与安全开发利用技术、固体废弃物处置场地土壤污染控制与修复技术、矿区土壤污染控制与综合修复技术、土壤污染监测预警与风险管理技术，以推动土壤污染防治，构建土壤安全保障。

---

① 王建东. 习近平关于科技推进生态文明建设重要论述的理论内蕴与时代价值［J］. 福建师范大学学报（哲学社会科学版），2021（1）：55-62+170.

第二节 统筹兼顾协调发展

协调发展，既是生态文明建设的内在要求，也是高质量发展的必然选择。马克思和恩格斯认为，"人靠自然界生活，人类在同自然的互动中生产、生活、发展，人类善待自然，自然也会馈赠人类"。① 当今，人与社会的和谐共生，体现在人类社会生产、生活、生态的各个方面，即意味着人类应该坚持走生产、生活、生态协调发展之路。

协调的对立面是失衡。不可否认的是，过去所取得的历史性成就、发生的历史性变革对我国经济社会发展的意义是巨大的。由于我国幅员辽阔，不同地区的自然条件、资源禀赋、历史基础等方面都存在各种差别，尤其是为中国革命做出巨大牺牲的革命老区，尽管具备一定的资源禀赋，但种种历史性原因导致了其经济社会发展落后于其他地区。其主要表现为生产、生活、生态发展的不平衡方面，并且生活、生态发展在一定程度上滞后于生产发展。由此，促进革命老区的区域协调发展，重点是要推动生产、生活、生态的协调发展，建设生产有序合作、生态共建共享、成果共同获益的区域发展新格局，这样才有利于缩小革命老区与其他区域的发展差距，补齐发展不平衡不充分的短板。

赣南老区促进区域生产、生活、生态协调发展的有益探索主要体现在打造大湾区生态康养旅游后花园、助力城乡面貌大为改观以及统筹山水林田湖草系统治理三个方面。

一、打造大湾区生态康养旅游后花园

2020 年 6 月，江西省人民政府出台了《关于支持赣州打造对接融入粤港澳大湾区桥头堡的若干政策措施》，以促进区域生产协调发展。该文件明确提出，支持赣州打造对接融入粤港澳大湾区桥头堡的战略定位为"三区一园"。其中的一园就是指，将赣州打造为大湾区生态康养旅游后花园。打造大湾区生态康养旅游后花园，就是要充分发挥赣州的绿色生态、文化资源优势，适应大湾区消费升级和高端市场需求，使之成为大湾区的优质农产品供应基地，文化、旅游及康养

---

① 解保军．马克思生态思想研究［M］．北京：中央编译出版社，2018．

休闲胜地。

（一）打造大湾区生态康养旅游后花园的定位依据

赣州不仅具有显著的生态优势以及优良环境下培育出来的优质绿色农产品，还有"红绿古客"四色文化交相辉映，并且还有与粤港澳大湾区日趋完善的交通设施。推进大湾区康养旅游"后花园"发展，不仅要"走出去"，还要"引进来"，"走出去"的是赣州拥有适应大湾区消费升级和高端市场需求的一系列优质产品，"引进来"的是一批又一批被"后花园"吸引的外地游客，围绕这一定位久久为功，赣州经济社会发展必然会朝着做大做强的方向不断迈进。

1. 生态康养资源禀赋极佳

江西拥有全国一流的生态环境。2016 年，江西省入选首批国家生态文明试验区。[①] "十三五"时期以来，江西累计完成造林 544 万亩、改造低产低效林 742.9 万亩，森林覆盖率稳定在 63.1%，成为全国首个"国家森林城市""国家园林城市"设区市全覆盖省份。2019 年，国家考核断面水质优良率达 93.3%、空气优良天数比例达 89.7%。[②] 江西省省级森林城市总数达到 72 个，全省设区市城市建成区绿化覆盖率达 45.22%，绿地率达 42.1%，人均公园绿地面积 14.5 平方米。交通运输相关部门努力打造全国绿色高速公路"江西样板"，实施高速公路生态绿化提升工程。江西境内铁路现有绿化总长度增至 2800 千米，绿化保存率达到 96% 以上。[③] 其中，赣州森林覆盖率达到 76.2%，[④] 高于全国平均水平；2021 年，赣州市空气质量达到历史最佳水平，中心城区 PM2.5 平均浓度每立方米 23 微克，同比下降 11.5%，空气质量优良率高达 99.5%，同比增加 2.8 个百分点，两项指标均领跑全省，实现了"双第一"。[⑤] 2020 年，赣州全市 13 个地表水国家考核水质优良率为 100%，优于国家考核目标（84.6%）15.4 个百分点，22 个地表水省级考核断面水质优良率为 100%，优于省级考核目标（90.9%）9.1 个百分点，水质综合指数排名位列全省第一，水质优良率实现"两个百分

① 江西纳入首批国家生态文明试验区 ［EB/OL］. 中国文明网，http：//www.wenming.cn/syjj/dfcz/jx/201608/t20160823_ 3610670. shtml，2016−08−15.

② 江西省国家生态文明试验区建设成效明显 森林覆盖率稳定在 63.1% ［EB/OC］. 光明网，https：//m.gmw.cn/baijia/2020−11/26/1301841704. html，2020−11−26.

③ 江南都市报：让城市拥抱森林 绿色赣都"数"咱强 ［EB/OL］. 江西省林业局，http：//ly.jiangxi.gov.cn/art/2019/3/14/art_ 39842_ 2478078. html，2019−03−14.

④ 赣州市多举措推动林业高质量发展 ［EB/OL］. 江西省林业局，http：//ly.jiangxi.gov.cn/art/2021/6/17/art_ 39793_ 3422027. html，2021−06−17.

⑤ 优良率99.5%！2021 年赣州空气质量全省"双第一"［EB/OL］. 人民咨讯，https：//baijiahao.baidu.com/s？id=1721016478122297598&wfr=spider&for=pc，2022−01−04.

百"，地表水水质十分优良。① 总体来说，赣州具有得天独厚的生态康养旅游资源禀赋，其生态资源的存量价值也将在未来得到充分释放，成为未来区域竞争的显著优势。

2. 有机农产品质量极优

赣州牢固树立"绿水青山就是金山银山"的理念，大力推广"营造生态防护林系统和水土保持系统、增施有机肥及套种压埋绿肥、矮化密植、假植大苗定植、省力化栽培、病虫综合防控"等绿色、优质、高效集成技术，引导果农生态开发、高品质栽培，绿色生态开发种植技术得到持续推广落实。2019 年，建设标准化生态果园 163 个，面积 16.08 平方千米，完成灾毁果园恢复种植和新开发基地面积 73.33 平方千米。赣南脐橙产区入选首批中国特色农产品优势区、全国区域性良种繁育基地。正是得益于"良好的气候生态资源、毗邻粤港澳大湾区市场"这两大基础优势，赣州涌现出除赣南脐橙之外的蔬菜农产品产业，并将其作为富民支柱产业重点打造，截至 2019 年 12 月累计建成规模蔬菜基地 172.67 平方千米，其中，温室大棚面积 127.67 平方千米，分别比 2017 年增长 100% 和 234%，形成了宁都辣椒、信丰辣椒、于都丝瓜、会昌小南瓜等蔬菜优势产区，从"提篮小卖"到进入全国大市场流通，并开通中欧蔬菜班列，推动品质蔬菜进入粤港澳大湾区，一些高端产品甚至远销俄罗斯、匈牙利等国外市场，打造"赣南蔬菜"品牌。

2020 年 8 月，《中共赣州市委赣州市人民政府关于支持信丰县建设高质量发展示范先行区的意见》（以下简称《意见》）提出，赣州将建设赣南蔬菜配套产业园、全国蔬菜质量标准中心（赣州）分中心、粤港澳大湾区"菜篮子"产品（赣州）配送分中心及冷链物流中心。地处东江源头的安远县先试先行，着力打造大湾区的"菜篮子"；与大湾区建立"菜篮子"区域合作机制，建设大湾区"菜篮子"产品配送分中心、冷链物流中心和农产品营销专区。据了解，安远县已有近 1/3 的富硒农产品销往大湾区城市，年销售总额近 4 亿元。其中位于该县的赣州状元娃娃食品科技有限公司被认定为粤港澳大湾区"菜篮子"生产基地。除安远县以外，兴国县、石城县、崇义县也成为创建省级绿色有机农产品示范县，大余县列为全国农产品质量安全创建县，于都县富硒绿色蔬菜种植总面积达134 平方千米，年产蔬菜 40 万吨。"宁都黄鸡"列为江西省"三只鸡"优质地方

---

① 2020 年赣州市水质综合指数排名全省第一，水质优良率实现"两个百分百"［EB/OL］. 江西省生态环境厅，http：//sthjt.jiangxi.gov.cn/art/2021/3/8/art_ 42067_ 3256243. html，2021-03-08.

鸡品牌建设重点，是江西首个通过国家生态原产地产品保护认定的活禽产品；会昌米粉是全国首个通过国家生态原产地产品保护认定的米粉产品。一个个赣南有机农蔬品牌正不断打响，赣州打造大湾区优质农产品供应基地、高质量有机农蔬产品输往大湾区消费市场的愿望正逐渐实现。

3. 文化旅游资源极为丰富

第一，赣州拥有于都县、兴国县等全国一流红色康养旅游资源。赣州红色文化的形成离不开党的领导，离不开党领导人民进行革命根据地建设和红色政权建设的伟大实践，赣州红色文化的核心和灵魂是苏区精神，除苏区精神发育并形成于赣州之外，长征精神也发源于此。

第二，赣州拥有丰富的古色文化康养旅游资源，有被誉为宋城博物馆的"北宋古城墙"，有遥相呼应、魏峨壮阔的涌金门和八境台，还有郁孤台、通天岩、七鲤古镇、白鹭古村、梅关古道等古迹。此外，赣州被设立为国家级客家文化（赣南）生态保护实验区，是客家诞生地和大本营之一，是客家文化的主要发源地和传承地，同时又是全国最大的客家人聚居地，生活在这里的客家人总数超过800万。现保存完好的客家围屋有600多幢，其中，具有代表性的主要有龙南市①关西新围、燕翼围和安远县的东升围、全南县的雅溪围、定南县的明远第围。赣州还有规模宏大的客家文化城，是客家后人寻根祭祖之地。

4. 赣粤两地互通程度不断提高

近年来，江西交通设施条件不断完善，赣粤两地互通程度不断提高。在高速公路建设方面，2021年，江西的高速公路里程达6234千米，实现县县通高速，打通了28条出省通道。② 赣州毗邻粤港澳大湾区，赣粤两地已经实现了四大高速公路互通。在铁路建设方面，随着向莆铁路、赣瑞龙铁路、沪昆高铁、合福高铁的陆续通车，江西打造了以南昌为中心的"四纵四横"铁路网主骨架，截至2019年，江西铁路营业里程为4750千米，其中，高铁总里程达到1941千米，居全国第三位。③ 在民航建设方面，江西已形成以南昌昌北机场为干，赣州、吉安、九江等机场为支的"一干六支"民航机场布局。截至2019年，昌北国际机场全年完成旅客吞吐量1363万人次，货邮吞吐量12.2万吨，较2018年分别增

①　龙南市是江西省直辖县级市，由赣州市代理。
②　江西高速公路路网密度是全国平均水平的2.5倍　从零到6234公里仅用了25年［EB/OL］. 光明网，https：//m.gmw.cn/baijia/2021-04/07/1302215371.html，2021-04-07.
③　江西高铁里程从12位跃居全国第三［EB/OL］. 客家新闻网，https：//baijiahao.baidu.com/s？id=1654587721522066351&wfr=spider&for=pc，2020-01-02.

长 0.8% 和 46.9%。① 赣州至粤港澳大湾区实现了赣州—广州、赣州—深圳、赣州—珠海三条旅客航空运输的空中互通。

2020 年 8 月,《意见》进一步提出,将支持赣州至安远县高速在信丰县设互通出口。支持信丰—南雄高速东延至济南—广州高速公路纳入国家、省高速路网规划。加快信丰县通用机场前期工作,推进赣粤运河规划建设。更重要的是,2021 年 2 月出台实施的《国务院关于新时代支持革命老区振兴发展的意见》对赣南老区打造大湾区生态康养旅游后花园提供多方面的政策支持。

(二) 打造大湾区生态康养旅游后花园的现实意义

1. 有助于"康养+旅游"两大产业融合成"赣州经济发展新引擎"

康养旅游产业链是由"康养"和"旅游"两大产业深度融合而形成的新产业链。这一产业链包括三方面产业融合:一是由有机农业、林业、中草药种植业等组成的康养农林业;二是由绿色食品加工厂、医药制造业等组成的康养制造业;三是由养老服务业、文化旅游业、医疗服务业、健康管理服务业等组成的康养服务业。赣州发展康养旅游势必会推动与之相联系的康养农林业、康养制造业及康养服务业的融合发展。一方面,能进一步倒逼其中的企业加快转型升级的步伐,向着绿色生态的方向不断迈进,创造更多经济效益、社会效益、生态效益,为经济社会发展提供新动能;另一方面,通过充分挖掘康养产业链中"绿水青山"的经济效益,能够有效增加就业、提高收入、稳定民生,为经济社会发展提供新的动力和新的活力,融合"赣州经济发展新引擎",实现革命老区经济社会的可持续发展。

2. 有助于围绕政策打造"赣州生态康养旅游样板区"

近年来,国家出台了一系列支持健康旅游、红色旅游发展的政策文件,如2018 年 3 月,国务院印发《关于促进全域旅游发展的指导意见》,提出要遵循"牢固树立绿水青山就是金山银山理念,坚持保护优先,合理有序开发,防止破坏环境,摒弃盲目开发,实现经济效益、社会效益、生态效益相互促进、共同提升"的原则,不断加快开发高端医疗、中医药特色、康复疗养、休闲养生等健康旅游;要以弘扬社会主义核心价值观为主线发展红色旅游,积极开发爱国主义和革命传统教育、国情教育等研学旅游产品。

2020 年 6 月,江西省人民政府出台《关于支持赣州打造对接融入粤港澳大

---

① 昌北机场年货邮吞吐量突破 12 万吨 增速连续两年列全国千万级机场第一 [EB/OL]. 江西省人民政府, http://www.jiangxi.gov.cn/art/2019/12/29/art_393_1312560.html, 2019-12-29.

湾区桥头堡的若干政策措施》，提出"三区一园"的战略定位，"三区"即革命老区与大湾区合作样板区、内陆与大湾区双向开放先行区、承接大湾区产业转移创新区；"一园"即赣州建设大湾区生态康养旅游后花园，即充分发挥赣州绿色生态、文化资源优势，适应大湾区消费升级和高端市场需求，成为大湾区的优质农产品供应基地，文化、旅游及康养休闲胜地。

2020 年赣州政府工作报告明确提出，"实施养老服务体系建设三年行动计划，推进南康康养中心等 13 个康养综合体建设，打响石城中国温泉之城、上犹天沐、安远东江源、会昌汉仙岩等温泉养生品牌"。①

从国家到省、市一系列大力支持康养旅游发展的政策来看，打造赣州生态康养旅游样板区，即集红色康养旅游样板区、古色康养旅游样板区、绿色康养旅游样板区、客家康养旅游样板区为一体，做强康养旅游，对赣州推进打造粤港澳大湾区生态康养旅游"后花园"跨越式发展具有重大而深远的意义。

二、助力城乡面貌大为改观

2021 年，为加大对革命老区支持力度，《国务院关于新时代支持革命老区振兴发展的意见》出台实施。该文件指出，要促进大中小城市协调发展。落实推进以人为核心的新型城镇化要求，支持革命老区重点城市提升功能品质、承接产业转移，建设区域性中心城市和综合交通枢纽城市。支持赣州、三明等城市建设革命老区高质量发展示范区。支持革命老区县城建设和县域经济发展，促进环境卫生设施、市政公用设施、公共服务设施、产业配套设施提质增效，支持符合条件的县城建设一批产业转型升级示范园区，增强内生发展动力和服务农业农村能力。这表明，大中小城市的协调发展问题已上升到国家战略层面，城乡之间物质文明与精神文明的不平衡、不协调问题亟待解决。

一般情况下，城市面貌构建的是一种街道纵横、市面繁华、人山人海的形象，乡村则充斥着各种负面的隐喻，如环境简陋、设施落后、空心化严重等，两者之间的发展差距较为明显。如果能采取一系列有力举措助力城乡面貌改观，便会极大地促进城乡生活协调发展，缩小城市与农村之间的差距。赣州作为国家政策重点支持建设的革命老区高质量发展示范区、"一带一路"重要节点城市、江西省域副中心城市，坚定实施创新驱动发展战略、区域协调发展战略、乡村振兴

---

① 2020 年赣州市政府工作报告（全文）［EB/OL］. 客家新闻网，http：//www.gndailg.com/news/system/2020/05/07/030170162.shtml，2020-05-07.

战略等，紧扣城乡协调发展的主要矛盾，推进形成绿色发展方式和生活方式，坚持在发展中不断补齐民生短板。

（一）助力城乡面貌改观的重要意义

1. 助力城乡面貌改观是提高人民生活品质的重要途径

人民对美好生活的殷切期望与深深渴望体现在教育、卫生、住房保障、养老医疗等各方面，要促进城乡面貌改善、提升人民生活品质，就是要在这些方面持续发力，不断补齐短板，提高基本公共服务水平。赣南老区不断立足自身优势，完善功能布局，激发发展新动能，推动经济社会高质量发展，从而不断增强老区人民群众的获得感与幸福感。

2. 助力城乡面貌改观是实现区域可持续发展的重要途径

焕然一新的城乡面貌，不仅能改善当地居民的生活环境，而且也能作为一大显著优势，吸引不少资本源源不断地抛来"橄榄枝"。当前，赣南老区许多县域经济发展存在的困境大多与城乡经济社会结构不合理有关，特别是农村经济社会的滞后发展已经成为制约县域经济持续快速健康发展的最大障碍。由此导致赣南老区农村内生动力不足、服务农业农村能力不强，自然也就无法支撑起村级集体经济的发展。只有不断促进城乡协调发展，推动城乡面貌改善，才能有效激发赣南老区农村潜在市场，繁荣农村经济、提高农村消费水平，保持老区县域经济可持续健康发展。

（二）展现赣南城乡新面貌

1. 不断提高居民生活水平

投入不断加大基础设施建设，赣南老区居民出行条件明显改善。为破解停车难题，疏通城市经脉，赣州先后投入逾百亿元建设"三横五纵"快速路网，构建与城市空间结构、产业布局相匹配的城市快速交通体系。2019 年，市中心城区新增停车泊位 2.4 万个。城市综合交通枢纽网络体系不断完善，昌赣高铁通车运营，赣深高铁、兴泉铁路加快建设，赣南老区已正式跨入高铁时代；广吉高速宁都段建成通车，全市高速公路总里程达 1490 千米；黄金机场 T2 航站楼建成运营，机场航空口岸临时开放并开通国际航班，成为江西第二个国际空港，赣州也因此成为全国革命老区中唯一同时拥有铁路口岸、公路口岸和航空口岸的城市。赣州市已有 6 条快速路建成通车，初步形成了"一环三连"快速路网，建成通车快速路网总长达 50 千米，成为江西快速路网最长的"高架城市"；110 条主次干道及支路实施"白改黑"，284 条道路硬化完成改造，48 条断头路被成功打通。

城市功能与品质提升三年行动不断推进。实施城市功能与品质提升工作，不仅是江西省委、省政府推进城市建设管理的重大决策部署，也是赣州的必然选择和自觉行动。赣州抢抓加快建设省域副中心城市的重要机遇，着力解决城市建设管理过程中出现的市容不够优、功能不够足、品质不够高、特色不够显等城市发展不充分不平衡的问题。2018年以来，赣州以推进文明城市建设管理常态化和积极创建国家卫生城市为抓手，通过强化组织领导、强化统筹推进、强化督查调度，着力治顽疾、补短板、强弱项、惠民生，实现了城市功能与品质"一年大提升"的良好开局。2020年，在"一年大提升"的基础上，进一步巩固2019年工作成效，加大完善设施补短板力度，全面提升城市功能与品质，在解决城市"乱"象问题、破解停车难题、做好老旧小区改造工作、智慧城管平台建设等方面取得了显著成效，城市居民的获得感与幸福感也随着一个现代化活力新城的快速崛起而得到显著提升。

2. 不断推进乡风文明建设

赣南老区各县（市、区）通过一系列文化惠民活动等方式丰富乡村精神文明内容，美丽城乡面貌、引领文明新风尚。

不断加快公共文化设施建设。从城市来看，2018年，赣州综合文化艺术中心开工建设，现代会展中心、全民健身中心前期工作全面完成。2021年，三大中心建成，并且已开工建设"五馆一中心"（美术馆、科技馆、城展馆、档案馆、工人文化馆、妇女儿童活动中心），这将极大地丰富赣州居民的精神文化生活。从农村来看，自2017年以来，赣州采取专项整治乡村陋习、持续宣传文明乡风全覆盖，一大批具有先进典型的创新做法被落实采用，赣州范围内文明乡风建设工作全面开展。为引领乡风文明新风尚，全南县创新宣传形式，以"众说舞台"理论微宣讲为平台，结合送戏下乡，将移风易俗内容巧妙融合在车马灯、采茶戏、快板等节目中，助推乡风文明建设。

积极开展农村精神文明创建。近年来，赣州以城乡环境为切入点，持续提升城市品质，2020年，赣州蝉联"全国文明城市"，大余县获评"全国文明城市"。2019年，大余县、于都县、崇义县被评为"省级文明城市"。近年来，小溪村、南塘村、石院村、都口村被评为"赣州市第八届文明村"。

3. 大力营造赣南城乡宜居宜人的良好环境

"建设美丽中国，美丽乡村建设是基础"。近年来，赣州紧紧围绕"乡风文明、村容整洁、管理民主"等具体要求，大力实施农村环境卫生综合整治，打造秀美和谐新农村，赣南城乡综合环境都有了很大改善。

有效实施项目载体、全力推进住房改造，不断改善人居环境。随着城市的发展，老旧小区的各方面条件与日益完善的城镇小区相比，基础设施较薄弱、配套不完善，已成为当前城镇化进程中迫切需要改进的环节。赣州以创建全国文明城市、国家卫生城市为契机，坚持以人民为中心，注重保障和改善民生，大力实施老旧小区改造，出台了《赣州市推进城镇老旧小区改造实施方案》《赣州市中心城区既有住宅加装电梯暂行办法》，开展了"点亮背街小巷路灯"整治行动，电梯加装形成了从业主申请到项目备案再到资金拨付的一整套流程，有效补齐城市功能短板，提升人居环境品质，使老旧小区也能变身功能完善的"美丽家园"。自 2017 年以来，赣州对全市所有县（市、区）老旧小区进行分批分阶段改造。截至 2021 年 10 月，赣州已完成城镇老旧小区改造 378 个，20 多万名居民生活环境得到了改善，群众的获得感、幸福感、安全感得到有效提升。①

村级环保体系不断完善。赣州以农村环境卫生整治为抓手，不断改善农村人居环境。建立健全农村生活垃圾长效治理机制，建成乡镇垃圾中转站 228 个、垃圾焚烧发电厂 3 个，14 个县（区）实行"全域一体化"第三方治理。全市所有自然村组实现保洁全覆盖，基本做到生活垃圾日产日清。逐步推进农村生活污水治理工程，2020 年，赣州农村生活污水处理设施建成数全省第一。全面开展村庄清洁行动，累计完成近 4 万个自然村组"七改三网"整治任务，在江西省率先实现 25 户以上人口自然村通水泥路。农村人居环境整治，让赣南老区越来越多的乡村实现了从"脏乱差"到"清绿美"的逆袭，全南县获评"2019 年度全国农村人居环境整治激励县"，上犹县获评"2019 年全国村庄清洁行动先进县"。

三、统筹山水林田湖草系统治理

2013 年 11 月，习近平在党的十八届三中全会上做关于《中共中央关于全面深化改革若干重大问题的决定》的说明时指出，"山水林田湖是一个生命共同体，人的命脉在田，田的命脉在水，水的命脉在山，山的命脉在土，土的命脉在树"。② 2017 年 7 月，习近平主持召开中央全面深化改革领导小组第三十七次会议，会议强调坚持山水林田湖草是一个生命共同体。只有统筹山水林田湖草系统治理，实行最严格的生态环境保护制度，形成绿色发展方式和生活方式，坚定走生产发展、生活富裕、生态良好的文明发展道路，才能不断推进生态文明建设，

---

① 江西赣州：城镇老旧小区改造让城市生活更宜居［EB/OL］．中国青年网，http：//df. youth. cn/dfzl/202110/t20211016_ 13264272. htm，2021-10-16.

② 习近平．关于《中共中央关于全面深化改革若干重大问题的决定》的说明［N］．人民日报，2013-11-16（001）．

促进人与自然和谐相处的生态环境协调发展。"打造'山水林田湖草'生命共同体"不仅是习近平生态文明思想的重要内容，也是习近平新时代中国特色社会主义思想的重要组成部分。只有把"打造'山水林田湖草'生命共同体"作为重大民生实事紧紧抓在手上，对山水林田湖草等生态资源进行综合保护与修复，才能不断增强生命共同体的协同力和活力，推动我国生态文明建设迈上新台阶。

（一）统筹山水林田湖草系统治理的实践路径

赣州坚决贯彻习近平"山水林田湖草是一个生命共同体"的重要理念，以突出生态环境问题和生态系统功能为导向，坚持按流域、分片区、全地域规划的工程布局原则，按照四大片区的不同特点，计划用三年时间，组织实施63个项目，总投资约192亿元。重点推进流域水环境保护与整治、矿山环境修复、水土流失修复、生态系统与生物多样性保护、土地整治与土壤改良五大类生态建设工程，对山水林田湖草进行整体保护、系统修复和综合治理。为了确保生态保护修复工程有序进行，赣州制定了《关于做好赣州市山水林田湖生态保护修复资金筹措工作的指导意见》《赣州市山水林田湖生态保护修复资金管理暂行办法》《赣州市山水林田湖生态修复项目管理办法》等政策文件，着力构建山水林田湖草综合治理样板区，着力推进国家生态文明试验区建设，争做打造美丽中国"江西样板"的排头兵。

在开展山水林田湖生态保护修复工作中，赣州各地积极探索综合治理新模式、新路径，推动体制机制进一步完善。

寻乌县紧紧抓住了赣州列入全国第一批山水林田湖草综合治理与生态修复试点的机遇。在推动废弃矿山修复过程中，沿着小流域综合治理和分区实施的总体思路，先后投资约9.55亿元，对以文峰乡石排、柯树塘和涵水3个片区为核心废弃矿山进行了全面治理修复，探索总结了南方废弃稀土矿山综合治理"三同治"模式，即山上山下同治；地上地下同治；流域上下同治。在截水拦沙工程实施过程中，寻乌县还首次从国外引进了高压旋喷桩工艺。寻乌县废弃矿山治理案例编入全国省部级干部培训班教材。

信丰县将山水林田湖项目列入"六大攻坚战"的范畴，一月一调度、一督查、一简报，强力推进项目建设，在中央下达奖补资金的基础上，加大县级配套资金投入，有效整合相关项目资金，实现资金保障到位、项目快速实施。

安远县、会昌县、大余县为解决生态领域执法中存在的各部门职能交叉、执法主体不明确、衔接协调难度大的问题，不断创新生态环境综合执法体制机制改革，凝聚起各监管单位的力量，成立了生态综合执法局和生态执法大队。安远县生态综合执法局与县森林公安局共同构建成一个生态综合执法联合体，采取"集中办公、统一指挥、统一行政、统一管理、综合执法"的运行机制，实行"合署办公、两块牌子、一套人马"。

1983年被列为"全国水土流失重点治理县"的兴国县有着近40年的水土流失治理史。该县总结出了"小流域综合治理""崩岗综合整治""顶林、腰果、谷田、塘鱼""猪—沼—果""矿山植被恢复治理"等水土流失十大治理模式。因治理成效显著，兴国县在2013年被列为第一批"国家水土保持生态文明县"。为了提升治理效能，进一步巩固来之不易的治理成效，兴国县不断加强崩岗治理技术研究，与湖南大学、江西农业大学、赣南师范大学、南昌工程学院、江西省水土保持科学研究院等科研院所合作，成立课题组研究崩岗治理新技术，探索崩岗治理新技术，及时解决项目实施过程中存在的问题。

（二）统筹山水林田湖草系统治理成效

赣州是我国南方地区重要的生态安全屏障、生物多样性和水源涵养生态功能区，其生态环境关系着我国南方地区的生态安全，开展山水林田湖生态保护修复工作在南方地区具有代表性和示范性。时至今日，赣州山水林田湖草综合治理与生态修复试点计划在三年内投资192.45亿元，安排实施的13个重点示范工程、63个具体项目已全部完成。赣州"构建山水林田湖草生命共同体探索"入选中国改革优秀案例，可见其达到了一定的示范效用，取得了良好的成效，主要体现在以下五个方面：

第一，流域水环境质量大幅改善。2019年，赣州全市13个国考断面、22个省考断面水质优良率均优于考核目标，水质综合指数位列全省第一。2020年，赣州全市13个地表水国家考核水质优良率为100%，优于国家考核目标（84.62%）15.38个百分点，22个地表水省级考核断面水质优良率为100%，优于省级考核目标（90.91%）9.09个百分点，[①] 水质综合指数排名位列江西省第一，水质优良率实现"两个百分百"，地表水水质十分优良。与项目实施前相比，流域水质改善明显，并且为进一步推进跨省流域上下游横向生态补偿、实行联防联控和流域共治，形成流域保护和治理的长效机制，保护好东江源头"一泓清水"，赣粤两地第二轮东江流域上下游横向生态补偿协议已成功签订。

---

① 2020年赣州市水质综合指数排名全省第一，水质优良率实现"两个百分百"［EB/OL］．江西省生态环境厅，http：//sthjt.jiangxi.gov.cn/art/2021/3/8/art_42067_3256243.html，2021-03-08.

第二，森林质量稳步提升。为提升森林资源质量，构筑我国南方地区重要生态屏障，赣州将低质低效林改造作为山水林田湖项目试点工作的一项重要内容，积极开展先行先试，取得了一系列显著成效，有效推动赣州林业提速提质提效，实现林业振兴发展。从分年度来看，2016~2017 年，赣州已完成低质低效林改造454.9 平方千米，建立示范基地 395 个，① 森林质量、生态功能有所提高。2017~2018 年，赣州已完成低质低效林改造 755.2 平方千米，占计划任务 736.0 平方千米的 102.6%。② 通过实施低质低效林改造，一方面使改造区低质低效林由原来的纯针叶林变成了针阔混交林，树种结构趋于合理，阔叶树比重达到 25.0%以上，森林防灾控灾能力得到增强，森林质量得到提高；另一方面坚持生态与景观相结合，高标准、高质量推进大广高速、厦蓉高速、兴赣高速、宁定高速通道两侧低质低效林改造，因地制宜选择乡土彩叶树种，既提高森林质量，又提升景观效果。2018~2019 年，赣州完成低质低效林改造 784.7 平方千米，占计划任务733.3 平方千米的 107%，③ 松材线虫病得到有效遏制。

第三，水土流失得到根本性治理。自 2019 年以来，赣州建成了一批有规范、标准高、效益好、示范功能强的水保生态建设示范工程，塘背河等 34 条小流域被国家评为"水土保持生态建设示范小流域"，兴国县、石城县、安远县等被评为"全国水土保持生态建设示范县"，章贡区被评为"全国水土保持生态建设示范城市"。2017~2019 年，全市新创建水土保持生态示范园（村）56 个，建成了南方崩岗综合治理示范区、废弃稀土矿山水土保持综合治理工程、水土保持科技示范园、水土保持生态文明示范村等示范工程，宁都县水土保持科技示范园、龙南县（现龙南市）虔心小镇水土保持生态示范园、兴国县塘背水土保持科技示范园被水利部评为"国家水土保持科技示范园区"，上犹县园村小流域治理被水利部评为"国家水土保持生态文明清洁小流域建设工程"。全市水土流失面积已由 1980 年的 11175 平方千米下降到 2019 年的 6333 平方千米，减少了 43.33%，年土壤侵蚀量由 1980 年的 5326 万吨下降到 2019 年的 1220 万吨，减少了

① 赣州改造千万亩低质低效林优化树种结构改善赣江和东江流域生态 ［EB/OL］. 江西省人民政府，http：//www. jiangxi. gov. cn/art/2018/5/27/art_ 399_ 199247. html，2018-05-27.

② 赣州全力推进生态文明试验区建设 筑牢南方生态屏障 ［EB/OL］. 客家新闻网，https：//baijia-hao. baidu. com/s? id=1629251582723180891&wfr=spider&for=pc，2019-03-28.

③ 2018—2019 年度全市低质低效林改造核查结果的通报 ［EB/OL］. 赣州市人民政府，https：//www. ganzhou. gov. cn/zfxxgk/c100038/201912/b57ccd230a85439f96b6d26b501197af. shtml，2019-11-27.

77.09%;① 江河河床逐年下降，水库、山塘蓄水量增加，洪涝、干旱等自然灾害明显减少，各地抵御灾害的能力大大增强。

第四，废弃稀土矿山环境问题得到基本解决。截至 2020 年 10 月，赣州已累计完成废弃稀土矿山治理面积 92.78 平方千米。其中，2018 年完成治理面积 15 平方千米，历史遗留的废弃稀土矿山环境问题得到基本解决，为国家生态文明试验区建设做出了积极贡献。复绿工程的实施也让生物多样性逐步得到了恢复，生态系统逐步好转。2020 年，全市废弃稀土矿山植被覆盖率已提升至 95%；植物品种由原来的 6 种增加到 100 余种。在保护矿山的过程中，赣州坚持协调发展，促进有序开发。坚持资源开发与区域发展、产业升级、环境保护、城乡建设协调发展，实行矿种差别化、区域差别化管理，统筹安排矿产勘查开发布局与时序，形成协调有序的资源开发保护新格局，并不断推动地质矿产与土地资源在调查评价、规划、管理、保护、利用、监测以及成果信息服务等方面实现全方位协同一体化发展。

第五，沟坡丘壑土地得到有效整治。从江西来看，江西始终紧紧抓住农业基础设施薄弱这个突出短板，以高标准农田建设为切入点，率先在全国从省级层面统筹整合资金。2017~2020 年，按亩均 3000 元补助标准，投入资金约 360 亿元，超额完成了 1158 万亩高标准农田建设任务，实际建设面积超过 1179 万亩，圆满收官"十三五"，取得了良好的经济效益和社会效益。从赣州来看，2017 年，赣州实施高标准农田建设土地整治 2.5 万亩，沟坡丘壑的土地将得到有效整治。开展土壤改良和修复试点，全年可建立化肥减量增效核心示范区 5000 亩，推广水肥一体化 2.5 万亩，增施有机肥 2.5 万亩，目前核心区（信丰县）已完成项目工程量的 60%。

第三节　推进产业绿色转型

习近平总书记指出，"我们既要绿水青山，也要金山银山。宁要绿水青山，不要金山银山，而且绿水青山就是金山银山"。"绿水青山就是金山银山"的

---

① 赣州市创造水土保持生态治理"赣南模式"纪实 ［EB/OL］. 客家新闻网，2019 年 4 月 12 日，https：//baijiahao.baidu.com/s？id=1630589896245341818&wfr=spider&for=pc，2019-04-12.

"两山"理论是习近平于 2005 年首次提出的科学论断，在 2018 年 5 月全国生态环境保护大会中正式成为习近平生态文明思想的重要内涵，是我国进行生态文明建设和推进绿色发展必须坚持的基本原则之一。

"两山"理论的内涵随着时代发展在不断地丰富，总体来看，可将其主要内容概括为三个方面：① 一是"绿水青山""金山银山"关系历史论。人们经历了从用"绿水青山"换取"金山银山"的第一阶段，到由于经济发展与生态环境之间的矛盾凸显，开始既要"金山银山"又要"绿水青山"的第二阶段，再到开始认识到"绿水青山"可以源源不断地带来"金山银山"，即"绿水青山就是金山银山"的第三阶段。二是"绿水青山""金山银山"相互转化论。生态环境优势可以转化为生态农业、生态工业、生态旅游业等生态经济优势，脱离经济发展抓环境保护是"缘木求鱼"，离开环境保护搞经济发展是"竭泽而渔"。三是"绿水青山""金山银山"价值排序论。我们既要"绿水青山"又要"金山银山"，宁要"绿水青山"不要"金山银山"，而且"绿水青山就是金山银山"。

赣南老区属南方地区重要的生态屏障，生态环境良好，森林覆盖率居江西省第一，生态资源禀赋优越，"绿水青山"品质优良，但是"金山银山"却较为落后，大多是经济欠发达地区，"两山"转化需求迫切，挑战也更加严苛，既要保证生态环境品质不下降，又要提升生态环境效益。面对"绿水青山"和"金山银山"的转化挑战，赣南老区各县市深入贯彻习近平生态文明思想，围绕国家生态文明试验区建设，牢固树立"两山"理论，在巩固提升生态环境质量的前提下，积极开展多样化的"绿水青山"和"金山银山"转化实践。"两山"转换实践以生态安全保障为基础，生态产业化和产业生态化为主要途径，推动绿色高质量发展，因此，本节主要对赣南老区各县生态安全保障和两个途径进行主要分析和阐述。

一、擦亮绿色生态底色，筑牢绿色生态屏障

绿色生态是区域可持续发展的重要底色，是生态文明建设的重中之重。绿色发展是实现人与自然和谐共生的题中之义，必须在生态文明建设中贯彻落实"两山"理论，积极探索"绿水青山"和"金山银山"的双向转化机制。习近平强调，要把生态环境保护放在更加突出的位置，像保护眼睛一样保护生态环境，像对待生命一样对待生态环境，在生态环境保护上一定要算大账、算长远账、算整

---

① 孙要良．"绿水青山就是金山银山"理念实现的理论创新［J］．环境保护，2020（21）：36-38.

体账、算综合账，不能因小失大、顾此失彼、寅吃卯粮、急功近利。在"两山"转化探索和实践中，赣南老区深入贯彻习近平生态文明思想和生态文明建设系列讲话精神，贯彻绿色发展、生态优先的"两山"理念，优先巩固和提升生态环境质量，深入打好污染防治攻坚战，加快山水林田湖草生态保护修复项目建设，筑牢赣南老区绿色生态屏障，推动赣南老区的科学发展和可持续发展。

（一）深入打好污染防治攻坚战

2021 年 1 月 20 日，赣州市委五届十次全体（扩大）会议召开，结合赣州实际情况，顺利制定并通过《中共赣州市委关于制定全市国民经济和社会发展第十四个五年规划和二○三五年远景目标的建议》（以下简称《建议》）。《建议》严格推进"五位一体"建设，高要求开展生态文明建设，坚持"绿水青山就是金山银山"理念，坚定不移走生态优先、绿色发展之路，守住自然生态安全边界，持续深入推进防污治污。赣南老区各县市基于自身实际积极实践，践行特色化生态污染治理的多元化举措，主要表现为全面推进"五气"同治、深入开展"清河行动"、推进污染土壤修复治理、推动长江经济带生态环境污染治理"4+1"工程建设以及环保基础设施提档升级等方面，全力打好蓝天、碧水、净土保卫战。

1. 全力打好蓝天保卫战

赣州深入贯彻党的十九大精神，全面落实党中央、国务院和省委、省政府关于大气污染治理工作的战略部署，并结合赣州实际制定了《赣州市打赢蓝天保卫战三年行动计划（2018—2020 年）》。在三年行动计划中，赣州坚持全民共治、源头防治，以保障人居环境和群众健康为出发点，以改善大气环境质量为核心，以科学分析、精准监测、精细管理、依法治理为工作思路，以"控煤、减排、管车、降尘、禁烧、禁放、治油烟"为工作重点，从燃煤、工业、交通、扬尘等六大方面对蓝天污染治理进行了详细的部署，以增强人民的蓝天幸福感目标。

第一，头尾并重，削减燃煤污染。赣州在能源使用上依旧是采用传统的、非清洁的煤炭能源进行生产生活。基于赣州实际，赣州积极从提高煤炭资源使用效率和积极推进风电、光伏等清洁能源的使用两方面降低燃煤污染。在提高煤炭资源使用效率上，赣州以煤炭能源的生产规范和使用规范为两大重要抓手，严格煤炭生产加工企业产品质量管理，确保供应符合使用、销售标准的合格煤炭，打击违规销售散煤行为。深化燃煤锅炉治理，实行集中供热，淘汰"小乱差"的燃煤锅炉。加强煤炭使用管理，大力推广洁净煤技术。在清洁能源的使用方面，赣州加强清洁能源的供应和利用，推进天然气管道建设，稳步推进开发区"煤改气"工程，并加大力度、加快速度发展风电、光伏发电等清洁能源的基础设施建设，从而提高清洁能源消费占比。

第二，以重点行业为切入点，深入治理工业污染。赣州以钢铁、煤炭、水泥、平板玻璃等行业为重点，严格落实常态化执法和实施强制性标准，整改甚至淘汰在能耗、环保、安全、技术等环节不达标的企业，化解过剩产能。对易产生污染的重点行业，进行工业废气的全面排查和评估，实行工业污染源清单制管理模式，重点排污单位应确保在线监控正常运行，监测数据真实准确，从而规范工业废气的排放。推动实施《"十三五"挥发性有机物污染防治工作方案》，扎实开展化工、医药、表面涂装、塑料制品、包装印刷五大行业挥发性有机物（VOCs）污染调查，深入推进挥发性有机物的污染治理。

第三，多方向并行，加快治理交通污染。一是严控燃油和交通机械的合格标准，加强成品油质量的监督检查，依法严厉查处销售不合格油品，全面提升燃油品质；加大对机动车、非道路移动机械和船舶污染防治力度，严格执行国家现行机动车、机械和船舶准入标准，落后机械、车辆履行报废手续，有序进入、有序退出，减少因燃油和交通器具的质量问题产生的更多交通废气的排放。二是积极探索新型管理模式，聘请"环保管家"指导治气，借助现代先进的科技手段，推进遥感监测网络平台建设，共同管控大气污染物排放，从而实现科学、精准治污。三是积极发展绿色交通，实施公交优先战略，加大力度建设公共交通设施，提倡绿色出行。

第四，规范化管理，强化城市扬尘污染综合整治。规范施工工地管理，认真做好工地施工扬尘管理工作，推动施工现场按照"六必须""六不准"要求严格管理；推动渣土运输车辆实行公司化运营，推动车辆安装密闭装置、全部安装GPS 定位系统，确保车辆按照规定时间、地点和路线行驶；按照"全面动员、全民参与、全域覆盖"的要求，深入开展"洗城行动"，遏制道路扬尘。

第五，精细化管理，减少生活类大气污染。全面依法禁止露天焚烧行为，提高农作物秸秆综合利用率，推广不炼山造林技术；严格规范餐饮油烟治理，督促安装高效油烟净化设施和在线监控设施，实时监控油烟净化效果；烟花爆竹禁燃限放管控，制定《赣州市禁限放烟花爆竹管理规定》，建立"禁限放"长效机制。

第六，依法行政，铁腕治污。整合执法资源，优化联动机制，统筹市、县、乡三级环境执法力量，紧盯重点区域、重点行业、重点企业、重点时段、重点问题，采取交叉执法、巡回执法、突击执法、明察暗访等方式，开展常态化涉气环境执法检查，保持执法高压态势；完善考核问责机制，采用每月排名制，通报空气质量前三名和后三名，对连续三个月居于后三名的县（市、区）进行"退三"整改。

2. 全力打好碧水保卫战

根据《国务院关于印发水污染防治行动计划的通知》《江西省人民政府关于印发江西省水污染防治工作方案的通知》等文件要求，赣州结合本市实际制定2017~2020年《赣州市水污染防治工作计划》，确定赣州水污染防治工作主要任务为重点推进工业污染防治、城镇污染治理、农业农村污染防治、水资源节约保护、水生态环境保护等。

第一，加大工业污染防治力度。排查和取缔造纸、制革、印染、炼焦、炼硫、炼砷、炼油、电镀、农药、电子垃圾焚烧等生产项目；推进造纸、焦化、氮肥、有色金属、印染、农副食品加工、原料药制造、制革、农药、电镀"十大"重点行业清洁化改造进程；推进工业集聚区污水集中处理设施及配套管网建设，污水处理设施总排污口安装在线监控并与环保部门联网，规范工业废水达标排放；加大加油站地下油罐更新改造力度，按照国家技术标准完成防渗池设置。

第二，加大城镇和农业农村污染治理力度。在城镇污染治理方面，强化城镇污水处理厂污泥处理处置设施建设、改造及污泥无害化处理处置。在农业农村污染治理方面，根据污染防治和资源化利用的要求，配套建设粪污贮存、处理、利用设施设备，重点推广机械清粪、漏缝地板、节水装置等设施，防治畜禽养殖污染；加强农村环境综合整治，设置赣州新增环境综合整治的建制村最低数量目标。

第三，加大船舶港口污染控制力度。积极整理船舶污染，组织实施船舶污染物接收、转运、处置监管制度，依法强制报废超过使用年限的船舶；增强港口码头污染防治能力，着力推进港口、码头、装卸站及船舶修造厂所在区域污染防治处理设置设施建设，并通过日常督察、重点抽查、现场核查以及媒体、群众等多种监督方式对污染防治情况进行全面监督。

第四，加大水生态环境保护力度。开展饮用水水源地环境保护规范化建设和评估工作，按照《集中式饮用水水源地规范化环境保护技术要求》，推进农村及以上集中式饮用水水源地环境监管和综合整治农村饮用水水源保护区，确定地理边界，设置保护标志，清理保护区排污口，严格环境保护，实现饮用水水源保护区内污水零排放；推进城市备用水源或应急水源建设；对江河源头及水质现状达到或优于Ⅲ类的江河湖库开展生态环境安全调查和评估，制定并实施生态环境保护方案；稳步推进城市建成区黑臭水体治理；开展集中式地下水型饮用水水源补给区环境状况调查。

3. 全力打好净土保卫战

为贯彻落实好《土壤污染防治行动计划》和《中华人民共和国土壤污染防治法》，赣州结合本市实际，成立了土壤污染防污专业委员会，制定并出台了《赣州市土壤污染防治工作方案》等重要文件，分别从土壤污染状况调查、农用地保护和安全利用、建设用地准入管理、重金属污染和固定废弃物污染防治四个方面着手，扎实推进本市土壤污染防治工作。

第一，开展土壤污染状况详查。按照技术规范要求开展农用地国控例行监测和土壤污染状况详查工作，为划定农用地土壤环境质量类别，查明赣州土壤环境状况夯实基础；2019 年 11 月 14 日印发《赣州市重点行业企业用地土壤污染状况调查实施方案》，开展企业用地调查，加强企业监管，建立土壤环境重点监管企业名单并实行动态更新。

第二，实施农用地保护和安全利用。持续推进农药和化肥使（施）用量零增长行动、耕地保护与质量提升促进化肥减量增效工作，利用新型无污染施肥技术替代化肥的使用，利用作物病虫害监测预警技术减少甚至替代农药的使用；加大力度推进受污染耕地安全利用，制定《赣州市受污染耕地安全利用治理修复及种植结构调整试点实施方案》，将受污染耕地安全利用任务分解到各县（市、区），提升受污染耕地安全利用工作效率，并积极开展农用地土壤污染防治试点。

第三，实施建设用地准入管理，在土地供应环节和利用环节加强管理，在生态环境部门未出具相关意见前，严禁进入用地程序；对符合相应规划，生态环境部门对用地土壤环境质量要求意见明确的，根据意见进入用地程序。切实将土壤污染防治行动落实并运用到土地收回、收购、供应以及转让、改变用途等土地管理工作中，严控污染地块再流转。

第四，加强重金属污染和固定废弃物污染防治。在重金属污染治理方面，对涉及重金属重点行业进行动态化清单管理，并进行排查整治工作；对某些特定资源开发活动执行重点污染物特别排放限值，如 2017 年起对大余县矿产资源开发活动执行重点污染物特别排放限值处理。在固定废弃物污染治理方面，制定并印发《赣州市固体废物堆存场所整治工作方案》《赣州市非正规垃圾堆放点排查整治工作方案》等市级文件，要求根据方案开展排查整治工作，对不达标、非正规的固定废物堆存场所环境和垃圾堆放点进行整治；积极开展危险废物大排查活动，建立问题清单。

（二）加快山水林田湖草生态保护修复项目建设

2016 年 12 月，为全面贯彻落实党的十九大精神和习近平生态文明思想，赣州积极申报并成功纳入我国第一批山水林田湖草生态保护修复试点，正式拉开了赣州对山水林田湖草进行整体保护、系统修复和综合治理的帷幕。

科学统筹推进生态修复治理"一盘棋"。根据区域生态环境问题的不同形态特点等，采取多种治理模式，因地制宜、因害设防、因势利导，形成系统的修复保护规划方案；科学划定修复空间，将生态保护修复空间按流域进行片区划分为"东北、东南、西北、西南"四大片区，突出生态功能重要区域和生态脆弱敏感区域，合理确定需要优先保护修复的重点区域，做到既整体推进，又突出重点；合理布局生态修复工程，实施流域水环境保护与整治、矿山环境修复、水土流失治理、生态系统与生物多样性保护、土地整治与土壤改良五大生态建设工程。

体制创新机制促进生态修复上下联动、共管共治。构建"主要领导挂帅、专职机构协调、地方具体实施、专家技术支撑"的试点工作体系，形成了市政府主要领导抓总，分管领导全力调度，部门和县（市、区）扎实推进的协同工作机制；在全国 11 个试点地区中率先成立专职机构——赣州市山水林田湖生态保护中心，为山水林田湖草生态保护修复试点工作稳步有序推进奠定基础保障；市级层面制定专项资金管理暂行办法、项目管理办法、工程项目预算编制指导意见、资金筹措指导意见、试点工程项目绩效评价办法等一系列制度和办法，各项目县（市、区）结合实际制定了相应的制度和办法，让试点工作有章可循。

技术创新推动生态修复治理。赣州积极探索生态修复治理技术创新，打造山水林田湖草综合治理样板区，向省自然资源厅争取列为省生态修复工程技术创新中心示范基地，共同组织申报创建"鄱阳湖流域国土空间生态修复工程技术创新中心"，通过整合山水林田湖草生态保护修复技术力量，借助其技术研发优势，实现"产学研用"优势互补，推动试点项目高质量实施。

二、大力发展绿色生态产业，实现生态产业化

（一）政府推动资源向股本"三变"转换

在"两山"转换中，政府组织扮演着极其重要的角色，是生态环境保护和经济发展的润滑剂，其发布的政策法规如同风向标，深刻影响着社会、企业和个人对于经济发展和生态保护的态度。因此，政府途径是赣南老区实现生态产品价值的基础性措施，其主要通过转移支付和政府赎买两个途径来激励生态产品和资源守护者的守护热情。转移支付和政府赎买在本质上是一种生态补偿，一方面承

认重点生态保护区为了生态保护而做出努力或牺牲；另一方面通过资金激励让人们意识到"绿水青山就是金山银山"，从而促进资源到资产、资产到资本的转变。

1. 政府转移支付促进资源变资产

政府的转移支付是以激发"绿水青山"保护和守护者的获得感为目的而对重点生态功能区、自然保护区、河流源头区等区域进行生态环境保护与修复而产生的生态产品价值。国家重点生态功能区承担着水源涵养、水土保持、防风固沙和生物多样性维护等重要生态功能，关系全国或较大范围区域的生态安全，在很大程度上要限制经济开发以保护生态环境。自2011年起，中央财政部开始对赣州下发转移支付，一方面是对赣州各县牺牲经济开发保护生态的经济补偿；另一方面是对赣州各县为保护生态环境所付出的时间、精力的认可和赞同。

赣州拥有着得天独厚的自然资源优势，拥有丰富的水资源、森林资源、人文资源、旅游资源以及矿产资源。赣州境内河流众多，水资源充沛，全市集雨面积在10平方千米以上的河流有1028条，总长度1.66万千米。其中，集雨面积在100平方千米以上的河流有128条，总长度4992.80千米，河流密度为每平方千米0.42千米，境内最为主要的河流有赣江、东江、桃江、平江、梅江、琴江、湘水、濂水、绵江等。赣州境内森林资源丰富，是南方重点集体林区，是南岭山地森林及生物多样性生态功能区的重要组成部分。第六次森林资源二类调查数据显示，赣州全市森林面积达29.64平方千米，森林覆盖率高达76.20%。全市40.04%的区域归属禁止开发的国家重点生态功能区。截至2018年底，其中有各类自然保护区31处、森林公园31处、湿地公园20处、国有林场50个、风景名胜区9处、地质公园4处，具体数据如表2-1所示。

表2-1　赣州市国家重点生态功能区名录

区域类型	级别	个数（个）	面积（公顷）	总数（个）	总面积（公顷）
自然保护区	国家级	3	46617.5	31	205973.3
	省级	8	57529.6		
	市级	1	22600.0		
	县级	19	79226.2		
森林公园	国家级	10	121020.6	31	149127.4
	省级	21	28106.8		
湿地公园	国家级	13	—	20	—
	省级	7	—		

区域类型	级别	个数（个）	面积（公顷）	总数（个）	总面积（公顷）
国有林场	国家级	50	—	50	—
风景名胜区	国家级	4	—	9	—
	省级	5	—		—
地质公园	国家级	1	—	4	—
	省级	3	—		—

资料来源：《赣州市自然资源统一确权登记工作方案》。

　　江西赣州依托丰富的绿水、森林等生态资源，享受了很多由中央政府下发的转移支付。中央和省级政府高度重视江西生态文明示范区和赣州下辖范围的国家重点生态功能区建设，每年财政部都会出台《中央对地方重点生态功能区转移支付办法》等一系列政策文件，规定江西转移支付的具体金额由重点补助、禁止开发补助、引导性补助、生态护林员补助以及奖惩资金共同构成。转移支付资金的下拨一般先由中央财政部下发到江西财政厅，再由江西财政厅直接根据国家生态功能区建设的情况直接下发到下辖各县，既有效补偿了赣州各重点生态功能区因自身的生态责任而牺牲的经济利益，也有效地提升了当地生态守护林员的生态热情，提升"资源变资产"的客观性认识，逐步打好"绿水青山"向"金山银山"转变的基石。

　　赣州东江源区生态补偿试点是贯彻落实党中央、国务院决策部署的重要举措，是全国流域生态补偿机制建设的先行者，承担着积累和推广生态补偿机制经验的重要使命，对于赣州实现"两山"转换也有着基础性的重要作用。中央财政主要采用三大举措推动东江源区生态补偿机制试点工作开展：一是中央财政为东江生态补偿机制设置梯级奖励，每年下拨资金依据流域治理绩效指标"跨省断面水质监测结果"来进行分档安排；二是中央财政将继续通过现有资金渠道，给予东江流域治理、保护一定程度上的倾斜；三是中央政府将不断加强赣粤两省工作的跟踪和协调力度，强化对两省的业务指导，督促两省不断完善东江流域补偿试点的配套机制办法，从而形成相互协调的政策体系。

　　2. 政府赎买促进资产变资本

　　习近平在视察江西时强调指出，绿色生态是江西最大财富、最大优势、最大品牌为促进生态资源向生态资产、生态财富转变，赣州积极开展政府赎买改革试点，推动探索"明确产权—权籍调查—产权流转"的政府赎买路径。政府赎买是指政府通过赎买、置换等方式将重点生态区内禁止采伐的商品林、禁止捕鱼的湖泊湿地等调整为生态公益林或自然保护湿地，使"靠山吃山""靠水吃水"的林农、渔民利益损失得到补偿，补偿费不低于当地林地征占用补偿标准，林农拥有的生态资源可以转变为自身的生态资产和资本。[①]

第一，积极探索完善林地经营权登记审核备案机制。以寻乌县、赣县区、信丰县、安远县、定南县、全南县为试点，鼓励各试点形成经验，指导其余各县（市、区）启动林地经营权登记办理工作。以信丰县为例，2019 年 7 月，信丰县在成功颁发江西首批、赣州首例林地经营权不动产登记证明的前提下，由县自然资源局、县林业局联合印发了江西首份规范林权类不动产登记工作流程的文件，明确了全县林权类不动产登记的工作流程，为其余县（市、区）开展林权经营权登记办理工作提供了一个好的"信丰样板"。截至 2020 年 8 月底，赣州累计发放林地经营权不动产登记证（证明）1501 本，发证面积 60.21 万亩，其中，2020 年发证 1073 本，发证面积 50.85 万亩，发证规模位居江西前列。[②]

第二，积极探索权籍调查机制。经过南康区林业局和不动产登记部门的多次协调，南康区在 2019 年 10 月 14 日出台了《关于过渡期林地经营权登记过程中所涉的权籍调查工作方案》，明确了开展权籍调查的设施单位、调查程序、调查内容、提交调查成果材料、工作经费补偿等事项。另外，鉴于林权权籍调查宗地面积大、路途远、交通不便、费用高和单位面积林业经济价值低等因素，南康区林业局向区政府申请林权权籍调查专项经费 150 万元，采用政府采购的方式，专门用于开展林权权籍调查，切实减轻林农、林企办理林地经营权登记证明的负担。

第三，努力构建高效的省、市、县、乡、村五级林权流转管理服务体系，积极将辖区内的商品林流转全部纳入林权流转管理服务平台。截至 2019 年 12 月，赣州已完成 17 个县级林权流转服务中心、109 个乡（镇）级和 262 个村级林权流转管理服务窗口建设；实现了市、县二级林权流转管理服务中心全覆盖。其中，全南县已实现了所有林区乡、村林权流转管理服务窗口全覆盖，信丰、大余、崇义、于都、会昌 5 县实现了所有林区乡服务窗口全覆盖，为实现政府赎买和生态金融提供了将非国有商品林转换为国有商品林的便利。

①　郑博福，朱锦奇．"两山"理论在江西的转化通道与生态产品价值实现途径研究［J］．老区建设，2020（20）：3-9.

②　江西省赣州市林业局聚焦重点攻难点落实林地经营权［EB/OL］．浙江省林业局官网，http：// lyj. zj. gov. cn/art/2020/11/24/art_ 1276367_ 59000370. html，2020-11-24.

基于明晰的林业产权、详细规范的权籍调查和高效的产权流转管理服务体系，赣州林业局指导各县（市、区）积极探索重点生态区位林地赎买制度，在不改变林地用途、补偿费不低于当地林地征占用补偿标准、妥善安置被赎买林地农民的基础上，由政府采用一次性补偿的方式进行林地赎买。截至 2018 年底，寻乌县共赎买 14744.2 亩重要生态区位林地，其中原属村集体所有林地 1350.0 亩，原属村小组集体所有林地 1003.0 亩，原属村民自留山 6932.4 亩，累计补偿 2.2 亿元。

3. 林权质押贷款促进"资产变资本"

林权抵（质）押贷款工作是深入贯彻习近平生态文明思想的具体实践，是利用金融杠杆的作用唤醒绿色资源，促进绿色资源向资本转换，促进"绿水青山"和"金山银山"的双向转换。林权质押贷款是指林权所有者以有关部门颁发不动产证书、林权证作为抵押物向江西建设的各类林权管理服务机构进行借款，用以开展符合国家产业政策导向及林业相关的生产经营活动或满足借款人日常生活资金需求。林权质押贷款自 2007 年便在江西率先开展试点，是林业改革的一次重大金融创新，并且随着试点的不断深入和政策支持力度的不断加大，林业"三权分置"不断完善，林权流转管理服务体系和金融服务平台不断健全，逐渐形成规范化、流程化的林权抵押贷款体系。

为了解决林业发展中资金少、发展难的问题，赣州多措并举，推动林权质押贷款，盘活森林资源。

第一，贯彻落实《江西省林权抵押贷款管理办法（试行）》《江西省公益林（天然商品林）补偿收益权质押贷款管理办法（试行）》文件精神，建立健全林权抵押贷款管理办法，注重发挥各地林业发展部门、金融机构、中介机构等多部门协同促进作用，助推林权质押贷款盘活生态资源。赣州发挥政府公信力作用，为林农、村集体等借款人担保；发挥金融部门引导作用，引导商业银行开展林权抵押贷款服务；引导中国人民银行分支机构加大窗口指导力度，加强货币政策工具引导，合理运用支农再贷款；鼓励涉农银行加大林权抵（质）押贷款信贷投放、简化贷款手续、实行优惠利率，创新林业金融产品和业务模式；发挥银保监分局引导作用，鼓励保险机构探索开发分树种的商业保险和林权抵（质）押贷款再保险品种，实行优惠保险费率，鼓励银行分支机构创新推进林地经营权、公益林（天然商品林）补偿收益权、林农小额林权抵（质）押贷款，创新开发用材林、经济林、能源林等贷款品种，不断健全林业金融平台，建立林地经营权流转鉴证管理制度，并通过数据共享将抵押证明信息推送给不动产登记机构。

第二，不断拓宽林权质押贷款渠道。其主要有林地经营权抵（质）押贷款、林农小额林权抵（质）押贷款以及公益林（天然商品林）补偿收益权抵（质）押贷款三种形式。

林地经营权抵（质）押贷款。林地经营权抵（质）押贷款是依法核准登记的企（事）业法人、村经济合作社（村股份经济合作社）、农民专业合作社、家庭林场（农场）、其他经济组织以及具有中华人民共和国国籍的完全民事行为能力的自然人（含个体工商户）以自身林地经营权为质押物合法合规地向有关金融机构进行贷款，通常需要遵循"贷款申请、材料审核、林权评估、抵押登记、抵押备案"等流程。贷款申请是林权抵押贷款的前提，一般由借款人本人提交，由县级服务窗口进行合规性审核，尤其是审核林地性质、林地权属关系、林地流转及抵押情况和采伐指标等，并由县级服务窗口将审核结果与相关金融贷款机构共享。林权评估是林权抵押贷款金额的重要价值基础，通常是根据借款人的贷款金额是否高于30万元来规定林权评估的规模，若借款人借款金额为30万元及以上，则需要委托金融服务平台指定名单中的中介机构进行价值评估或直接委托有相关资质和评估能力的贷款银行评估；若借款人借款金额为30万元以下的，贷款银行可直接参照当地市场价格为借款人免费评估。抵押登记和抵押备案是林权质押贷款信息共享的基础，需要借款人根据不动产登记机构要求提交借款合同、抵押合同、评估报告、身份证件、权属证件等资料并将后期办理的变更登记材料提交至金融服务平台，由金融服务平台通过数据共享将抵押证明信息推送给不动产登记机构，避免重复抵押和未经抵押权人同意办理流转交易、采伐指标、征占用、调整为公益林或天然林等问题的发生。

林农小额林权抵（质）押贷款。林农小额林权抵（质）押贷款一般是林农以个人为单位，以所需林权质押而进行的30万元的个人贷款。鉴于农户个人单位申请林权面积相对较小，金融机构可依据实际情况特事特办，采用"一次核定、随用随贷、余额控制、周转使用"的管理方式。

公益林（天然商品林）补偿收益权抵（质）押贷款。公益林补偿收益权质押贷款是根据"生态公益林本身不能进行转让、抵押融资，但是补偿收益权可让与"国家规定而来的。公益林补偿收益权质押贷款是以县级以上人民政府林业部门出具的收益权证明作为质押担保，村集体组织、林农等根据收益可持续年限、金额等因素，按照不超过年公益林补偿资金收入的15倍申请贷款。为探索公益林（天然商品林）林权抵（质）押贷款路径，赣州积极作为、努力作为，以石城县为试点，发挥金融杠杆作用，促进林农、林业生产经营者可以用承包经营的商品林作为有效抵押物，向银行申请林权抵押贷款，满足林业生产经营的需要。据数据显示，石城县 2020 年新增林权抵押贷款 790 万元，余额达 6022 万元，有效地促进了石城县林业产业的发展。

4. 培育新型林业经营主体，促进资本变股本

赣州注重培育新型林业经营主体，促进林地适度规模经营。鼓励和引导采取租赁、反租倒包、林地托管、林地股份合作、"企业+合作组织+农户（家庭林场）+基地"等多种形式推进林地流转。如寻乌县云丰毛竹林专业合作社鼓励林农以林地经营权入股，推动"合作社+加工厂+林农"的产业化运作模式，引导资本向股本的转变。

（二）市场拉动资源向股本"三变"转换

市场途径包括生态产品市场交易和生态资源产业化经营两种形式，但无论是哪种形式，都对促进生态产品市场化有着极为重要的影响，既有利于激发个人、企业以及社会对于社会生态环境的认识，也有利于生态资源与经济资产的转换，从而促进生态产业化的实现。

1. 生态产品市场交易促进资源变资本的转化

生态产品市场交易即通过培育市场、明晰产权，实现生态产品外部性的内部化，其价值可通过市场化路径来实现，如碳汇交易、排污权交易。[①] 通俗来说，生态产品市场交易即为当生态产品和经济利益冲突时，则需要舍弃一部分的经济利益以便保留住清洁的空气、干净的水源、丰茂的森林、宜人的气候等生态产品，那么为了实现生态产品供给者和消费者之间的利益平衡，就需要把生态产品变成一种可以通过市场交易的商品，对生态产品的供给者进行"补偿"。生态产品的市场交易主要体现的是生态产品的价值，也就是我们所说的"绿水青山就是金山银山"。

中共赣州市委五届十次全体（扩大）会议通过的《中共赣州市委关于制定全市国民经济和社会发展第十四个五年规划和二〇三五年远景目标的建议》明确在全市积极探索建立生态产品统一确权登记制度，建立生态产品价值核算体系，科学编制自然资源资产负债表，为生态产品的市场化交易奠定价值衡量基础；以赣州环境能源交易所有限公司为组织载体，积极探索推进排污权、用能权、用水权、碳排放权等环境权益交易，开展碳汇交易等改革试点，加快生态产品价值实

---

① 郑博福，朱锦奇．"两山"理论在江西的转化通道与生态产品价值实现途径研究［J］．老区建设，2020（20）：3-9.

现，促进"绿水青山"向"金山银山"的积极转化。

2. 大力开展生态试点

赣州支持崇义县大力推进生态文明试点改革，积极开展全国森林经营试点、全国生态产品价值实现机制试点、经济生态生产总值（GEEP）核算试点、碳中和试点以及绿色金融改革县域试点，并取得不错成果。如三产融合、绿色发展做法纳入生态环境部"绿色发展示范案例"，"生态农业融合发展机制"纳入国家生态文明试验区改革举措推广清单。

大力实施生态环境保护工程，做大绿色增量，巩固试点资源。截至2021年3月，崇义县建成商品材基地140万亩，森林经营样板示范林基地51万亩，拥有国家级自然保护区1个、省级自然保护区2个、国家湿地公园1个，成功创建省级生态乡镇10个，省级生态村10个，市级生态村83个，市级以上生态村占全县行政村总数的75%。

加强顶层设计，不断优化保障机制，夯实试点基石。一方面，崇义县建立健全绿色金融发展规划，以江西绿色金融改革创新工作领导小组办公室名义印发江西唯一的县级绿色金融改革试点实施方案，率先在赣州制定县级绿色金融标准体系，制定出台《崇义县绿色企业认定方法》《崇义县绿色项目认定方法》等文件，构建多层次绿色金融组织体系和服务支撑体系；另一方面，成立崇义县绿色金融改革试点工作领导小组，设立专门的绿色金融服务办公室，设置200万元的专项资金用以统筹协调推进全县绿色金融改革试点工作。

创新产品优服务，推进绿色金融改革，构建资源向资金的转化渠道。一是优化企业融资平台，创新设立中国银行生态支行，打造生态资源资产运营机构，依托"崇义绿色生态板块"股权市场服务平台资源，出台《崇义县加快推进企业股改挂牌上市的实施意见》，建立绿色企业信息共享机制，大力扶持县域绿色企业股改上市。二是创新开发绿色保险。围绕刺葡萄、高山茶等特色产业，创新开发特色农产品气象指数保险、产量保险、价格指数保险、收入指数保险等独具特色的保险产品，同步优化县级财政补偿标准。开展环境污染强制责任险和生猪"保险+期货"试点，创新生态环保商业保险，推动资源优势有效转化，累计为上堡梯田、阳明山国家森林公园等核心景区提供2700万元的风险保障。三是拓宽绿色信贷渠道，开展绿色债券、绿色基金等金融服务，创新"政企银"对接合作机制，设立"绿色产业融合信贷通"，以"政府+龙头企业"的方式共同设立5000万元的风险保证金，撬动4亿元银行信贷资金，为绿色融资项目提供全方位、专业化的金融信贷服务。

3. 生态资源产业化经营促进资产变资本、资本变股本的转换

赣州将"生态+"理念融入产业发展之中，大力发展生态农业、富硒绿色有机农业、循环经济、林下经济等生态经济，推动生态要素向生产要素转变、生态资源向生态资产转变、生态价值向经济价值转变，探索出了一条生态优先、绿色发展的高质量发展新路子。

（1）积极发展高端生态农业。赣州贯彻落实"两山"理念，积极发展高端生态农业，实现生态资源的产业化。高端生态型农业注重发挥当地特色农产品或者优势农产品的优势，积极打造品牌效应和规模效应，提升当地农产品附加值，激发生态资源内部的经济价值。

赣州积极壮大优势特色产业，在全市范围内推行国有企业投资建设大棚，大力推广"龙头企业+合作社+职业菜农"组织模式，出台政策加快引进培育职业菜农。截至2021年1月，赣州建成规模设施大棚蔬菜基地8.08万亩，新增露地蔬菜基地4.81万亩，分别落实年度指导任务101.00%、120.25%。另外，赣州利用本地硒资源优势，发布《赣州市富硒农业产业发展规划（2020～2030年）》，以创建"世界生态硒地"为战略定位，不断提升赣州蔬菜产业附加值，将资源优势直接转化为产业优势和产品优势。

全南县南迳镇依托丰富的芳香花木资源，以花为媒，积极发展融合三大产业的"芳香产业"，芳香产业以芳香植物种植产业为基础，不断延伸芳香花木产业链，发展生物萃取、精油提炼、美容护肤品深加工等第二产业，并不断地开辟以观光休闲农业为主的第三产业，全力打造芳香小镇。全南县积极引入社会资本建造香韵兰花基地、古韵梅园和鼎龙"十里桃江"国际芳香森林度假区等芳香产业项目，积极申报并成功入选国家级特色小镇培育名单，不断壮大芳香产业发展力量。

崇义县坚持打响"四大绿色产业"品牌，壮大培育特色生态农业，拓展"两山"转换渠道。一是崇义县依托龙头企业与国家林业和草原局等社会和政府资源，打响崇义南酸枣糕品牌，成功申报国家地理标志保护产品并在崇义县建立了国家级南酸枣林木种质资源库。二是以江西君子谷野生水果世界有限公司为龙头，实行"政府支持、企业主体、市场运作、农民参与、保价收购、技术保障"的市场化运作方式，打响刺葡萄产业品牌，刺葡萄酒荣获亚洲葡萄酒质量大赛金奖，君子谷小镇获评赣州首批"特色小镇"。三是引进总投资20亿元的年产30万吨生物质全组分高值利用项目，释放70万亩毛竹资源和100多万吨竹屑的经济生态双重效益，打响毛竹产业品牌。四是建立健全油茶种植技术服务体系，依

托龙头企业成立合作社，实现年产茶油 107.5 千克，产值达 1.3 亿元，打响油茶产业品牌。

（2）高端生态养殖业。赣州贯彻落实"两山"理念，积极发展高端生态养殖业，实现生态资源的产业化。高端生态养殖业注重借助发挥科技的力量，实现传统养殖业的升级改造，打造现代化、集约化、智能化的高端生态养殖发展道路。

信丰县古陂镇的龙头产业是生猪养殖业，并且随着温氏集团、诸信实业等现代化养殖龙头企业的相继落户，该镇逐渐成为赣南地区最大的生猪市场，并且于 2017 年入选全国第一批畜牧业绿色发展示范县、全国生猪调出大县。信丰县立足打造现代农业产业，加大生猪养猪技术扶持力度，采取"关小、整乱、改造"的方式，依法淘汰了 50 多家"小、散、乱"，以及技术含量投入不足、环保设施不达标的生猪养殖户，保留技术条件好、规范达标的养殖户 103 户，大力发展合作化、现代化、集约化的生猪产业。除此之外，古陂镇积极推进畜禽粪污资源化利用，预计投资 3 亿元建设畜禽粪污资源化利用项目，设立畜禽粪污资源化利用园区，日处理粪污沼液 1200 吨，促进全县范围内中小型养殖场户粪污全收集、全处理。

（3）全域生态旅游型。赣州贯彻落实"两山"理念，积极发展全域生态旅游业，实现生态资源的产业化。全域生态旅游型是通过配套基础设施、开发精品民宿，打造精品旅游产品，形成"城区+景区+美丽乡村"的全域旅游发展格局。总结来看，全域生态旅游是在充分利用生态绿色的优势前提下，积极挖掘赣南老区丰富的绿色资源、红色资源以及古色资源，打好"绿色+红色+古色"组合拳，从而提升绿色资源的经济价值。

赣州拥有"红色故都""客家摇篮""江南宋城""阳明圣地"四张出彩名片，对于打造全域旅游产业链有着得天独厚的资源优势。近年来，赣州把发展旅游产业作为建设革命老区高质量发展示范区的重要抓手，将其作为战略性支柱产业和综合性幸福产业来培育，大力加快全域旅游产业拓展步伐，实现由点到面的显著提升。

赣州借助资源优势，主要从以下三个方面着力发展全域旅游产业：一是市级政府高度重视，不断提升全域旅游发展在全市高质量发展考核的分值比重，增加到原分值的 6 倍，同时连续三年高规格召开全市旅游产业发展大会，提出"像抓工业一样抓旅游"。自 2017 年起，赣州结合资源、区位以及政治经济优势，围绕大力发展全域旅游的工作目标，出台了《赣州市全域旅游总体规划》《赣州市发展全域旅游发展三年行动方案》《赣州市建设区域性文化旅游中心实施方案》《赣州市推进全域旅游奖励办法》等一系列政策文件，高位推动全域旅游业的发展。在市政府的文件指导下，市县两级立足各地特色，因地制宜引入资源和资金，成功落地赣州龙川极地海洋世界、龙南关西围屋群、龙南武当山、上犹油画创意产业园、会昌汉仙温泉、安远东生围等文旅大项目，加快把资源优势转换为经济优势。二是赣州不断创新旅游宣传营销手段，利用每年举办的赣南脐橙网络博览会、旅游博览会等百余场各具特色的节庆活动扩大影响，吸引人流入赣旅游。另外，受区位因素影响，珠江三角洲、长江三角洲等成为赣州全域旅游业的主客源市场，赣州点对点实施"引客入赣"工程，吸引主客源市场的潜在人流开展自驾游、团队游，将潜在人流转化为实际人流。三是赣州全面推动吃、住、行、游、购、娱等旅游要素的提升，保证"吃"有特色、"住"更舒适、"行"更便捷、"游"得顺畅、"购"有商品、"娱"有活动，多方面满足游客感官需要。

自 2017 年底赣州实施发展全域旅游行动方案以来，全市 116 个全域旅游重点项目建设累计完成投资超 800 亿元，旅游要素配套不断完善，创评省级以上权威优质旅游景区品牌 91 个，新增四星级标准以上酒店 43 家，分别占历年来总数的 71% 和 68%。另外，已成功建设美食街 23 条、创评客家美食旗舰店 21 家、"赣州礼物"旅游商品旗舰店 17 家，打造特色菜 24 桌，创排演艺节目 20 台，开通旅游直通车 10 条[①]。

以石城县为例，该县积极响应市政府发展全域旅游业的规划，在 2016 年成功入选首批"国家全域旅游示范区"，是赣州唯一入选县。石城县以"环山多石、耸峙如城"而得名，拥有着丰富且极具特色的红色、绿色和古色等旅游资源，是赣江源头，是红军长征的重要出发地，是客家民系的重要发祥地和中转站，是中国温泉之乡、白莲之乡、灯彩艺术之乡、民间文化艺术之乡、最佳休闲度假旅游县、十佳生态休闲旅游城市。石城县基于自身资源优势，提出"精致县城、秀美乡村、特色景区、集群产业"四位一体全域旅游发展战略，特色化推出"春赏杜鹃游古村、夏观荷花玩漂流、秋探赣江源走闽粤通衢、冬泡温泉登通天寨"等春夏秋冬四季旅游游玩路线，打造石城县四季旅游模式，以"全景化打造、全要素发展、全产业融合、全社会参与、全民众共享"为全域旅游示范区创

---

① 一方山水 万般风情 赣州等你来［EB/OL］. 金台咨讯，https：//baijiahao. baidu. com/s？id＝1669157244031271626&wfr＝spider&for＝pc，2020-06-17.

建和发展路径，加快构建"全景、全业、全时、全民"的全域旅游大画卷。另外，为避免同质化竞争，石城县坚持贯彻差异化战略，以绿色为底色，以红色为主色调，以古色为底蕴，大力发展"绿色+红色+古色"的三色旅游发展模式，努力开发建设与红色、古色旅游资源互为补充的绿色生态、休闲度假旅游产品，并结合县域内的温泉、丹霞、莲乡、客家等特色亮点，打造吃、住、行、游、购、娱一体式的石城旅游模式，并以"做强旅游产业、做全旅游配套、做深旅游融合、做特旅游商品、做热旅游营销、做优旅游服务、做活旅游消费"为重要抓手，稳步推进石城县"国家全域旅游示范区"的创建。

以崇义县为例，该县是章江源头，总面积 2206.3 平方千米，生态环境优良，森林覆盖率高达 88.3%，是我国森林覆盖率最高的县，也是全国首批县级"国家森林城市"。崇义县立足丰富的森林资源，推进旅游、体育、文化、康养"四业融合"，提升"两山"转化价值。一是推进生态旅游与特色文化相融合，结合崇义县特色阳明文学，引进 100 亿元总投资发展客天下综合文旅项目，努力打造世界阳明文化旅游胜地。二是推进生态旅游和体育休闲相融合，以三人制篮球、山地自行车赛、轮滑"三项运动"为主攻方向，打造江西户外运动聚集地。三是推进生态旅游和康养产业相融合，借助陡水湖、齐云山、阳明山等资源优势，开发提升一批独具崇义特色的高端康养社区。加快推进阳明养生谷、兰洋福苑、过埠康养综合体等项目，着力打造中国森林康养福地。

三、大力发展绿色产业，实现产业生态化

绿色产业是指积极采用清洁生产技术，采用无害或低害的新工艺、新技术，大力降低原材料和能源消耗，实现少投入、高产出、低污染。赣州发展绿色产业，实现产业生态化主要路径有以下四条：一是改造升级传统产业；二是大力发展绿色工业；三是大力发展能源清洁型产业；四是大力发展高端产业。

（一）改造升级传统产业

1. 提升脐橙、蔬菜等传统产业附加值

江西赣州气候独特，农业自然资源丰富，是江西的农业大区和经济作物主产区，是典型的丘陵山区农业大市。其中，脐橙产业、蔬菜产业是赣州特色农业产业，也是赣州具有典型意义的低附加值的传统产业。

（1）赣南脐橙产业。脐橙产业作为赣州优势特色产业、农业主导性产业，是赣州的农业"当家树"、农村"致富树"和农民"摇钱树"。以 2019 年为例，赣州脐橙种植面积 163 万亩、产量 125 万吨，脐橙产业集群总产值 180 亿元，赣

南脐橙荣登 2020 年区域品牌（地理标志保护产品）百强榜第六，位列水果类产品第一。整体来说，赣州脐橙产业发展较为良好，但是赣南脐橙产业依旧面临"附加值低、技术含量低、同质化、品牌建设不到位"等问题。因此，在 2019 年 3 月，赣州出台《关于加快赣南脐橙产业发展升级的实施方案》，推动赣南脐橙产业发展升级，增加赣南脐橙产业附加值。

坚持绿色生态开发，健康推动产业发展。坚持合理规划，全面普查统计辖区内宜果山地、农地，立足区域内自然资源的承载能力，科学确定产业规模，以最科学的方式划分可开发种植区、限制开发种植区和禁止开发种植区。坚持科学复产，抓好柑橘黄龙病防治工作，坚持"预防为主、综合防控"的原则，建立柑橘黄龙病防控技术体系，落实技术措施，以科学的方式推进病毁果园转型复产，力争复产一块、成园一块，推动果园稳产高产；坚持适度开发，大力促进种植专业化、职业化发展，培育农户成为脐橙种植主力军，引导脐橙种植能人、销售大户，在外乡贤壮大脐橙产业，开发 50 亩以上的脐橙基地，扶持大型龙头企业建设高科技现代化脐橙示范基地，通过组建合作社的形式实现果农抱团组建果业合作社，推动脐橙产业发展；坚持生态建园，牢固树立"绿色发展"理念，遵循"山顶戴帽、山腰种果、山脚穿裙"的生态开发模式，加强绿化建设，以构建完善的生态防护林系统和实现果园的生态园林化；坚持建园审查，严格落实新开发果园和恢复性生产审查审核制度，促进果园经济和生态保护共同发展。

完善苗木繁育体系，夯实产业发展基础。其一，为了避免市域内同质化竞争，赣州按照优势区域发展优势产业的原则，坚持以中熟纽荷尔脐橙为主，打造建设以宁都县为中心的中熟脐橙产业带，以信丰县、安远县为中心的早、晚熟脐橙产业带，以寻乌县为中心的蜜橘产业区，以南康区为中心的甜柚产业区，以会昌县为中心的杂交柑橘产业区，推动形成早中晚熟脐橙合理搭配、脐橙和其他柑橘品种相结合、各种特色柑橘类品种协同发展的"两带三区"产业格局。其二，加强苗木监管，强化苗木繁育属地管理责任，严格落实购苗申请审核制度，建立健全苗木调运台账，确保每株苗木可跟踪，使之有来源、有去向、有记录。其三，加强苗木检疫，做好苗木出圃前的病害检测，包括但不限于柑橘黄龙病、柑橘碎叶病、柑橘裂皮病等，以保证出圃苗木品种纯正、健壮无病。其四，持续开展优良品种、单株的大田群体选优工作，充分挖掘具有自主知识产权的优良品种（单株），适度引进特色柑橘品种，加强品种的试验、示范、推广和储备工作。

积极推广先进集成技术，坚持推动脐橙产业高标准、高质量发展。其一，赣州依托市柑橘科学研究所和国家脐橙工程技术研究中心等脐橙科技创新平台，加强院校合作，着重突破脐橙产业在新品种、新技术、新模式等方面的关键技术研发与攻关，并积极推动科学成果转化，夯实产业发展的科技根基，从而提高脐橙产业科技含量。其二，赣州大力实施"沃土工程"推动病毁果园及新果园的开发和发展，坚持先改土、后种植，用有机肥回填栽植穴（沟）改良土壤，定植后系统性、计划性的深翻扩穴，以增施有机肥和套种绿肥的方式，改善根系生长环境，从根本上解决产量问题，提升果实品质。其三，赣州贯彻实行"适度密植、高干低冠、宽行窄株"矮化密植的栽培模式推动病毁果园及新果园的开发和发展。平地缓坡地行距4~5米，株距1.5~2.0米，适度矮化、密植，每亩种植85~100株；丘陵山地采用株距1.5~2.0米，培育相对矮小树冠，每亩种植65~70株，每5~6行留一条1.5米左右作业通道。其四，赣州大力推广种植假植大苗，降低幼苗期生产管理成本和幼树感染柑橘黄龙病风险，推动果园实现早成园、早丰产、早收益。其五，赣州以装备技术力量的方式推行省力栽培，积极引进滴灌、喷灌、渗灌等节水灌溉设施和旋耕机等机械设备，大力推广肥水一体化、智能管道、无人机喷药等作业模式，推动赣南脐橙实现高效、省力栽培。

加大市场开拓力度，推进赣南脐橙品牌建设。针对性开拓市场，一县（市、区）对接一个省（市），建立健全省、市、县三级的市场营销网络，构建覆盖超市、批发市场、社区三类的零售网络，打通"农超对接""基地直采"路径，压缩脐橙产业成本，打造赣南脐橙出口竞争力；借助电子商务和网络营销的发展东风，积极培育一批电商企业，构建赣南脐橙电子化营销渠道，重点培育和壮大一批果品物流企业，构建现代畅通高效、安全便捷的脐橙物流体系，完善果品运输、加工、贮藏、销售冷链体系，有序有质推进赣南脐橙线上销售；积极实施品牌化战略，注重加强以赣南脐橙区域公用品牌为主体，企业、合作社自主品牌为补充的母子品牌体系建设，完善赣南脐橙品牌及专用标志许可使用，实现"区域公用品牌+企业品牌"的良性发展，注重加强品牌影响力建设，在维权打假保障赣南脐橙的品牌基础前提下，以中央、省级、赣南脐橙产地以及分销地等区域内的主流媒体和知名网站为传播媒介，以参与国内外各种形式的产品展销会、博览会为传播载体，大力宣传赣南脐橙品牌，打造赣南脐橙的知名度和影响度，以保障赣南脐橙品牌价值处于地理标志类产品前列水平。

推进赣南脐橙实现一二三产业大融合，增强产业发展效益。赣州依托丰富的脐橙资源，积极扶持或引进一批与产业关联度大、带动能力强的龙头企业，加强赣南脐橙的农业发展活力；积极发挥果业加工企业与涉农科研院所的"1+1>2"的联合作用，严格按品种、按成熟期、按品质，实行差异化加工处理，发展鲜橙汁、脐橙精油、酵素、果醋、果酒等精深加工产品，延长脐橙产业加工链条，提升产品附加值；积极利用"旅游+""生态+"等模式，打造一批集休闲、采摘、观光、创意、体验为一体的果游结合园区、田园综合体；积极发展智慧果业，运用大数据、云计算及物联网，在有条件的基地开展智慧果园和果业大数据建设试点，将物联网技术运用到果园日常管理工作，开展无人机遥感巡查、气象预报、土壤肥水监测、病虫害预测、远程会诊等服务，实现果业智能化管理。

优化社会服务体系，增强产业发展后劲。赣州市政府积极修订及完善脐橙系列标准，构建集生产、加工、包装、贮藏、销售等于一体的标准化体系，推进果业认证、果品"三品一标"和出口果园等认证工作，推进国家级出口食品农产品（脐橙）质量安全示范区建设。赣州积极发挥政府的作用，引导行业和谐、健康发展，积极培育和扶持一批有影响力的涉果专业合作社组织、专业种果大户和家庭农场，发挥果业协会的带头作用，强化行业自律意识，加强日常监督和协调，以自觉维护产业发展秩序。赣州政府充实和壮大脐橙产业经纪人队伍，组建专业化、社会化综合性脐橙产业服务组织，提供相关服务，包括但不限于为果农提供施肥打药、采果修剪、果园托管、病虫害统防统治、果品商品化处理、销售渠道、市场信息、保险等果业生产服务。

（2）蔬菜产业。江西赣州充分发挥气候、土壤等生态资源优势和毗邻粤港澳大湾区的市场优势，积极发展蔬菜产业，积极构建"山上栽脐橙、田里种蔬菜"的产业富民格局，使赣南地区成为江西重要的蔬菜生产基地之一。蔬菜产业具有长时间的种植历史和较好的产业基础，是赣南地区的特色优势产业，是赣南地区农民增收的重要来源，已经成为赣南地区的重要支柱型产业。2019年，赣南地区蔬菜产业发展迅速，规模蔬菜基地面积达25.90万亩，其中设施大棚面积达20.95万亩，较2015年分别增加20.66万亩基地、19.83万亩大棚，并联合多种力量，形成了宁都辣椒、兴国芦笋、于都丝瓜、信丰辣椒、会昌贝贝小南瓜等蔬菜优势产区，突破了一系列技术、模式难题，制定了一系列"赣南蔬菜"标准，承办和组织了一系列蔬菜展销会、推介会，赣南蔬菜的影响力在不断提升。但是，赣南蔬菜产业依旧面临蔬菜种植户文化水平普遍不高、种植大户较少、蔬菜产业集约化程度低、现代化农业信息技术含量低、品牌建设相对落后等问题。因此，赣州市人民政府办公室于2019年3月印发《赣州市2019年蔬菜产业发展工作方案》，从六大方面促进赣南蔬菜产业优化升级，提升产业附加值。

1）创新生产组织形式。积极培育龙头企业，打造技术服务、农资测试、市场开拓、运营管理4个团队，抓好生产示范、技术培训、农资配方供应、品牌打造、产品销售和加工服务6项服务，注重取长补短，将生产交给专业的农户，达到合作共赢的局面；积极培育蔬菜专业村（组），培育发展蔬菜专业合作社和家庭农场，引导发展多元经营主体，打造具有区域特色主导产品，推动形成"一村一品"，实现差异化发展；坚持专业化种植和适度规模并进，实现资源向经营主体集中，推动规模生产；积极建立常态化一线指导机制，随时掌握基地蔬菜产业发展状况，以科学动态的指导推动土地利用率和蔬菜基地的生产率。

2）加强科技研发和推广。注重发挥国家、省级的科研资源力量，加强与国家及省级蔬菜产业技术体系、科研院校和大专院校合作，加强大棚设施、田间栽培、贮藏保鲜技术、绿色发展实用技术研究，加强技术成果转化应用；注重发挥市内科研资源和人才的力量，整合赣南科学院科研资源，建设高水平、专业化的蔬菜科研团队，组建蔬菜产业科技创新联盟，打造建设蔬菜产业院士工作站，蔬菜区域性科研中心，蔬菜品种、技术、农资展示平台等；注重发挥赣南脐橙产业龙头企业作用，鼓励引导企业加强技术研发，提升企业的技术创新意识，推动蔬菜产业往高附加值方向上发展；注重发挥蔬菜专家顾问团的力量，巡回各级开展技术指导，推动赣南脐橙与国内农资信息、市场信息、气象信息、专家团队互联互通，以大数据引导科学生产。

3）壮大蔬菜产业人才队伍。注重关注蔬菜产业人才队伍建设需求，大力实施乡（镇）蔬菜技术人员定向培养、原乡（镇）"三定向"农技员提升和种植能手、基地技术员培育"三项计划"，大力开展新型职业农民培训工程，采取"以师带徒""田间课堂"等方式，提高农民及相关技术人员的技术能力，以建设一支扎根基层的蔬菜技术人才队伍；大力发挥赣州农校蔬菜专业优势，构建一批专业教学实践基地，推动理论学习和生产实践的融合发展，培育一批高水平的蔬菜产业技术后备军；大力实施蔬菜专业人员的专岗专用，充分发挥蔬菜产业专业人员的技术力量；大力引导以家庭式、专业户为主的职业种菜主体，发展适度规模的大棚蔬菜生产，推动形成一批可复制的典型，引领带动周边农户发展蔬菜；积极开辟"绿色通道"，招录一批全日制本科以上农学类专业毕业生，实现技术储备军力量的下沉，夯实县、乡两级蔬菜产业发展的技术和人才基础，提供强有力的人才支撑。

4）夯实蔬菜产业发展基础。积极构建现代蔬菜种业体系，努力降低分户育苗、分户管理成本，推动集约化育苗；积极引进培育蔬菜加工龙头企业，加速蔬菜产、加、销一体化进程，降低蔬菜损耗率，增加产业附加值；积极招商引资，重点建设农资、肥料、农膜、钢材等相关配套产业，推动蔬菜全产业链建设；积极发展"智慧蔬菜产业",推进物联网技术在全流程生产系统中的应用,提高蔬菜生产的标准化、集约化、精细化和智能化水平。

5)畅通市场流通渠道。积极做好蔬菜产业的品牌建设,坚持品牌兴菜、绿色发展,应用"赣南蔬菜"品牌认定和评价标准,大力推进标准化生产,打响"赣南蔬菜"品牌;积极发展蔬菜专业合作社和适度规模的家庭农场,完善新型经营主体与菜农的利益联结机制,引导发展"一村一品",打造具有区域特色的主导产品,实现差异化发展;积极疏通国内国际两个市场,结合地理位置优势和市场分析,重点发展广州、深圳、厦门、香港地区和澳门地区及其他国内高端市场,建立互利合作产销关系;充分发挥赣州港的外联作用,构建对外物流通道,对接国际贸易平台,助推蔬菜出口"一带一路"沿线国家和地区,提升"赣南蔬菜"的品牌国际影响力和知名度。

6)充分利用硒资源,打造富硒蔬菜产业,提升产业附加值。硒是人体必需的微量元素,可以有效预防癌症、预防衰老、解除重金属毒害。通常来说,富硒产品因其特色功效,售价相比其余农产品均高出30%~50%,经济效益良好。赣州硒资源较为丰富,在2016~2018年土地质量地球化学调查项目中,中国地质调查局勘探了赣州近900平方千米的富硒区域。因此,赣州市政府积极利用硒资源,编制一批富硒农产品建设项目,引进一批龙头企业集中连片发展蔬菜产业,推进硒与蔬菜的有机结合,推动富硒蔬菜产品精加工、深加工,延长产业链,大幅度提升蔬菜产业附加值。

2. 降低生猪养殖业等传统产业生态污染

赣州生猪养殖历史悠久,是江西的畜禽养殖大市,是江西生猪优势主产区和闽粤沿海发达城市重要的生猪"菜篮子"供应基地,其中有南康区、定南县、信丰县、兴国县全国生猪调出大县(区)和赣县区、会昌县、于都县、安远县省级生猪调出大县(区)。2019年,赣州生猪总产量、产值占全省第一,生猪出栏578万头,占全省的20%。赣南生猪养殖业对于经济发展有着重要的推动作用,但是对于赣州的生态环境也造成了较大的压力。因此,赣州加大力度、加快速度对生猪养殖业进行升级改造,推动传统产业转变为"附加值高、低污染"的现代农业。

以寻乌县为例,2020年6月,寻乌县人民政府发布《寻乌县农村禽类养殖专项整治工作方案》,要求寻乌县按照"调查摸底—宣传动员—集中整治—考核验收"的步骤对寻乌县所有禽类养殖场(户)进行整治。具体的整治措施按照规模养殖场、专业养殖户、一般养殖户、小型养殖户和家庭养殖户五类开展。其重点工作主要在于两方面：一方面，抓好畜禽养殖污染源头治理，划定禁养区并关停搬迁禁养区内规模的养殖场；另一方面，开展畜禽养殖废弃物处理和资源化利用工作，积极推广高床养殖节水减污模式、猪—沼—果立体种养模式等五种治理模式和养殖废弃物第三方处理模式，以猪—沼—果（菜、莲、草）等农业综合利用为主要处理方向，足额配备种植用地进行消纳，构建种养循环发展机制。

以崇义县为例，崇义县应用高新技术，利用超声波换能器将电能转化成声能，将生物质破碎分离成高纯度的木质素和植物纤维，开展中竹科技石墨烯新材料生产项目，以崇义县丰富的竹木资源为碳源，生产高品质石墨烯、碳纳米管、3D 打印材料等，实现全县 70 万亩毛竹资源高效利用、100 多万吨竹屑资源"吃干榨尽"。

（二）大力发展绿色工业

在 2018 年 12 月召开的江西省工业绿色发展工作推进会上，工业和信息化部节能与综合利用司高云虎明确指出，江西在构建绿色循环经济的产业体系，走工业绿色发展道路是具有优势和潜力的，督促江西全省坚持绿色发展，不断提高产业的层次和附加值，加快工业绿色发展，实现产业生态化，从而助推生态文明建设。绿色工业是指实现清洁生产、生产绿色产品的工业，即在生产满足人的需要的产品时，能够合理使用自然资源和能源，自觉保护环境和实现生态平衡。从整体上来看，发展绿色工业的主要途径在于加大科学技术的应用，提高资源使用效率，减少废弃物排放。

赣州将发展绿色工业和污染治理工作同步进行，注重排查和取缔造纸、制革、印染等十大小型企业或生产项目，推进工业集聚区污水集中处理设施及配套管网建设、污水处理设施总排污口安装在线监控并与环保部门联网，确保工业区企业废水、废气、废渣等达标排放。另外，赣州出台《赣州市绿色制造体系建设实施方案》，明确以促进全产业链和产品全生命周期绿色发展为目的，以绿色产品、绿色工厂、绿色园区、绿色供应链为绿色制造体系的主要内容，发挥绿色制造服务平台的支撑作用，促进形成市场化机制，建立高效、清洁、低碳、循环的绿色制造体系，确立绿色产品培育、绿色工厂示范、绿色工业园区示范、工业节能节水绿色改造、重点行业清洁生产技术改造、资源综合利用提升为六大工程建设重点，促进绿色工业的不断发展。截至 2020 年 12 月，赣州市已累计培育国家级绿色工厂 7 家、国家级绿色园区 3 家、绿色设计产品 3 个。

（三）大力发展能源清洁型产业

赣州贯彻落实"两山"理念，积极探索"两山"转换机制，大力加强能源综合保障，积极发展能源清洁型产业。能源清洁型是在转化过程中，积极探索传统能源清洁化路径，并大力发展风电、水电、光伏发电等清洁能源，形成低能耗、高效益的全域能源清洁化模式。

赣州大力发展能源清洁型产业主要体现在优化能源供给结构方面，有序推进风能、太阳能、生物质能等新能源开发和利用。2018 年，赣州出台《赣州市打赢蓝天保卫战三年行动计划（2018—2020 年）》，规划天然气管道建设，稳步推进开发区"煤改气"工程。2020 年 8 月，赣州发布赣州新能源汽车科技城绿色工业城项目的建设方案，该项目主要围绕屋顶光伏发电建设、路灯节能改造工程以及海绵生态停车场建设工程等节能型公共设施建设，推动光伏、天然气等清洁能源的使用，促使产业朝着生态化、清洁化方向发展。2020 年 8 月，赣州市政府印发《关于支持信丰县建设高质量发展示范先行区的意见》，要求不断夯实能源基础设施，支持有条件的乡镇建设天然气管道，要求不断提高清洁能源使用比例，建设光伏电站、储能系统、智能微电网和能管中心，要求推行热电联产、分布式能源及储能一体化系统应用，支持建设区域能源互联网大数据中心。

（四）大力发展高端产业

高端产业是在良好生态环境优势下，吸引高新技术产业、战略性新兴产业等高附加值低污染产业，催生的新经济、新业态和新模式。赣州本地资源优势明显，拥有丰富的森林、稀土等自然资源；地理优势明显，地处江西南大门，直通粤港澳大湾区；政策扶持优势明显，中央出台实施了《赣闽粤原中央苏区振兴发展规划》《国务院关于支持赣南等原中央苏区振兴发展的若干意见》《国务院关于新时代支持革命老区振兴发展的意见》等一系列政策文件。赣州依托三大优势，大力发展高端产业，有效促进产业生态化。

赣州是我国重稀土主要生产地，享有"稀土王国""世界钨都"的荣誉称号。赣州依托稀土、钨、森林等资源优势，积极推动工业倍增升级，实施产业集群提能升级计划，形成"1+5+N"重点产业集群，国家级园区营业收入全部超千亿元；推动赣州"两城两谷两带"的形成，积极发展新能源汽车产业，着重做好国机智骏、凯马汽车等整车企业的服务和扶持工作，促使实现规模化产销；基于稀土、钨资源优势，大力发展稀土钨新型功能材料产业集群，规划建设"中国稀金谷永磁电机产业园"；积极发展现代医药事业，推动青峰药谷原料药定南县、龙南市生产基地建设；大力发展数字经济，在章贡区、信丰县、龙南市等地大力打造 5G 产业园；加快于都县深圳时装产业园、宁都县童装智造产业园。

赣州借助地处"江西南大门、比邻粤港澳大湾区"的地理位置优势，紧紧围绕"两城两谷两带"主导产业以及首位产业，编制产业招商地图，包装推介百个重点产业项目，对接百家重点企业，主动承接大项目招商引资，有针对性地加强、引进一批龙头型、基地型的高端产业项目。充分发挥苏区振兴的强大牵引力，用好用活市重大项目投资引导资金，完善领导挂点帮扶重大项目建制，建设一批"攻坚性、引领性、带动性"特大项目。以兴国县为例，兴国县在2020年共签约引进香港地区维斯特国际高档婚纱面料生产、昌明电子玩具产业园等33个项目，签约资金高达199.4亿元，首位产业项目招商占比81.8%。定南县处于江西最南端，总面积为1321平方千米，自古便是赣粤两省交通的咽喉要地。2020年8月28日，定南县举办2020年第三次项目集中签约暨竣工仪式，实现16个项目的现场签约。其中，工业项目11个，服务业项目3个，战略合作框架协议2个，现场签约资金总额达77亿元。在16个签约项目中，定南县岿美山康养小镇项目以定南县特色生态资源为底，融合德国康养体系、温泉、高端专业人才和中华传统养生特色等资源，大力发展大健康产业——康养产业，激活定南县大健康产业格局。

第四节　多方协同开放合作

开放发展是新发展理念的重要内涵之一，是国家繁荣发展的必由之路。开放带来进步，封闭必然落后。对于促进地区的生态文明建设，采取改革的方式，秉持开放的理念，同样起着十分重要的意义。本节从生态环境治理经验的开放、生态文明建设信息的开放、生态环境保护设施的开放三个方面，阐述赣南老区生态开放的具体体现。

首先，生态环境治理经验的开放。作为争做打造美丽中国"江西样板"排头兵的赣州，有着丰富的生态环境治理经验，只有以开放的态度将治理经验与其他落后地区共享，才能促进更多地区生态文明建设的不断发展。

其次，生态文明建设信息的开放。生态环境部门政府信息的开放，能够增强其公开时效，保障了公民对生态环境的知情权、参与权和监督权。

最后，生态环境保护设施的开放。环境保护作为一种公共产品或公共服务，因为缺少社会力量的存在，容易陷入"市场失灵"和"政府失效"的双重困境，而环境保护公众参与机制的建立有助于打破这种困境，增强社会公众这一主体对环境保护的参与程度。

一、生态环境治理经验的开放

开放从来都是双向的，既有"走出去"，也有"引进来"。

从"引进来"来看，主要体现在赣南地区在治理生态环境的过程中，充分借鉴国内外有益经验，引进资源节约型、环境友好型的新技术、新材料、新工艺等。例如，赣州寻乌县治理废弃矿山时，就在截水拦沙工程实施过程中首次从国外引进了高压旋喷桩工艺，大大提升了其工程实施的效率。在矿山资源储备开发上，赣州奉行坚持交流合作、实现合作共赢的准则，充分利用"两种资源、两个市场"。积极沟通国内外市场，确保赣州主要矿产品加工业对矿产资源的需求，从而实现资源互补，使矿产资源战略储备和矿业开发协调发展。

从"走出去"来看，在《国务院办公厅关于印发中央国家机关及有关单位对口支援赣南等原中央苏区实施方案的通知》等政策文件的大力帮扶下，凭借着江西被评为首批国家生态文明示范区的契机，赣州实行了一大批投入资金较大的生态保护修复工程，这些工程的实施落地，如同春日里播种一般，在赣南这片红色土地上生根发芽，结出了丰硕香甜的果实。

2019年5月，为加快在江西形成一批可复制、可推广、可借鉴的典型经验成果，江西文明办在全省开展生态文明改革示范经验总结工作，经过省里组织专家的层层评审、集中复核，共评选出江西国家生态文明试验区改革示范经验优秀成果120篇。其中，赣州山水林田湖综合治理、水土保持、跨省流域生态补偿、生态综合执法、生态产品价值实现机制试点等17篇典型经验入选优秀成果名单。在17篇成果中，有2篇成果荣获一等奖，4篇成果荣获二等奖，8篇成果荣获三等奖，3篇成果荣获优秀奖。赣州改革示范经验的优秀成果无论是在数量上，还是在质量上均位列江西各设区市第一。

此外，赣州寻乌县的生态环境治理工作经验取得了良好的成效，得到了上级政府的充分肯定。2019年3月，寻乌县矿山治理的工作案例被列入全国省级干部深入推动长江经济带发展研讨会专题并纳入指定培训教材。2020年5月，自然资源部印发第一批《生态产品价值实现典型案例》，寻乌县山水林田湖草综合治理案例成为11个被推荐供全国各地学习借鉴的典型案例之一。赣州生态文明改革的步伐越迈越稳、越迈越高，不断迈向新台阶、迈向新超越。

二、生态文明建设信息的开放

(一) 首次审议江西省生态文明建设和生态环境状况报告

2016 年 1 月 27 日，江西省十二届人大五次会议听取和审议了江西省生态文明先行示范区建设和生态环境状况的报告。原江西省人大常委会副主任洪礼和表示，此举不仅在江西省人大史上尚属首次，在全国省级人大也为首创。

2014 年 11 月，江西成为首批全境列入国家生态文明先行示范区建设的省份之一。2015 年 1 月，江西首次以代表大会决议案方式推动国家重大战略实施，审议通过了《关于大力推进生态文明先行示范区建设的决议》。2015 年 6~7 月，江西省市两级人大常委会上下联动，围绕生态建设重大举措、环境污染治理、执法能力建设、制度创新、责任落实等内容，对同级政府实施决议情况进行重点检查。11 月，江西省人大常委会听取审议了检查决议执行情况报告。大会上，除了交出江西生态文明先行示范区建设一年来的"成绩单"，还向全体人大代表报告了目前存在的问题。

江西审议"生态文明建设和生态环境状况报告"是推动生态环境建设成效、治理思路、存在的问题向全省人大代表、全社会公开的一个首创之举，不仅能够促进代表们和社会各界人士对于目前存在问题进行交流解决，还能推动江西在生态环境治理、"两山"转化等方面经验举措的学习借鉴。

(二) 深入推动生态环境相关政府信息公开

信息公开是有关保障公民了解权和对了解权加以必要限制而组成的法律制度。信息公开制度明确了公开的范围、公开的方式和程序等要求。涉及环境保护、公共卫生等内容信息，县级以上各级人民政府及其部门应当在各自职责范围内确定主动进行公开。

赣州严格按照信息公开制度，对相关政府信息进行公开。赣州市生态环境局政府信息公开目录，如表 2-2 所示。

表 2-2 赣州市生态环境局政府信息公开目录

分类		内容
一、概况信息	部门介绍	赣州市生态环境局总体情况的概要介绍
	机构职能	赣州市生态环境局组织结构信息及内设机构、下属行政机构的职能分工

分类		内容
二、法规文件	法规	赣州市生态环境局负责执行的法律、法规和规章
	规范性文件	赣州市生态环境局负责执行的上级部门制定的及赣州市生态环境局制定的规范性文件
	其他有关文件	赣州市生态环境局制定的应当予以公开的其他有关文件
三、工作动态	政务动态	本部门的重要会议、经济社会发展、惠民实事项目、自身建设等重要政务的最新动态
	突发公共事件	赣州市生态环境局突发公共事件的应急预案、预警信息及应对情况
	公告公示	赣州市生态环境局政务公告、公示等
	环境信息数据	赣州市综合性和阶段性的环境信息数据
四、行政执法	执法依据	赣州市生态环境局实施的行政许可、行政处罚、行政强制、行政征收、行政裁决及其他具体行政行为的法律依据
	执法动态	行政执法及行政复议情况
五、公共服务	面向法人或其他组织的服务信息	建设项目环境影响评价（辐射类）、排污许可证核发、危险废物经营许可证核发

资料来源：赣州市生态环境局官网。

赣州市生态环境局坚持以习近平新时代中国特色社会主义思想为指导，深入贯彻党的相关会议精神，认真贯彻落实国家、省市关于政务公开工作的一系列部署要求，紧紧围绕生态环境保护中心工作，深入推进政府信息主动公开，不断规范依申请公开工作，加强政府信息管理，抓好平台建设，强化监督保障，增强了公开时效，保障了公民对生态环境的知情权、参与权和监督权。

近年来从赣州市生态环境局政府信息公开工作年度报告来看，2015～2020年，赣州市生态环境局主动公开政府信息及累计在各个平台发布信息分布情况如图2-1所示。

由图2-1可以明显看出，2020年累计在各平台发布政府信息数量达到了8962条，呈现出明显上升的趋势。

如表2-3所示，2020年较2019年的数值增长主要体现在赣州市生态环境局官方微博和赣州环保微信公众平台这两方面，这表明赣州市生态环境局正逐渐以大众喜闻乐见的方式实现政府信息的有效共享。

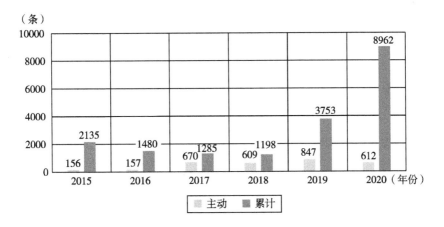

图2-1 主动公开政府信息及累计在各平台发布信息分布情况

资料来源：赣州市生态环境局官网。

表2-3 累计在各平台信息分布情况 单位：条

年份	赣州市生态环境局网站	赣州市人民政府网站	江西省生态环境厅网站	赣州市生态环境局官方微博	赣州环保微信公众平台	合计
2015	1745	154	—	67	169	2135
2016	790	316	—	14	360	1480
2017	641	166	25	61	328	1221
2018	575	349	33	48	157	1162
2019	847	577	48	1323	860	3655
2020	1178	357	43	6029	1366	8973
合计	5776	1919	149	7542	3240	18626

资料来源：赣州市生态环境局官网。

　　赣州在落实公开要求的同时，也在不断积极开展政策预公开和解读回应，坚持开门编规划。在规划编制过程中，采取实地调研、召开座谈、公开征求意见等方式开展意见征集，力求从不同层面、视角发现问题、找准原因、谋好举措。在环境质量信息公开方面，赣州市生态环境局出台了《赣州市生态环境局生态环境监测信息公开制度》，定期发布市中心城区环境空气质量月报、全市地表水环境监测月报、中心城区集中式饮用水源水质状况月报；及时主动在赣州市生态环境局网站公开新冠肺炎疫情防控期间县级集中式饮用水源地水质加密监测状况和生态环境监测信息；做好污染防治攻坚战信息公开、新冠肺炎疫情防控及"六稳""六保"信息公开、"双随机一公开"、监管执法信息公开、行政审批服务信息公开、环境突发事件信息公开、突发环境应急预案以及事件处理情况信息公开、江西生态环境保护督察"回头看"信息公开等工作。

三、生态环境保护设施的开放

为贯彻落实《中共中央　国务院关于全面加强生态环境保护坚决打好污染防治攻坚战的意见》中"2020年底前，地级及以上城市符合条件的环保设施和城市污水垃圾处理设施向社会开放，接受公众参观"的要求，保障公众知情权、参与权、监督权，结合各地执行《关于推进环保设施和城市污水垃圾处理设施向公众开放的指导意见》情况，生态环境部与住房和城乡建设部联合印发《关于进一步做好全国环保设施和城市污水垃圾处理设施向公众开放工作的通知》。该通知要求，2020年底前，全国所有地级及以上城市选择至少1座环境监测设施、1座城市污水处理设施、1座垃圾处理设施、1座危险废物集中处置或废弃电器电子产品处理设施向公众开放，鼓励地级及以上城市有条件开放的四类设施全部开放。2018年、2019年、2020年各省（区、市）四类设施开放城市的比例分别达到30%、70%、100%。

随着第四批名单公布，全国地级及以上城市向公众开放的设施单位达到2101家，越来越多从前"闲人免进"的环保设施单位变为向市民开放的"城市客厅"。其中，江西向公众开放环保设施和城市污水垃圾处理设施名单如表2-4所示。

表2-4　江西向公众开放环保设施和城市污水垃圾处理设施名单

批次	市	设施种类	设施单位名称
第一批	南昌市	监测	江西省环境监测中心站
	南昌市	监测	南昌航空工业大学前湖校区海军楼城市空气质量自动监测站
	南昌市	污水	江西省南昌市瑶湖污水处理厂
	南昌市	垃圾	南昌首创环保能源有限公司南昌泉岭生活垃圾焚烧发电厂
	南昌市	危险废物/电子废物	江西中再生资源开发有限公司废弃家用电器处理设施

续表

批次	市	设施种类	设施单位名称
第二批	景德镇市	监测	景德镇市南河河口水质自动监测站
	萍乡市	垃圾	中节能萍乡环保能源有限公司
	新余市	污水	新余市蓝天碧水环保有限公司
		垃圾	新余永清环保能源有限公司
	赣州市	监测	赣州市自来水厂水质自动监测站
		垃圾	赣州恩菲环保能源有限公司
		危险废物/电子废物	赣州市巨龙废旧物资调剂市场有限公司
	吉安市	污水	吉安新源污水处理有限公司
	宜春市	污水	宜春市方科污水处理有限公司
	上饶市	监测	上饶市环境保护监测站
		危险废物/电子废物	弋阳海创环保科技有限责任公司
第三批	九江市	监测	九江空气质量自动监测站
		垃圾	九江市沙河垃圾填埋场
		危险废物/电子废物	九江浦泽环保科技有限公司
	萍乡市	监测	江西省萍乡生态环境监测中心
	新余市	监测	新余浮桥水质自动监测站
	鹰潭市	监测	贵溪市空气自动监测站
		污水	鹰潭市城南污水处理厂
		危险废物/电子废物	贵溪鑫发实业有限公司
	赣州市	污水	赣州市白塔污水处理厂
	宜春市	垃圾	高安意高再生资源热力发电有限公司
		危险废物/电子废物	江西格林美资源循环有限公司
	上饶市	污水	上饶市生活污水处理厂
		垃圾	万年县伟明环保能源有限公司
	吉安市	危险废物/电子废物	江西源丰有色金属有限公司
	抚州市	污水	抚州市中心城区生活污水处理厂
		垃圾	中节能抚州环保能源有限公司
		危险废物/电子废物	江西自立环保科技有限公司

续表

批次	市	设施种类	设施单位名称
第四批	九江市	污水	九江首创利池环保有限公司（鹤问湖污水处理厂）
	景德镇市	污水	景德镇鹏鹞水务有限公司（景德镇市西瓜洲污水处理厂）
		垃圾	江西景圣环保有限公司
		危险废物/电子废物	江西天新药业股份有限公司
	萍乡市	污水	萍乡海润水处理有限公司（萍乡市污水处理厂二期）
		危险废物/电子废物	江西八六三实业有限公司
	新余市	危险废物/电子废物	新余闽鑫资源综合利用科技有限公司
	鹰潭市	垃圾	光大环保能源（鹰潭）有限公司
		垃圾	光大环保餐厨处理（鹰潭）有限公司
	吉安市	监测	江西省吉安生态环境监测中心
		垃圾	光大环保能源（吉安）有限公司
	抚州市	监测	江西省抚州生态环境监测中心
	宜春市	监测	江西省宜春生态环境监测中心

资料来源：中华人民共和国住房和城乡建设部、生态环境部官网。

从表2-4可以看到，赣州向公众开放环保设施和城市污水垃圾处理设施包含1座环境监测设施（赣州市自来水厂水质自动监测站）、1座城市污水处理设施（赣州市白塔污水处理厂）、1座垃圾处理设施（赣州恩菲环保能源有限公司）、1座危险废物集中处置或废弃电器电子产品处理设施（赣州市巨龙废旧物资调剂市场有限公司），达到上述文件所规定的在2020年底实现四类设施全部开放的目标要求，这将有利于促使公众理解、支持、参与环保，激发公众环境责任意识，推动形成崇尚生态文明、共建美丽中国的良好风尚。

从开放方案来看，2019年，为有序推进赣州市环保设施和城市污水垃圾处理设施向公众开放工作，要求原则上每2个月至少组织1次开放活动，根据网上预约报名人员和集体组织人员情况适当增加次数。开放日定为双月第三周周六（遇特殊情况可顺延到第四周周六）。向公众开放活动的对象为人大代表、政协委员、专家学者、社会组织、媒体代表、学生、企业员工等社会各界人士，以及热心环保事业、身体健康的市民（70周岁以上、16周岁以下者需监护人陪同参加）。从开放效果来看，近年来"6·5"环境日期间，赣州经济开发区、章贡区已陆续组织多次线上、线下相结合的开放活动，吸引了不少企业员工、社会人士、学生的积极参与，开放活动的开展不仅保障了公民的知情权、监督权和参与权，还扩大了环保工作的公众参与，用环保设施搭建起了公众与"环境保护"之间的一道桥梁，让广大公众都成为美丽中国的积极践行者。

第五节　共享优质生态产品

党的十九大报告指出，"人民美好生活需要日益广泛，不仅对物质文化生活提出了更高要求，而且在民主、法治、公平、正义、安全、环境等方面的要求日益增长"。① 从对环境的要求来看，取得经济建设重大成就的同时，生态环境也遭受到了不同程度的破坏。对此，既要创造更多物质财富和精神财富以满足人民日益增长的美好生活需要，也要提供更多优质生态产品以满足人民日益增长的美好生活需要。青山常在、绿水长流、空气常新，是新时代生态文明建设的题中应有之义。2019 年 5 月，习近平视察江西时提出"建设绿色发展的美丽中部"的要求，② 这既是推进生态文明建设，也是推进生态产品价值实现的总方针和总遵循，更进一步坚定了江西提高优质生态产品供给能力、促进更多优质生态产品共享、造福民生福祉的发展信心。

一、生态产品的基本含义

党的十八大报告在论述大力推进生态文明建设时，强调要加大自然生态系统和环境保护力度，报告首次提出"生态产品"这一概念，强调"生态产品"是生态文明建设的一个核心理念。

由于生态产品涉及领域的广泛性和生态环境的复杂性，至今生态产品仍未有一个权威统一的定义。任耀武和袁国宝两位学者认为，所谓"生态产品"，是指通过生态工（农）艺生产出来的没有生态滞竭的安全可靠无公害的高档产品。其中，生态滞竭包括生态滞留和生态耗竭。③ 这是关于生态产品的最初定义。2011 年在国务院发布的《全国主体功能区规划》中提出了生态产品的概念，认

① 习近平：决胜全面建成小康社会　夺取新时代中国特色社会主义伟大胜利——在中国共产党第十九次全国代表大会上的报告 [EB/OL]．中华人民共和国中央人民政府，http：//www. gov. cn/zhuanti/2017-10/27/content_ 5234876. htm，2017-10-27.

② 习近平总书记江西考察并主持召开座谈会微镜头 [EB/OL]．中国共产党新闻网，http：//cpc. people. com. cn/n1/2019/0523/c64094-31098724. html，2019-05-23.

③ 任耀武，袁国宝. 初论"生态产品" [J]．生态学杂志，1992（6）：50-52.

为"人类需求既包括对农产品、工业品和服务产品的需求，也包括对清新空气、清洁水源、宜人气候等生态产品的需求"，将生态产品与农产品、工业品和服务产品并列为人类生活所必需的、可消费的产品，重点生态功能区是生态产品生产的主要产区。

随着我国生态文明建设高潮的兴起，我国对生态产品的认识理解不断深入，对生态产品的措施要求更加深入具体，逐步由一个概念理念转化为可实施操作的行动，由最初国土空间优化的一个要素逐渐演变成为生态文明的核心理论基石。

根据国内外相关研究，将生态产品定义为生态系统通过生物生产和与人类生产共同作用为人类福祉提供的最终产品或服务，是与农产品和工业产品并列的、满足人类美好生活需求的生活必需品。根据生物生产、人类生产参与的程度以及服务类型，将生态产品划分为公共性生态产品和经营性生态产品两类①。这一定义及分类更加凸显了生态产品本身所具有的自然价值，并且强调为了生产生态产品、实现其自然价值所必要的投入。生态产品的最重要内涵在于自然资源。

自然资源是财富形成的基础，必须通过人类劳动才能凝结为财富。② 像生态农产品、生态工业品等只是生态友好型产品，并不是真正的生态产品，这类生态友好型产品主要包括绿色有机无公害产品、节能节材产品、绿色清洁能源、"垃圾银行"等。

从赣南老区来看，除了上述的生态产品之外，还有一类能够保持并提高生态产品供给能力的区域主体，其是赣南老区生态文明建设的重要体现——国家生态文明示范区、循环经济示范区、绿色生态制造示范区、国家湿地公园、国家森林公园等生态功能区。国家重点生态功能区是国家对于优化国土资源空间格局、坚定不移地实施主体功能区制度、推进生态文明制度建设所提划定的重点区域。截至 2018 年 4 月，赣州入选国家重点生态功能区的有：大余县、上犹县、崇义县、龙南县（现龙南市）、全南县、定南县、安远县、寻乌县、石城县。森林公园、风景名胜区、湿地公园是森林旅游资源的主要表现形式。截至 2019 年，赣州共建有省级以上森林公园、风景名胜区、湿地公园 62 个；森林公园 31 个，其中，国家级 10 个，分别是赣州峰山、赣州阳明湖、信丰县金盆山、大余县梅关、上犹县五指峰、崇义县阳明山、安远县三百山、龙南市九连山、宁都县翠微峰、会

---

① 张林波，虞慧怡，李岱青，等. 生态产品内涵与其价值实现途径 [J]. 农业机械学报，2019（6）：173-183.

② 中科院专家：生态产品 如何能够创造经济价值？ [EB/OL]. 新浪财经，http://finance.sina.com.cn/review/jcgc/2021-03-16/doc-ikkntiam3179039.shtml，2021-03-16.

昌县会昌山；省级 21 个。风景名胜区 11 个，其中，国家级 3 个，省级 8 个。湿地公园 20 个，其中，国家级 13 个，省级 7 个。

党的十八大以来，赣州屡获荣誉。2015 年，赣州荣获"全国森林旅游示范市"荣誉称号；2018 年，大余县荣获"全国森林旅游示范县"荣誉称号；2019 年，在江西省林业局、江西省文化和旅游厅联合举办的"2019 年江西首届森林旅游节"上，赣州林业局荣获"森林山货节优秀组织奖"，大余丫山分会场组委会荣获"分会场优秀组织奖"；大余县列为 2020 年第二届江西森林旅游节主会场；全南县龙源坝镇雅溪村、兴国县杰村乡含田村入选全省十佳森林乡村；大余梅关国家森林公园丫山景区、赣州阳明湖国家森林公园入选全省十大最具发展潜力森林旅游目的地。一系列荣誉的背后，是赣州有效保护森林资源，拓展森林多种功能所付出的探索和努力，也必将推动在更广阔范围内实现优质生态产品的全民共享。

二、促进优质生态产品共享的现实意义

增强生态产品供应能力、促进优质生态产品共享的现实意义主要体现在三个方面：一是能够提供"两山"理论的实践抓手；二是能够增强人民群众的获得感；三是能够营造良好的营商环境。

（一）提供"两山"理论的实践抓手

习近平生态文明思想的重要组成部分之一就是"绿水青山就是金山银山"，而生态产品以及生态产品的价值实现理念可以称作"两山"理论的"核心基石"，为"绿水青山就是金山银山"这一理念提供了切实可行的实践抓手。在人们心中，"金山银山"是社会经济财富的象征，而 GDP 这一指标则可以衡量金山银山的数量。那么如何反映"绿水青山"的多少？生态产品就是"绿水青山"在市场中的具体产品形式。因为生态产品代表了自然生态系统为人类提供的福祉，生态产品的自然价值源于自然资源，自然资源中的显著优势能够转化为生态旅游、生态农业等产业中的经济优势，"绿水青山"也就真正变成了"金山银山"。因此，生态产品所具有的价值就是"绿水青山"的价值，在市场中，生态产品也就是"绿水青山"的产品形式。[①]

（二）增强人民群众的获得感

党的十九大报告强调，建设现代化经济体系，"必须坚持质量第一、效益优

---

① 张林波，虞慧怡，李岱青，等．生态产品内涵与其价值实现途径［J］．农业机械学报，2019（6）：173-183.

先，以供给侧结构性改革为主线"。在生态文明建设中，推进供给侧结构性改革的一个重要方面就是提供更多优质的生态产品，使人民群众在参与改革发展的过程中有更多获得感。生态环境事关人民福祉，是能显著改变群众获得感的一大重要领域，而促进优质生态产品的共享，更是能极大改善人民群众的日常生活品质，让人民群众能够切身感受到良好的生态环境所带来的幸福感。自然产品是有价值的，保护生态环境就是自然价值和自然资本增值的一个过程，提供更多优质生态产品就是不断发展成果。[①] 不过这一成果既不是物质，也不是文化产品，它是有利于增强人民群众对党和政府信任和拥护的生态产品。

（三）营造良好的营商环境

良好的营商环境是发展的重要基础，也是一个地方招商引资的金字招牌。从企业等市场主体在市场中的经济活动来看，营商环境主要指其中涉及的体制机制和条件。从这个定义来看，营商环境是指一种"非自然的环境"，然而最初的环境概念是指自然生态环境。从某种程度上来看，生态环境本就应该包含在营商环境这一概念当中，因为在改善环境的同时，也能够降低社会成本，提高市场主体的效率和核心竞争力。正如前文所提到的，市场主体的受益也是通过生态产品的自然价值来传递的。因此，良好的生态环境不仅可以造福民生，更能助力营造良好的营商环境，成为能够打造招商引资金字招牌的绿色资本。

三、促进优质生态产品共享的实践路径

青山常在、绿水长流、空气常新，是新时代生态文明建设的题中应有之义，也是能让人民群众直接受益的生态产品。本部分结合实际，总结具有赣南老区特色的实践路径，推动打造"青山常在、生机盎然，绿水长流、潺潺如泪，空气常新、沁人心脾"的美丽赣南。通过大力推行林长制，促进矿山资源惠民，实现青山常在、生机盎然；通过实施流域综合治理，做活温泉康养业态，实现绿水长流、潺潺如泪；通过抓好大气污染防治，打造赣南天然氧吧，实现空气常新、沁人心脾。

（一）大力推行林长制，促进矿山资源惠民

1. 大力推行林长制

从 2017 年开始，江西就开启了林长制改革的"探索之旅"，作为森林覆盖率

---

① 李干杰. 加快推进生态补偿机制建设 共享发展成果和优质生态产品［J］. 环境保护, 2016（10）：10-13.

达 76.23%，居江西省第一的赣州因地制宜、创新举措、勇于实践，在不断推进林长制改革的过程中，赣州市政府进一步落实举措，大力唱响林长制三重奏，不断落实主体"责任田"，创新完善制度体系，推进监管信息化建设，切实加大森林资源保护力度，加快林业产业发展，推动林长制工作在赣州走深走实取得实效。

第一，不断落实主体"责任田"。赣州结合本市管理工作的实际情况，创新提出"一统一、二整合、三明确、四规范"。一是以县为单位统一组建队伍；二是整合公益林、天保林、森林防火等管护资金；三是明确"两长两员"岗位职责、明确管护责任区域、明确护林员管护报酬；四是构建完善的"两长两员"源头管理体系，实现森林资源网格化管理，强化护林员的管理，充分调动护林员的积极性，使护林员切实上岗履职，发挥守护山林的作用。

第二，创新完善制度体系。完善制度体系是明确各级林长职责、强化各级政府责任的有效路径，赣州始终践行这一路径并不断创新，制定了针对不同主体的各项配套制度。例如，为了让林长制体系更加完善，制定了适应于当地乡情、民情的林长制会议制度、信息通报制度、督办制度以及工作考核办法等配套制度；为了强化护林员发现并及时反馈问题的意识和能力，当地政府制定和完善了护林员管理办法、护林员绩效考核办法；为了强化"两长两员"的履职责任、增强其源头工作合力连接机制，实行"持证上岗"制度，督促"两长两员"上岗履职。"管理制度化"建设在赣州不断创新推进，并取得了良好的成效。

第三，推进监管信息化建设。正确运用现代信息化手段，能够有效提高政府工作效率，使其决策能够建立在及时、准确、可靠的信息基础之上，更好地为社会服务。赣州在林长制这一制度体系中，创新探索开发智慧林长制综合管理信息平台/微信管理平台，综合运用"互联网+"现代化技术，建立了上通下联的五级林长体系和"两长两员"网格化管理体系。由此，政府对于森林等资源的监管由以往单一性的事后监管转变为系统性的事前、事中与事后监管，监管主动性大大增强。具体方式主要是通过"林长通"App 实现对森林资源、林业生产、林业灾害等进行天、空、地的全方位、立体实时监控。此外，利用该 App 自动生成护林员巡山轨迹，实时查看巡山护林情况，同时也可形成巡山护林问题反馈机制，以期在萌芽状态就将涉林违法犯罪行为及时消除，遏制对森林等资源的破坏，真正做到巡林有"踪"、护林有"眼"、管林有"据"。随着林长制的推进，当地百姓吃上了生态饭，林业经济也呈现出总量做大、结构做优的良好态势。

2. 促进矿山资源惠民

促进矿山资源惠民主要体现在以下两个方面：

第一，坚持服务民生优先，政策举措向群众利益倾斜。赣州市政府坚决践行以人民为中心的发展思想，把民生改善的重点放在矿山地区，着力防范生态环境风险，将矿山地质环境的保护与治理作为实现矿业经济可持续发展的保障性工程和改善生态环境的民生工程，以实际行动加快推进废弃稀土矿山治理工作，为国家生态文明试验区建设做出了积极贡献。通过探索实施一系列的治理举措，原先的矿山如今已发展脐橙生态果园、蔬菜基地、光伏发电厂等产业及工业园区，呈现出山清水秀、果实累累、厂房林立的崭新景象，真正实现了矿区群众的"三个有效"，即生命财产安全的有效保障、生产生活条件的有效改善、生活氛围和谐稳定的有效促进。

第二，坚持推行"矿地融合"，实现资源开发、环境保护与民生改善的统一。矿地融合是指"地质矿产"与"土地资源"在调查评价、规划、管理、保护、利用、监测以及成果信息服务等方面实现全方位协同一体化发展。赣州市政府坚持推行矿地融合，着力解决"地质矿产"与"土地资源"相关工作部署统筹衔接不畅、相互服务支撑不够、信息共享机制不健全等问题，不断深化改革创新，促进地质矿产和土地资源全方位协同一体化发展，不断加强矿山地质环境治理恢复，促进社会和谐发展，实现经济效益、生态效益、社会效益的有机统一。

（二）实施流域综合治理，做活温泉康养业态

1. 实施流域综合治理

赣州市区自古以来水系发达，湖泊错落分布。在赣州，千余条支流汇成上犹江、章水、梅江、琴江、绵江、湘江、濂江、平江、桃江9条较大支流。其中，由上犹江、章水汇成章江，由其余7条支流汇成贡江，章贡两江在章贡区相汇而成赣江，北入鄱阳湖，属长江流域赣江水系，另有百条支流分别从寻乌县、安远县、定南县、信丰县流入珠江流域东江、北江水系和韩江流域梅江水系。

一般而言，如此复杂的水系流域通常是被不同行政区分割管辖，如果没有足够有力的制度体系，容易使得不同行政区之间因为利益冲突而引起流域水污染纠纷。但是，随着2017年国家出台意见要求全面推行"河长制"以来，该制度在赣州实现了落实长效，不仅避免了常见的水污染纠纷，而且充分与当地实际相结合，创新了多种行之有效的治理模式，取得了良好的成效。

正确的治理观念是行动先导。正确的治理理念主要是树立正确的政绩观、发展观，处理好发展与保护的关系。正确的政绩观包含三个方面：一是既要抓流域

治理的显性问题，又要做好长期规划，久久为功、持续发力；二是处理好个人政绩和集体政绩的关系；三是真抓实干，干事创业从实际出发，从人民群众的最根本利益出发。处理好发展和保护的关系即在经济发展的过程中划定流域生态环境保护的红线，在流域生态保护的前提下适当发展经济，探索更多能够实现双赢的流域治理模式，推动流域综合治理持续向好发展。

强烈的协作意识是成功关键。赣州不断强化上下游协作，建立污染防治联动机制及生态补偿机制，积极推广和借鉴流域生态补偿的好做法、好经验，如赣粤两省签署的《东江流域上下游横向生态补偿协议》，明确了东江流域上下游横向生态补偿期限暂定三年。跨界断面水质年均值达到Ⅲ类标准并逐年改善。两省共同加强补偿资金使用监管，确保补偿资金按规定使用，充分发挥资金使用效益。

完善的制度体系是坚实保障。一是为了强化各流域的河湖监管保护，赣州推进开展了水环境综合治理、河流水域岸线专项整治、河湖"清四乱"等活动，全面加强工业面源、农业面源、城乡生活污水和垃圾污染防治，严厉打击非法采砂、非法捕鱼、非法侵占河道等破坏水生态环境行为，先后出台了《赣州市饮用水水源保护条例》《赣州市水土保持条例》两部涉及生态保护的地方性法规，强化生态环境监管力度。二是"河长制"对流域综合治理意义重大，是一项制度创新，在践行"河长制"的基础上，赣州积极创新"河长制+"模式，通过"生态化疏河理水、多元化治污洁水"等方式治理小流域。让"绿水青山"有颜值、"金山银山"有价值。此外，赣州结合美丽乡村建设、城乡环境整治、全域旅游发展等，通过多种模式推进流域生态综合治理，"水净村美、生态宜居"的一幅亮丽画卷已在赣州乡村缓缓地展开。

2. 做活温泉康养业态

党的十九届五中全会提出，要全面推进健康中国建设，这给康养产业带来了巨大的发展机遇。温泉以其独特的康养之效及原生之态，已逐渐成为江西旅游发展中一张不可或缺的名片。

江西是我国温泉资源较为丰富的省份之一，现已发现 96 处天然出露的温泉，已开采地热井 38 处，两项数据均列全国第六位，是全国地热资源的大省之一。江西温泉的化学类型主要以重碳酸钠型为主，还包括部分重碳酸型、硫酸钠型等；全省温泉大多数为微矿水，即矿化度小于 1000 毫克/升。在具体地域上，江西地热资源总体呈现南多北少、西多东少的分布特点，赣州地热资源最为丰富，分布地热区 65 处，主要在寻乌县、龙南市等与邻省交界附近，包括温泉 49 处，人工钻探揭露 16 处，占全省地热资源的 50%。

2017 年 10 月，赣州出台了《赣州市发展全域旅游行动方案》，明确了将温泉康养系列全域旅游产品与其他六个产品一并作为需要着力打造的重点任务之一。如今可以看到，一批以石城县为代表的温泉康养基地正在赣南大地上逐步涌现，地热资源成为革命老区旅游发展的重要资源保障。

以石城县为例，石城县地热资源丰富，温泉分布广、水量大、水质优。该县森林温泉小镇成功入选 2020 年第六批全国森林康养基地试点单位。2020 年初，石城县成功创评全省首个"中国温泉之城"。2016 年 12 月，石城县被列为中国温泉之乡，目前已经探明的温泉出水点有 7 处，日出水量超万吨。石城县九寨温泉是江西乃至全国少有的"双料"温泉，富含偏硅酸，对心脑血管疾病、糖尿病、痛风、神经痛、关节炎和软化角质等有很好的辅助医疗效果和美容价值。

依托良好的地理地质条件、优美的自然生态、深厚的人文资源和浓郁的客家风情，石城县致力于打造温泉产业集群，并坚持温泉康养与休闲度假相结合，推进温泉资源整合，通过完善《温泉旅游专项规划》，差异化开发建设各具特色的温泉康养项目，延伸温泉旅游产业链，丰富温泉旅游产品和服务业态，形成集聚效应，做优做强"中国温泉之乡"品牌。如今，以休闲度假、观赏怡情、游玩健体、文旅体验为主的温泉康养，已成为石城县旅游的热门产品，吸引着越来越多的游客前来观光旅游。

围绕打造"全国知名生态休闲养生旅游目的地"，石城县以"文化+康养+怡情"的模式，不断延伸内涵，主打"温泉"品牌，做活旅游新业态，逐步实现了温泉产业品质、效益的双向提升。

（三）抓好大气污染防治，打造天然氧吧

1. 抓好大气污染防治

打赢蓝天保卫战、提高蓝天幸福感，赣州各相关单位围绕工地扬尘整治攻坚行动、运输和道路扬尘污染整治攻坚行动、餐饮油烟污染整治攻坚行动、工业企业污染整治攻坚行动等"六大攻坚行动"，以不含糊不懈怠不松懈的决心，科学施策、多策并行，深入抓好大气污染防治攻坚战。从结果来看，赣州环境空气质量持续向好，2020 年赣州中心城区细颗粒物（PM2.5）平均浓度为 26 微克/立方米，同比下降 10.34%，江西省排名第二；可吸入颗粒物（PM10）平均浓度为 43 微克/立方米，同比下降 15.69%；优良天数比例达 96.70%，同比上升 5.60%；市中心城区及其余县（市、区）PM2.5 年均浓度全部达到国家二级标准。

第一，"高度重视、联防联控"机制健全，组织领导不断加强。赣州市委、市政府领导对大气污染工作高度重视，并且经常深入监督检查、明察暗访，以实际行动强化工作实效。各地党政领导带头抓。各县区政府（管委会）把大气污染防治工作列入了"一把手"工程，党政主要领导经常亲临一线巡查，现场解决大气污染焦点、难点问题。各级领导的高度重视和表率带头，为赣州打好大气污染防治攻坚战提供了坚实的政治保障。

第二，"科技支撑、精准施策"措施得力，治污能力有效提升。赣州主要通过在中心城区的施工现场安装远程视频监控和 PM2.5 实时监测系统项目，在主要餐饮业所在地安装油烟在线监测系统，以实现在污染源头处即可高效监管污染排放。此外，还采用走航二氧化碳测量系统、3D 雷达扫描、无人机监测等新技术手段对目的区域进行组分分析，从而使管理决策更加科学。网格化精准监控也是一个重要的方法，它是指在企业、工地等重点区域进行布点，安装 PM2.5、PM10、TVOC 等污染物微型监测站，利用这些监测站实现大气污染的精准监控和网格化管理，对污染源头出现的污染早发现、早处理。

第三，"组合出拳、综合治理"成效显著，空气质量持续向好。截至 2020 年，赣州 10 蒸吨/时及以下燃煤锅炉全部淘汰，所有煤矿均已关闭，彻底退出煤炭生产领域；完成工业炉窑治理项目 20 个，燃煤机组超低排放改造项目 2 个；共整治完成 500 家砖瓦窑企业、14 家独立水泥粉磨站、71 家预拌混凝土搅拌站；淘汰营运老旧车 186203 台，备案登记非道路移动机械 15451 台；处罚工地扬尘污染案件 59 起共 524 万元，处罚违规运输渣土案件 914 起共 275 万元；建立烟花爆竹禁限放长效机制，中心城区全面实施烟花爆竹禁限放；全面推广高效油烟净化装置，中心城区 8084 家餐饮安装油烟净化装置，安装率达 100%。[①]

第四，"以督促改、通报考核"方式有效，主体责任全面压实。一是成立大气污染防治专职巡查组，该巡查组主要职责是对大气污染源头区域进行全方位巡查，一旦发现问题，立行督促改正或拟定整改清单并持续跟踪督办，保证不遗漏任何一个重大问题。二是发挥广播电视台、网站等媒体的舆论作用，利用蓝天保卫曝光台曝光 20 个大气环境问题，通过建筑工地扬尘治理"红黑榜"列出全市 27 个扬尘治理不力项目工地，公布 6 期赣州环保"红（黄）牌"警示企业名单，切实压实企业治理主体责任。三是每月定期通报各县（市、区）PM2.5 浓度的排名情况，重点通报相关问题，对整改力度不足导致污染程度不降反升、连续三

---

① 2020 年赣州市大气污染防治工作情况总结［EB/OL］．赣州市生态环境局，https：//www.ganzhou.gov.cn/zfxxgk/c116184/202102/fa5521a962814d75b6207f17e8839829.shtml，2021-02-19.

个月空气质量未达标的县（市、区）政府，采取约谈其主要领导的举措压实责任担当，倒逼督促改正。

2. 打造赣南天然氧吧

随着绿色理念、生态理念的深入人心，人们的生态意识不断增强，对于旅游出行的环境要求也在不断提高。由此，对高质量旅游资源的综合评定活动——"中国天然氧吧"的创建，成为一项备受关注且极为重要的活动。"中国天然氧吧"创建活动是由中国气象局指导、中国气象服务协会发起的一项活动。该活动对于发掘高质量的旅游憩息资源、发展生态旅游、健康旅游具有重要意义。

2016 年，"中国天然氧吧"活动正式启动，每一年度由地区自愿申报，经评选委员会审查、复核、综合评议后，最终评选出符合条件的地区。申报条件如表2-5 所示。

表 2-5　"中国天然氧吧"申报条件

序号	相关条件	具体标准
1	气候条件	年人居环境气候舒适度达"舒适"的月份不少于 3 个月
2	负氧离子含量	年平均浓度不低于 1000 个/立方厘米
3	空气质量	年平均 AQI 指数不得大于 100
4	生态环境	生态保护措施得当，旅游配套齐全，服务管理规范

资料来源：中国气象服务协会官网。

迄今为止，江西共有 16 地获得"中国天然氧吧"称号，数量位列全国第 4。其中有 3 地来自赣州，分别是上犹县、崇义县、安远县。三县相关情况如表 2-6所示。

表 2-6　赣州"中国天然氧吧"简介

序号	地名	年份	简介
1	崇义县	2018	创建活动以来，崇义县积极处理好生态保护、生态治理与生态发展的关系，促进了生态旅游、文化、体育、康养等业态融合发展，既保护了"青山绿水"，也收获了"金山银山"，更得以高质量通过评选 崇义县是中国竹子之乡、中国南酸枣之乡，被评为中国森林覆盖率第一县、全国重点林业县、全国绿化模范县、中国魅力名县等。崇义县阳明山国家森林公园空气负离子浓度值最高达每立方厘米 19 万个单位，获大世界基尼斯世界之最，全县森林覆盖率高达 88.3%

续表

序号	地名	年份	简介
2	上犹县	2019	上犹县既是赣州重点林业县之一,也是赣州森林旅游空间主要核心区域。全县拥有林地面积 1240.67 平方千米,森林覆盖率达 81.4%。近年来,上犹县牢固树立"绿水青山就是金山银山"的发展理念,上山植树造林、下河增殖放流,坚持不懈开展建房秩序整治、渔业秩序整治、林业秩序整治以及河道秩序整治等工作,全方位保护县内的空气、土壤和水质。自获得国家级荣誉"中国天然氧吧"以来,上犹县坚定不移推进生态环境建设,进入氧吧"天资"十强排行榜第四名
3	安远县	2020	安远县地处南岭山脉的延续地带,气候温和、降水丰沛、四季分明,具有春早多阴雨、夏热无酷暑、秋爽降水少、冬冷无严寒的气候特点,境内有三百山国家森林公园。近年来,安远县践行"绿水青山就是金山银山"理念,统筹推进山水林田湖草系统综合治理,大力开展植树造林和低质低效林改造工程,同时创新机制体制,组建生态综合执法大队,构建生态环境保护"大格局",森林覆盖率达到了 84.3%

以上犹县为例,当地县委、县政府明确提出大力发展特色康养品牌,2020年,全县各类康养项目签约总额已过百亿元,实际投资额已超 40 亿元,已初步形成了天沐温泉、四季春、众和康养、南湖国际等系列康养拳头产品。上犹县康养产业已纳入"全域旅游"发展的总体规划,以项目助力生态优势转化为发展优势,打造赣州康养后花园和全国运动休闲旅游度假目的地。根据《2020 中国天然氧吧绿皮书》,赣州上犹县荣获"氧吧打卡目的地名录"六席中的其中一席,入选该名录充分展示了上犹县当地优质的康养旅游资源和依托氧吧品牌对该地区生态旅游经济发展的极大促进。

第三章 赣南老区生态文明高质量发展机制建设研究

习近平再三强调，"保护生态环境必须依靠制度、依靠法治。只有实行最严格的制度、最严密的法治，才能为生态文明建设提供可靠保障"。①

生态环境是无法替代的自然资产，也是人类社会繁衍壮大的基础支撑。生态环境的好坏取决于我们的生态文明建设的努力。中共中央高度重视生态文明建设，在党的十八届三中全会后，我国进入了全面深化改革的新阶段，生态文明制度建设和法治建设也逐渐驶入快车道，出台了《生态文明体制机制改革总体方案》《中共中央 国务院关于加快推进生态文明建设的意见》等一系列文件，推动生态文明制度和法治建设。另外，随着生态资源以及环境的压力日益上升，生态文明建设的高度不断提升，在党的十八大报告中，明确指出将生态文明建设放在突出地位，在党的十八届五中全会上，加强生态文明建设被纳入国家五年规划中；在党的十三届全国人大一次会议第三次全体会议中将生态文明建设纳入国务院职权。我国将生态文明建设融入社会发展的方方面面，努力建设美丽中国，实现中华民族的长远发展。

赣南老区始终牢记习近平美丽中国"江西样板"的殷切嘱托，纵深推进国家生态文明试验区建设，注重发挥江西生态文明制度建设力量。

第一，着重用制度保护生态环境，建立健全江西生态文明"四梁八柱"制度框架，从事前、事中、事后全过程、全方位建设生态文明制度体系。一是建立完备的事前预防性制度，建立国土空间开发保护制度，建立健全市县两级国土空间规划。二是建立完备的事中监管性制度，建立健全生态补偿机制以及全要素、

---

① 中共中央文献研究室. 习近平关于社会主义生态文明建设论述摘编［M］. 北京：中央文献出版社，2017.

全领域监管体系。三是建立事后补救性制度，在建立健全环境治理体系的前提下，不断完善生态文明绩效评价考核和责任追究制度，形成"谁造成、谁负责"的终身追究制度。

第二，注重法治建设，保护生态环境。注重建立生态保护法治环境，在立法、执法、司法、守法的全链条过程中书写生态文明法治篇章，以法治保障推动生态文明试验区江西样板的建设。

第一节　赣南老区生态文明制度建设

一、构建事前预防性制度

（一）健全自然资源资产产权制度

产权制度是社会主义市场经济的基石，自然资源资产产权制度是加强生态保护、促进生态文明建设的重要基础性制度，是生态文明制度建设中极为重要的基石。中央政府和省级政府高度重视自然资源资产产权制度的建设，出台了《关于统筹推进自然资源资产产权制度改革的指导意见》《江西省人民政府关于印发江西省自然资源统一确权登记总体工作方案的通知》等一系列文件，积极推动自然资源资产制度的建设。《关于统筹推进自然资源资产产权制度改革的指导意见》明确指示，要以确权登记为基础，健全自然资源资产产权制度。

为此，赣州主动作为，贯彻落实中央和省政府的精神，出台了《关于印发赣州市自然资源统一确权登记工作方案的通知》文件，要求严格遵循系统完整的生态文明制度体系建设要求，在全市内全面铺开、分阶段推进本市自然资源统一确权登记工作，构建自然资源统一确权登记制度体系，为建立归属清晰、权责明确、流转顺畅、保护严格、监管有效的自然资源资产产权制度奠定坚实的基础。自2020年起，赣州以行践文，以资源公有、物权法定、统筹兼顾、统一发展为原则，大力度开展不动产登记工作，推进自然资源统一确权登记与不动产登记的有机融合，并充分利用第三次全国国土调查等成果，对全市行政区域内自然保护区、自然公园等各类自然保护地以及江河湖泊、湿地和草地、国有林区等具有完整生态功能的自然生态空间和全民所有单项自然资源开展统一确权登记，推动全民所有和集体所有边界清晰化，推动全民所有和不同层级政府行使所有权边界清晰化，推动不同集体所有边界清晰化，推动不同类型自然资源边界的清晰化，力争在2020~2023年完成以不动产登记为基础的自然资源确权登记体系构建工作。

第一，根据自然权力清单，明确划分所有权归属市政府的自然保护地，并开展自然保护区、自然公园等确权登记工作。自然保护区以风景名胜区、水产种质资源保护区、野生植物原生境保护区（点）、自然保护小区等为典型代表，自然公园以森林公园、地质（矿山）公园、湿地公园为典型代表，自然保护地的确权登记工作以自然保护区、自然公园整体统一划分登记单元，区域内水流、湿地等自然资源作为自然保护地内的资源类型仅予以记载和标注。市自然资源局积极探索自然资源统一调查监测评价制度，充分利用现有相关自然资源调查成果确定资源的类型、分布，结合农村集体土地确权登记发证成果及林区登记成果，统一组织自然资源权籍调查，掌握自然保护区、自然公园等自然保护地的范围、面积以及主要保护对象的种类、分布、数量或质量等自然状况，所有权主体、所有权代表行使主体、所有权代理行使主体以及权利内容等权属状况，最后可基于登记结果向所有权主体颁布所有权证书并予以公开。

第二，积极开展水流、湿地、草原等自然资源确权登记。开展承载水流、湿地、草原等自然资源的权籍调查，探索建立水流、湿地、草原等自然资源的三维登记模式，明确水流、湿地、草原等自然资源的自然状况和权属状况，基于开展确权登记情况可颁布自然资源所有权证书并予以公开。

第三，对全市行政区域内国有土地森林进行确权登记。基于已有林权权属证书，开展国有土地森林确权登记，做好相关权属界线的核实以促进已有林权权属证书和目前自然资源确权登记工作的衔接，并积极开展国有林场在内森林资源的代理行使主体和管理主体等探索登记。

第四，除部分由国家或省级登记机构登记的贵重稀有矿产资源，赣州开展探明资源储量的其余矿产资源确权登记。探索采用三维登记模式，明确矿产资源的数量、质量、范围、种类、面积等自然状况以及所有权主体、代表行使主体等权属状况，并关联勘查、采矿许可证等相关信息和公共管制要求。

（二）建立国土空间开发保护制度

构建国土空间开发保护制度是遵循自然规律、有效防止在开发利用自然方面走弯路的重大举措。构建国土空间开发保护制度，要按照人口资源环境相均衡，生产空间、生活空间、生态空间三大功能空间科学布局，经济、社会、生态三类效益有机统一的原则，以法律为基础，以空间规划为基础，以用途管制和市场化机制为手段，严格控制国土空间开发强度，调整优化空间结构，促进生态空间集约高效、生活空间宜居适度、生态空间山清水秀。

1. 全面落实主体功能区制度

全面落实主体功能区制度是解决江西乃至全国国土空间开发中存在问题的根本途径，是实现人与自然和谐发展的有效途径，有助于提高资源使用效率、推动江西可持续发展。江西主体功能区的设置是根据省内不同区域的资源环境承载能力和现有开发强度以及未来发展潜力，统筹谋划未来人口分布、经济布局、国土利用和城镇化格局，从而设置不同区域的主体功能。根据《国务院关于编制全国主体功能区规划的意见》《全国主体功能区规划》等主体功能区划分的中央性文件，江西出台以 2010 年为基期的《江西省主体功能区规划》，将其视为推进主体功能区建设规划的基本依据、科学开发国土空间的行动纲领和远景蓝图。

坚持遵循"根据自然条件适宜开发""根据资源环境承载能力开发""控制开发强度""调整空间结构""提供生态产品""区分主体功能"六大开发理念，积极推进形成主体功能区。根据不同的划分方式，主体功能区可以划分为三种不同的类型，其具体划分类型如表 3-1 所示。

表 3-1　主体功能区具体划分

划分方式	主体功能区类型
开发方式	优化开发区域、重点开发区域、限制开发区域、禁止开发区域
开发内容	城市化地区、农产品主产区、重点生态功能区
层级	国家、省级

资料来源：《江西省人民政府关于印发江西省主体功能区规划的通知》。

虽然区域内的主体功能区各不相同，但在经济社会发展中是处于同等重要的位置，并且不论何种主体功能区都应该着重处理好开发与发展的关系，处理好主体功能与其他功能的关系，应以主体功能区定位确定的功能为主，辅之以适当力度的开发，推动区域经济效益、生态效益、社会效益的最大化。

经综合评价，江西国土空间划分为重点开发区域、限制开发区域、禁止开发区域三大类区域。对于重点开发区域，江西共有 35 个重点开发区域，其中包括赣南老区的章贡区、赣县区、南康区，此三者跟其余的重点开发区域类似，都有一定的经济基础、较强的资源环境承载能力、较大的发展潜力、较好的集聚人口和经济条件，是应该重点进行工业化城镇化开发的城市化地区。对于限制开发区域，其主要划分为两大类：一类是农产品主产区，即以增加农业综合生产能力作为发展的重大任务，保障国家农产品安全和推动中华民族永续发展；另一类是重点生态功能区，即受生态系统脆弱性或生态功能重要性的约束，必须把增强生态产品生产能力作为首要任务，限制进行大规模工业化城镇化开发的地区。

对于省域内的重点生态功能区全面实行产业准入负面清单，以《产业结构调整指导目录》《中共中央　国务院关于加快推进生态文明建设的意见》《生态文明体制改革总体方案》和地方性相关规划中已经明确的限制类和禁止类产业作为底线，明确规定需要限定、禁止的产业类型，其中，清单限制类产业主要是《产业结构调整指导目录》中限制类以及与该重点生态功能区发展方向和开发管制原则相冲突的允许类或鼓励类产业，禁止类产业则是应被淘汰类的产业以及不符合该重点生态功能区开发管制原则的限制类、允许类、鼓励类产业。

江西主体功能区规划中，赣南老区的限制开发区域在全省占据"半壁江山"，如表 3-2 所示。

表 3-2　赣南老区限制开发区域

农产品主产区	宁都县、信丰县、于都县、兴国县、会昌县
国家级重点生态功能区	大余县、上犹县、崇义县、安远县、龙南县（现龙南市）、定南县、全南县、寻乌县、石城县

资料来源：《江西省人民政府关于印发江西省主体功能区规划的通知》。

赣南丘陵是江西的四大农产品主产区之一，其中以赣南的宁都县、信丰县、于都县、兴国县、会昌县为典型代表，以建设水稻、脐橙、油茶、甜叶菊、畜禽养殖以及蔬菜为重点，从而打造优质高产双季稻生产基地、以脐橙蜜柚为主的果业种植基地、油茶基地、生猪养殖基地，以及优质蔬菜基地。赣南山地作为南方重要的森林生态屏障，大余县、上犹县、崇义县、安远县、龙南县（现龙南市）、定南县、全南县、寻乌县被纳入国家级重点生态功能区，其关系着全省乃至全国的生态安全，具有重要的生态功能价值，是极为重要的水源涵养区、水土保持区、生物多样性维护区和生态旅游示范区。对于禁止开发区域，其具体包括依法设立各级各类的自然保护区、风景名胜区、森林公园、地质公园、重要湿地等相关区域，并根据相关法律法规规定，凡以后新设立的各级各类自然保护区、风景名胜区、森林公园、地质公园、湿地公园、重要水源地、重要蓄滞洪区以及世界文化自然遗产等，都将自动进入禁止开发区域，具体名录如表 3-3 所示。

表3-3　江西禁止开发区域基本情况

类型	数量（个）	面积（平方千米）
世界文化自然遗产	4	911.50
国家级自然保护区	8	1402.04
国家级风景名胜区	12	2838.00
国家森林公园	44	3637.31
国家地质公园	4	2103.80
省级自然保护区	23	3263.90
省级风景名胜区	24	1598.15
省级森林公园	99	1075.79
省级地质公园	4	1621.96
重要蓄滞洪区	4	551.18
重要水源保护地	142	—
国家级湿地公园	10	950.79
省级湿地公园	38	177.65
总计	416	—

注：同一区域在类型划分上存在重叠。

资料来源：《江西省人民政府关于印发江西省主体功能区规划的通知》。

　　江西坚持推动主体功能区形成和战略落实齐步走，在推动主体功能区形成发展的同时，积极推动"苏区振兴"区域总体发展战略的落实，即推动赣州、吉安、抚州等原中央苏区振兴发展；大力发展赣南丘陵盆地主产区优势作用，积极推动"四区二十四基地"为主体的农业战略格局落实，大力发展和保护赣南山地，积极落实"一湖三屏"为主体的生态安全战略格局，推动赣南老区生态文明和经济社会齐发展。

　　坚持分类管理的区域政策，推动形成主体功能区科学开发的利益机制，对于不同区域设定不同的财政政策、投资政策、产业政策、土地政策、农业政策、人口政策以及环境政策。在财政上，提高对赣南老区国家级重点生态功能区的转移支付系数，加大均衡性转移支付力度，加大各级财政对国家级自然保护区、国家级风景名胜区、国家级森林公园以及省级自然保护区、省级风景名胜区、省级森林公园的投入力度；在投资上，实行主体功能区安排的政府投资政策，主要以实施重点生态功能区保护修复工程和每五年解决多个重点生态功能区突出问题的方式进行安排，从而支持重点生态功能区和农产品主产区的发展；在产业上，根据国家修订的《产业结构调整指导目录》《外商投资产业指导目录》《中西部地区外商投资优势产业目录》，进一步明确赣州重点开发区、限制开发区和重点开发区的产业发展布局；在土地上，实行差别化的土地利用和土地管理政策，根据主体功能规划科学确定耕地、工业用地、居住用地、交通用地的用地规模；在农业上，根据国家逐步完善支持和保护农业发展的政策要求，加大强农惠农政策力度，重点向赣南丘陵等优势农产品主产区倾斜；在人口上，积极增强重点开发区域吸纳人口的能力，鼓励限制开发区域和禁止开发区域人口逐步自愿平稳有序向重点开发区域转移；在环境上，各类主体功能区分类安排、分类管理，重点开发区域大力推行清洁生产，提高污染物排放标准和产业准入环境标准，限制开发区域加强环保基础设施建设和环境监管，降低污染物排放总量和实现环境质量状况达标，禁止开发区域实行强制保护原则，依法关停所有的排放污染物企业，并且在所有主体功能区实行最严格的水资源管理制度，严格用水、排水、节水。

坚持科学开发的评价导向，建立符合科学发展观并有利于推进形成主体功能区的绩效评价体系。重点开发区域实行工业化和城镇化水平优先的绩效评价，将经济增长、吸纳省内转移人口、质量效益、产业结构、资源消耗、环境保护、外来人口公共服务覆盖面等指标纳入考核体系，尤其突出产业承接和人口转移两方面的考核指标；以农产品主产区和重点生态功能区为主的限制开发区域实行农业发展优先和生态保护的绩效评价，强化对农产品保障能力的评价，弱化对工业化城镇化相关经济指标的评价，尤其考核农业综合生产能力、农民收入等指标；禁止开发区域按照保护对象确定评价内容，强化对世界文化遗产、自然保护区、风景名胜区、森林公园、地质公园、重要水源保护地、蓄滞洪区等自然文化资源原真性和完整性保护情况的评价。

2. 建立"三线一单"管控制度，健全国土空间用途管制制度

自中共江西省委办公厅、江西省人民政府办公室印发《关于在国土空间规划中统筹划定落实三条控制线的实施意见》《江西省人民政府关于加快实施"三线一单"生态环境分区管控的意见》以来，赣州积极响应省政府号召，贯彻落实传导省级国土空间规划确定的划定任务，出台《赣州市"三线一单"生态环境分区管控方案》，积极推进本市的"三线一单"制度，即生态保护红线、环境质量底线、资源利用上线和生态环境准入清单。

坚持保护优先、分类施策、稳中求进三大基本原则，深入推动生态保护红线、环境质量底线、资源利用上线三条控制线的划定和落地。赣州严格按照生态功能划定生态保护红线，按照"生态功能不降低、面积不减少、性质不改变"

的基本要求，严格生态保护线管理。赣州要求在生态保护线内，自然保护地核心保护区原则上禁止人为活动，其他区域严格禁止开发性、生产性活动，有且仅允许在法律前提下，国家重大战略项目中存在的有限人为活动，保障生态红线内水源涵养、生物多样性维护、水土保持、防风固沙、海岸生态稳定等重点生态功能的实现，从而有效地守卫和保障国家生态安全的底线和生命线；严格按照保质保量要求划定永久基本农田，全面梳理整改已划定的永久基本农田中的划定不实、违法占用、严重污染等问题，并且永久基本农田一经划定，任何组织和个人都不得擅自占用或任意改变其用途，国家级重点项目也应尽量避让永久基本农田，若确实难以避让，需报备国务院批准进行永久基本农田的转用或征收，以此确保永久基本农田面积不减、质量提升、布局稳定；严格按照集约适度和绿色发展要求划定城镇开发边界，城镇开发边界以顺应城镇发展需要为基本存在前提，应在其边界内预留一定比例的留白区，以便为未来城镇发展留有开发空间，在城镇开发边界线外，分区制定准入正负清单，仅且允许服务乡村振兴战略的建设项目、其他必要的公共服务设施以及城镇民生保障项目，不允许进行城镇的集中建设和各类开发区和扩充调区。

在三条控制线的基础上，从生态环境保护的角度划分环境综合管控单元，以各具体的生态环境管控单元为基本单位落实生态环境管控要求，并制定本市环境综合管控单元生态环境准入清单，从而建立覆盖全市的生态环境分区管控体系。赣州将全市行政区域累计划分为232个生态环境管控单元，共三大类：优先保护单元37个、重点管控单元150个和一般管控单元45个，分别占赣州全市国土面积的35.9%、25.8%和38.3%。优先保护单元是指以生态环境保护为主的区域，主要包括赣江及东江源头区、生态屏障区，涉及生态保护红线、自然保护、饮用水水源保护区、环境空气一类功能区等生态环境敏感区面积占比较高的区域，在生态环境准入清单中，优先保护单元按照保护优先的原则，依法禁止大规模、高强度的工业和城镇开发建设，并且在部分功能受损的优先保护单元需优先开展生态保护修复活动，以便恢复生态系统服务功能。重点管控单元是指涉及水、大气、土壤、自然资源等资源环境要素重点管控的区域，主要包括各类开发区、城镇规划区以及环境质量改善压力较大的区域，在生态环境准入清单中应注重优化空间和产业布局，结合生态和社会等影响因素，按照差别化的生态环境准入要求，提升资源使用效率，逐步加强污染物排放控制和环境风险的防控，从而有效地改善生态环境质量。一般管控单元是指除优先保护单元和重点管控单元之外的其他区域，承担着永久基本农田的保护及管理、农业农村污染治理和农村人居环境改善等重要任务。

兼顾经济效益和生态效益，积极建立健全"三线一单"制度，基本确立生态、水、大气、土壤、资源利用等方面的管控要求，逐步完善赣南老区生态环境准入制度和区域环境管理制度。此举有利于从源头预防经济发展和生态环境保护之间失衡而产生的矛盾关系，从而更好地兼顾经济高质量发展和生态环境高水平保护。赣州"三线一单"制度的实施每五年将开展实施情况评估，从而使各地、各县市根据实施情况反馈调整和优化"三线一单"制度方案，使"三线一单"制度能够随时发挥时代的影响力。

以国土空间规划为依据，对所有国土空间分类实施用途管制，建立健全用途管制制度。在城镇开发边界内的建设，实行"详细规划＋规划许可"的管制方式；在城镇开发边界外的建设，按照主导用途分区，实行"详细规划＋规划许可"和"约束指标＋分区准入"的管制方式。对市政区域内以国家公园为主体的自然保护地、重要海域和海岛、重要水源地、文物等实行特殊保护制度。同时，对于各个县市，赣州给予地方管理和创新活动空间，使各地方能够因地制宜制定用途管制制度。

（三）建立健全市县两级国土空间规划

2019 年 5 月出台实施的《中共中央 国务院关于建立国土空间规划体系并监督实施的若干意见》标志着我国国土空间规划体系"四梁八柱"基本形成。

国土空间规划是国家空间发展的指南、可持续发展的空间蓝图，是各类开发保护建设活动的基本依据。国土空间规划体系根据规划层级和内容类型可以划分为"五级三类"，"五级"相对应于我国纵向的行政管理体系，分为国家级、省级、市级、县级、乡镇级；三类相对应于不同的规划类型，分为总体规划、详细规划和相关的专项规划。一般而言，总体规划由国家、省以及市县三级进行编制，强调的是对一定区域内做出的全局性安排；详细规划由县级和乡镇级进行编制，强调的是因地制宜、具体落实；相关专项规划可由各个层级进行编制，通常是由自然资源部门或者相关部门对特定的区域或者流域基于特定的功能而做出的专门性安排。总体规划、详细规划和相关专项规划相互补充、协调发展，国土空间总体规划是详细规划的依据、相关专项规划的基础，相关专项规划之间要相互协同，并要做好与详细规划之间的衔接工作。

在我国"五级三类"的国土空间规划体系中，市级国土空间规划起着承上启下的作用，是市级政府对省级以及国家级国土空间规划要求的细化落实，是乡镇国土空间规划的参照样本。随着国家级、省级国土空间规划的逐步落实，推进市级国土空间规划的编制显得越发重要和急迫。赣州市政府严格落实国家级和省级要求，高度重视本市国土空间规划的编制，发布了《赣州市人民政府办公室关于印发赣州市国土空间总体规划（2020—2035年）编制工作方案的通知》，成立了以市长为第一负责人、副市长为第二负责人，市级各部门和部分基础设施建设部门为成员的工作小组，以坚持生态文明引领、融入国家战略、高质量发展、以人民为中心、多方共同编制和一张蓝图干到底六大基本原则，全力推进赣州国土空间总体规划的编制。

《赣州市人民政府办公室关于印发赣州市国土空间总体规划（2020—2035年）编制工作方案的通知》中提出《赣州市国土空间规划（2020—2035年）》以2020~2035年为规划期限，以赣州全域3.94万平方千米为规划范围，以总体规划文本、专题研究、信息化成果为最终规划结果呈现形式。

赣州编制国土空间总体规划时遵循了以下六项基本原则：一是坚持习近平生态文明思想引领，强化底线约束，推动人与自然和谐共生，实现"绿色崛起"；二是坚持习近平视察江西精神，谋划新时代赣州国土空间开发保护新格局，在加快革命老区高质量发展上做示范，在推动中部地区崛起上勇争先；三是贯彻创新、协调、绿色、开放、共享的新发展理念，强化国土空间开发保护指导，实现高质量发展；四是以人民为中心，统筹优化三区建设，满足人民生存、生活和休闲需要，提升人民群众获得感和幸福感；五是坚持"开门编规划"，组织政府、专家、公众共同参与，推动科学决策和科学规划；六是坚持"一张蓝图干到底"，推进多规合一，克服过往规划多、规划重叠、规划冲突等问题，推动国土空间总体规划管全域。

《赣州市人民政府办公室关于印发赣州市国土空间总体规划（2020—2035年）编制工作方案的通知》明确提出从以下八个方面建立和健全市级总体规划的编制基础，积极推动市级国土空间总体规划的编制，推动我国"五级三类"国土空间规划体系的落实。

第一，摸清国土空间本底。赣州以第三次全国国土调查成果为基础，统一采用2000国家大地坐标系和1985国家高程基准作为定位基础，汇集编制所需各类空间信息和数据，形成边界吻合、上下贯通的全市一张底图；开展资源环境承载能力和国土开发适宜性评价，进一步梳理市域国土空间开发的总体情况和存在的主要问题，明确市域国土空间开发的资源环境短板；开展国土空间开发保护现状评估，为领导干部综合考评、实施自然资源管理和用途管制政策，以及规划动态调整完善提供参考。

第二，制定发展战略目标。赣州市级国土空间规划既要落实国家和省级重大战略，打造革命老区高质量发展示范区和省域副中心城市，充分融入对接"一带一路"倡议和粤港澳大湾区建设，也要制定国土空间发展战略目标，找准本市在全省乃至全国国土空间格局中的定位，统筹制定市级规划战略目标，制定与"十四五"规划相衔接的 2025 年近期目标，提出 2035 年发展目标愿景和城市定位。

第三，统筹划定"三区三线"。赣州以科学态度划定生态、农业和城镇空间，以整体态度统筹优化生态保护红线、永久基本农田和城镇开发边界三条控制线，引导形成科学有序的国土空间布局体系。

第四，优化空间总体布局。赣州积极融入"一带一路"倡议和粤港澳大湾区建设，形成区域国土空间协同发展策略；明确城乡国土空间总体布局，形成市域交通基础设施网络格局、生态保护格局、历史文化保护格局、城乡开发利用格局等；优化城镇功能空间布局，明确中心城区和城镇开发边界内建设地区的发展方向、空间形态和用地构成，不断优化城镇发展格局。

第五，强化空间要素保障。赣州贯彻"山水林田湖草"生命共同体理念，统筹推进山水林田湖草生命共同体建设；按照适度超前的原则，合理安排基础设施投入，构建便捷高效、绿色智能、安全有效的综合立体基础设施网络，提升基础设施保障能力；推进基本公共服务均等化，注重营造小尺度、人性化的公共空间。

第六，提高国土开发效率。赣州强化国土综合整治与生态修复，明确市域国土空间生态修复目标、任务和重点区域，安排国土综合整治、生态修复等重点工程的规模、布局和时序；加强土地节约集约利用，用好存量，优化结构，提高效率。

第七，建立传导落实机制。赣州市建立传导机制。建立从总体规划到相关专项规划、详细规划的横向传导和从全域到分区、从市域到县（市、区）的纵向传递机制；健全空间用途管制制度，立足实际，建立健全用途管制制度，对国土空间分区分类实施用途管制；建立动态预警和实施监管机制，建立规划实施评估指标体系，健全规划实施动态监测、评估、预警、考核和动态调整机制。

第八，构建实施监督系统。赣州积极搭建全市国土空间基础信息平台，健全基础信息保障机制，夯实规划编制所需基础信息数据库；构建国土空间规划"一张图"实施监督信息系统，支撑规划编制、审批、实施、监测评估预警全过程，全面提升国土空间治理体系和治理能力现代化水平。

在赣州组织管理下，崇义县、兴国县、会昌县等纷纷根据本县实际情况，制定本县的国土空间总体规划编制方案，抓紧编制县级国土空间总体规划，贯彻落实赣州市级国土空间总体规划的要求，以推动我国"五级三类"国土空间规划体系的构建。赣州下辖各县国土空间总体规划编制方案如表3-4所示。

表3-4　赣州下辖各县国土空间总体规划编制方案汇总

县	年份	政策文件名称
兴国县	2020	《关于印发〈兴国县国土空间总体规划（2020—2035年）编制工作方案〉的通知》
会昌县	2020	《关于印发〈会昌县国土空间规划（2020—2035年）编制工作方案〉的通知》
石城县	2019	《关于印发〈石城县国土空间总体规划（2020—2035年）编制工作方案〉的通知》
定南县	2019	《定南国土空间总体规划（2020—2035年）编制工作方案》
信丰县	2019	《信丰县国土空间总体规划（2020—2035年）编制工作方案》
安远县	2019	《安远县国土空间总体规划（2020—2035年）编制工作方案》
崇义县	2019	《崇义县国土空间总体规划（2020—2035年）编制工作方案》

资料来源：笔者整理。

总结来看，赣南老区各县《国土空间总体规划（2020—2035年）编制工作方案》都是将市级编制方案要求不断细化，推进市级规划在市级范围的不断落实；均基于第三次全国国土调查数据，组织开展"摸家底"工作，构建县级现状底图，深化开展县级国土空间开发保护现状评估和现行空间规划实施情况评估"双评估"工作以及开展资源环境承载力评价和国土空间开发适宜性评价"双评价"工作，从而不断优化县域空间布局，明确县域国土空间保护、开发、利用、修复、治理总体格局，县域交通基础设施网络格局、生态保护格局、历史文化保护格局和城乡开发利用格局，提升县域整体品质。

二、事中监管性制度

（一）建立健全生态补偿机制建设

贯彻落实生态补偿、建立健全生态补偿机制是生态保护大环境、大趋势下的必然选择。一方面，人类更加充分意识到生态环境与人类生存和发展息息相关，涵盖了水资源、土地资源、生物资源和气候资源等人类赖以生存的各类自然资源；另一方面，生态环境因是典型的"公共物品"，在提供和利用方面具有显著的外部性。流域是以整体区域进行划分的，并且区域内河流具备极强的流动性，对其保护性的投入和利用成本都具有显著的外部性。流域之间的生态补偿机制便是将外部成本内部化的一种有效转换形式，有利于保障流域生态环境资源的公平分享、公正利用和可持续发展。①

根据《生态文明建设大辞典》（第二册）的释义，生态补偿最初是指生物有机体、种群、群落和生态系统受到干扰，破坏时所表现出来的自我补偿能力。后期随着社会的快速发展，生态环境情况逐渐严峻，生态补偿概念就逐渐被引入社会经济运行和生态保护建设活动中，逐渐转变为一种协调经济社会运行和生态环境保护之间的一种经济手段。生态补偿有广义和狭义之分，广义上指生态补偿机制和政策设计，既包括对于生态环境和自然资源保护的奖励政策，也包括对于破坏生态的补偿机制；狭义上指以生态环境资源作为经济发展的成本来计算相关的经济利益，相关主体赔偿生态环境损害成本或保护环境而延缓经济发展的机会成本。

1. 推进赣州市内流域上下游横向生态补偿制度建设

赣州充分认识市内上下游横向生态补偿机制对于流域生态环境资源的可持续发展作用，结合《江西省建立省内流域上下游横向生态保护补偿机制实施方案》统一部署，以生态环境局为牵头单位，联合财政局、市水利局等各市级部门，于2019年5月制定印发《赣州市建立市内流域上下游横向生态保护补偿机制实施方案》，贯彻落实"谁超标、谁赔付，谁保护、谁受益"的生态补偿原则，推进赣州市内流域上下游横向生态保护补偿机制建设。

《赣州市建立市内流域上下游横向生态补偿机制实施方案》明确在全市涉赣江、东江流域干（支）流的所有县（市、区）实施市内流域补偿。市内流域补偿主要是指在赣州境内，以市内流域上游和流域下游为生态补偿的主体，以保持流域生态功能和环境功能而进行生态保护的投入和因流域生态环境利用而带来的损失为补偿客体，以交接断面水质类别和达标率等作为补偿依据，以生态保护性投入补偿和污染损害性赔偿为主要的生态补偿方式，以每年至少补偿100万元为标准而开展的生态补偿活动。生态保护性投入补偿是弥补上游主体因生态建设而牺牲的机会成本的一种补偿方式。一般来说，在赣州市河流流域的保护中，流域上游因其地理位置的特殊性，往往承担了较重的生态保护作用，从而上游相比下游来说投入了更多生态建设成本来使上下游两者共享了生态环境资源，因此下游需对上游进行一定程度上的生态补偿，也即对于上游生态保护性投入补偿。生态

---

① 马永喜，王娟丽，王晋. 基于生态环境产权界定的流域生态补偿标准研究［J］. 自然资源学报，2017（8）：1325-1336.

污染损害性赔偿是指若上游因自身发展的缘故损害了流域等生态环境资源则需按照相关的原则进行一定的赔偿和赔付。[①]

东江发源于赣州，源区覆盖面广泛，包含了赣州寻乌县、定南县、安远县、龙南市、会昌县，其中寻乌县作为其源头，境内流域面积达 2045 平方千米，是江西东江流域的 58.5%。赣州高度重视东江流域生态环境保护建设，秉持"绿水青山就是金山银山"的生态理念，主动保护东江源流域生态环境，不断提升生态环境质量，建立东江流域上下游生态补偿机制，激发上下游主体对东江源生态环境的保护意识。赣州市政府把东江源流域生态补偿工作作为赣南老区振兴发展的重要民生工程，从多方面发布东江源治理与管理的相关制度，具体情况如表 3-5 所示。

表 3-5　赣州市政府东江源治理与管理制度（部分）

序号	政策文件	详细规定
1	《赣州市东江流域生态补偿项目管理暂行办法》	明确工程项目的范围、前期工作的程序、建设管理、竣工验收和考核程序等
2	《赣州市东江流域生态补偿资金管理暂行办法》	创新资金分配方式，将补偿资金划分为三部分：基本补偿资金（80%）、机制奖励资金（≤2%）、绩效奖励资金（≤18%）
3	《赣州市东江源区上下游横向生态补偿工作绩效评价办法（试行）》	绩效考核结果作为各流域县政府综合考核评价的重要参考，对绩效评价"优秀"的项目县，予以适当资金倾斜，对绩效评价不合格的项目县，则少安排或不安排补偿资金，并予以通报批评，责令限期整改
4	《东江流域生态环境保护和治理实施方案》	规划实施污染治理工程、生态修复工程、水源地保护工程、水土流失治理工程和环境监管能力建设工程五大方面的重点工程
5	《赣州市东江流域县级水质考核管理暂行办法（试行）》	细化了各流域县出境断面水质考核目标和问责措施
6	《东江流域水质考核断面监测方案》	在东江流域布设 10 个监测断面，每月对 pH 值、高锰酸盐指数、氨氮等 23 个指标进行监测

资料来源：赣州市人民政府官网。

除赣州积极部署东江源流域生态补偿工作外，定南县也积极作为，颁布《定南县加强东江源头保护区环境治理与保护和建设工作方案》《定南县加强东江源

[①] 马永喜，王娟丽，王晋. 基于生态环境产权界定的流域生态补偿标准研究［J］. 自然资源学报，2017（8）：1325-1336.

头生态环境保护和建设实施方案》《定南县保护东江源区水质综合整治排污行为专项行动实施方案》等加强东江源流域治理和保护。

截至 2021 年 4 月，赣州市内流域上下游生态补偿机制基本建立，全流域基本形成上下统一的水生态环境保护和修复制度体系，全市累计签订 23 份市内流域上下游横向生态保护补偿协议，覆盖范围为全市各县（市、区），其中涉及东江流域 6 个县级考核断面；累计争取省级奖补资金 2 亿元用于支持全市市内流域补偿项目 43 个，总投资 5.32 亿元。

2. 扎实推进跨省流域生态补偿机制建设

长江经济带覆盖省市达 11 个，分别是上海、江苏、浙江、安徽、江西、湖北、湖南、重庆、四川、云南、贵州，横跨我国东中西三大板块，人口规模和经济总量占据全国"半壁江山"，生态地位突出，发展潜力巨大，是关系国家发展全局的重大战略。习近平于 2016 年和 2018 年分别在重庆和武汉就深入推动长江经济带发展召开座谈会，指出长江经济带是我国经济重心所在、活力所在，要求沿江 11 个省市正确把握整体推进和重点突破的关系、正确把握生态环境保护和经济发展的关系、正确把握总体谋划和久久为功的关系、正确把握破除旧动能和培育新动能的关系以及正确把握自身发展和协同发展的关系，要求加强生态文明建设的政治自觉和行动自觉，从中华民族长远利益考虑，把修复长江生态环境摆在压倒性位置，共抓大保护、不搞大开发。

赣州作为长江支流赣江的源头，在构建长江中下游生态安全屏障中的地位十分重要，开展"共抓大保护"攻坚行动，加强生态文明建设，事关长江生态安全，事关赣州高质量发展。以赣州重要水源东江为例，赣州高度重视东江水源发展，为了守护东江源"一泓清水"，江西、广东两省坚持双方互惠共利、合作共赢的原则，积极作为、主动作为，共同加强东江流域上下游横向生态补偿机制建设。

与江西、广东两省人民政府积极合作，分别于 2016 年 1 月和 2019 年 12 月签订第一轮和第二轮《东江流域上下游横向生态补偿协议》。首轮《东江流域上下游横向生态补偿协议（2016—2018 年）》规定，中央和赣粤两省将划拨 15 亿元补助资金给赣州市内 5 个流域县开展污染治理、生态修复、水源保护、水土流失和环境监管能力建设等生态环境治理与保护工作。截至 2018 年底，赣州在寻乌、定南、安远、龙南（现龙南市）和会昌 5 县累计实施 79 个工程项目，使源区生态环境问题明显改善，确保出境断面水质 100% 达标。第二轮《江西省人民政府 广东省人民政府东江流域上下游横向生态补偿协议（2019—2021 年）》

是赣粤两省人民政府基于首轮生态补偿的良好效益签订，标志着东江流域上下游横向生态补偿由试点向长效机制转变。第二轮东江源生态补偿协议明确规定，中央和赣粤两省在未来的三年内将继续划拨 15 亿元的生态补助金给赣州，助力赣州生态环境治理与保护可持续发展。

江西、广东两省在东江补偿机制大框架初步建立的基础上，协同开展流域治理和保护工作。一是江西、广东两省积极建立跨界河流水污染联防联控协作机制。基于已签订的《赣粤赣州市、河源市跨界河流水污染联防联控协作框架协议》，江西赣州的定南县和广东河源的龙川县、和平县跨界建立河流水污染联防联控协作机制，以跨界河流东江上游寻乌水、定南水等水污染防控为合作重点，协同开展了系列跨界水质检测。为建立流域保护和污染防控长效机制，赣州定南县、寻乌县纷纷与河源市龙川县、和平县彼此签订联防联控协作框架协议。二是江西、广东两省积极开展水质联合检测。赣州和河源环境监测站就水质检测工作开展达成共识并形成东江水质联合监测方案，开展了同时间、同地点、同监测方法、同药品、同仪器、同实验室的"六同"监测，有效控制水质监测数据的质量。

作为江西境内流域面积最大、流入水量最多的东江源区县，寻乌县积极创新机制，高质量推动东江流域上下游横向生态补偿试点。首先，创新工作引导机制，强化导向引领，确保流域防治无边界。寻乌县突出规划性引领，积极聘请中国环境科学研究院编制《寻乌县污染源分析报告》及《寻乌县流域生态综合治理实施方案》，聚焦关键性指标，优化设置水质达标、水土流失控制、植被覆盖率、土壤养分及理化性质四个指标，落实目标化考核，专门制定生态补偿项目考核办法，将资金拨付与考核指标挂钩，治理未达标扣减项目工程款，并将考核时间延长至 4 年及以上。其次，创新综合治理机制，坚持整体布局，统筹推进全县生态环境保护治理，实现流域防治系统化。寻乌县成立由县委主要领导任组长的东江流域水环境保护和生态补偿机制建设工作领导小组，实行统一调度，构建县乡村共治体系；建设水陆空共治格局，实现流域水陆空全方位、立体化治理；打造"源头保护—流域内治理—出境断面监测"上下游共治模式。再次，创新区域联动机制，强化跨省合作，实现流域防治无边界。寻乌县积极建立联合会商制度，以交流会、电话微信、现场勘探等方式加强与周边省份及区域的会上合作，共同推动流域治理；积极建立联合监测制度和预警制度，及时掌握水生态、重点污染源等变化情况，实现信息共享。最后，创新运营管理机制，推进水环境治理保护可持续和防治常态化发展。寻乌县积极探索多元投入机制，积极拓展"向上争一点、财政出一点、贷款筹一点"等筹资方式；探索市场运行机制，实现专业化配置，确保治理有质有效；探索群众参与机制，让群众实现从"旁观者"到"参与者"的转化。

（二）构建以五级河长制湖长制林长制为核心的全要素全领域监管体系

在 2020 年省级总河（湖）长和总林长会议上，刘奇强调全省各地各部门要始终心系"国之大者"，从增强"四个意识"、坚定"四个自信"、做到"两个维护"的高度，提高政治站位，强化责任担当，深入实施河长制湖长制林长制，坚决扛起治水护林责任使命，切实保护好、建设好、利用好江西的绿水青山，加快把良好生态优势转化为发展优势。全面建立省、市、县、乡、村五级河长制、湖长制、林长制体系是建立健全事中监管性制度的重要武器，有利于构建责任明确、协调有序、监管严格、保护有力的河湖、森林管理保护机制，为我国生态环境保护奠定强有力的制度保障。

1. 扎实推进河（湖）长制

全面推行河长制是贯彻落实绿色发展理念、推进生态文明建设的内在要求，是提升水生态治理能力和完善水生态治理体系重大举措。赣州积极响应号召，从筑牢河长制保障体系、开展清河行动、建立健全河湖督察体系和建立部门联动机制四方面着手推进河长制建设，为保护河流和湖泊等生态资源注入强有力的保护剂。

（1）筑牢河（湖）长制保障体系。2018 年 9 月 22 日，赣州市政府印发《赣州市河长制湖长制市级会议制度》《赣州市河长制湖长制信息工作制度》《赣州市河长湖长工作制度》《赣州市河长制湖长制工作督办制度》《赣州市河长制湖长制工作考核问责办法》《赣州市河长制湖长制工作督察制度》六项河长制和湖长制配套制度，筑牢河长制和湖长制保障体系。

第一，《赣州市河长制湖长制市级会议制度》清晰划分市级总河（湖）长会议、市级河（湖）长会议、市级责任单位联席会议、市河长办公室办公会议、市级责任单位联络人会议，并分别为其制定具体制度，明确规定各层级会议主持人、与会人员、会议时间及频次、会议主要事项和会议研究决定事项等内容。一是市级总河（湖）长会议是级别较高的河长制和湖长制会议，主持人一般由市级总河（湖）长或副总河（湖）长担任，与会人员分别是市、县级总河（湖）长、副总河（湖）长、市级河（湖）长对口副秘书长以及相关责任单位主要同志。市级总河（湖）长会议的召开需提前按程序审批并向市河长办公室报备，主要研讨制定河长制湖长制重大决策、重要规划、重要制度等重大事项，期间的会议纪要由总河（湖）长审定后印发，会议决定事项为河（湖）长制重点督办事项，由各市级河（湖）长会议牵头调度，市河长办公室组织协调，其余单位督促、落实。二是市级河（湖）长会议级别次之，由市级河（湖）长主持召开，与会主体是各河流所经有关县（市、区）河（湖）长及其他相关责任同志，会议主要事项是贯彻落实省级、市级总河（湖）长会议工作部署、专题研究所负责河流流域保护管理和专项整治工作，会议研究决定事项为河长制湖长制工作重点督办事项，由各市级河长或湖长对口副秘书长、相关工作委员会主任牵头调度。三是市级责任单位联席会议制度不定期召开。在依据党中央、国务院、省委、省政府、市委、市政府要求的基础上，研究确定河长制、湖长制工作的总体部署、责任分工和落实意见，听取各市级河长制湖长制责任单位落实河长制湖长制工作情况的汇报；讨论审议拟提请市级总河（湖）长会议审定的年度河长制湖长制工作总结及有关提请事项；研究审议拟提请市级总河（湖）长会议审定的河长制湖长制年度重点工作任务；研究审议拟提请市级总河（湖）长会议审定的河长制湖长制年度考核工作方案及上年度河长制湖长制工作考核结果；研究审议拟提请市级总河（湖）长会议审定的专项文件。四是市河长办公室办公会议由市河长办公室提出，研究事项主要包括听取、调度市河长办公室组成人员所在部门贯彻落实河长制湖长制工作、清河行动以及赣江、东江流域生态环境专项整治工作情况；研究、确定市河长办公室需要重点推进的工作事项。五是市级责任单位联络人会议制度由市河长办公室专职副主任主持召开，主要负责通报市级责任单位河长制湖长制工作情况，研究、讨论河长制湖长制日常工作中遇到的一般性问题；研究、讨论各市级责任单位河长制湖长制的专项工作问题；协调督导各市级责任单位落实联席会议纪要工作情况等。

第二，《赣州市河长制湖长制信息工作制度》明确建立信息公开制度、信息通报制度、信息共享制度和信息报送制度，搭建起"上通下达"的透明化信息渠道，为人民群众和各级政府监督河长制湖长制的贯彻落实奠定信息基础。一是信息公开制度以县级以上河长办为主要负责单位，定期通过政府公报、政府网站、新闻发布会及报刊、广播、电视、公示牌等方式公示河（湖）长名单、职责以及河流管理保护情况等河长制湖长制相关信息，原则上河（湖）长名单每年公示一次，其他相关信息应及时更新。二是信息通报制度以公文通报的形式，向河长制湖长制市级责任单位、各县（市、区）人民政府（管委会）就部分河（湖）长履职不到位、地方工作进度严重落后以及相关河湖管理中出现的突出问题进行通报，其要求被通报单位应在 10 个工作日内积极整改并提交整改报告。

三是信息共享制度将各级河（湖）长、各级河长办以及赣州市水利局、水保局、生态环境局、住房和城乡建设局等11个市级责任单位纳入信息共享范围，通过赣州大力打造的"智慧河长"河长制信息平台共享各相关单位发布的河湖水域岸线、水资源、水质、水生态等方面的信息。四是信息报送制度以河长制湖长制市级责任单位以及各县（市、区）河长办公室为报送主体，通过规定的报送程序向市委、市政府、市人大常委会、市政协、省河长办等单位报送该市（县、区）上级重大政策和规划部署等相关工作贯彻落实情况、河（湖）长制重要工作进展以及在实践中探索的新思路、新举措、典型做法、先进经验、工作创新、工作特点、工作亮点、新问题以及相关建议等内容。信息报送制度不仅有严格规范的报送程序，还有严谨细致的审核要求，确保及时、准确、高效报送。及时要求速度，早发现、早收集、早报送；准确要求质量，要求实事求是，不虚假汇报；高效要求效率，要求为各级河（湖）长提供科学有效的决策信息，形成高质量的保障服务和有效借鉴。

第三，《赣州市河长湖长工作制度》明确构建起五级河（湖）长制，分别是总河（湖）长、市级河（湖）长、县级河（湖）长、乡镇河（湖）长、村河（湖）长。总河（湖）长一般由市委书记担任，总督导、总调度赣州市域内的河（湖）长制工作；市级河（湖）长总负责相关挂钩河流，承担监督、检查、指导、协调等职能，要求日常工作督查、河湖巡查、部署推进工作每年度至少4次，及时督办和协调相关工作重点问题；县级河（湖）长对下级河段长和相关部门承担指导责任，并对河流保护与经济发展的矛盾以及上下游之间的纠纷承担协调责任，需要制订并组织实施河（湖）长制年度计划、组织开展督查工作以及报送年度计划和总结；乡（镇）河（湖）长至少每旬开展一次巡查并做好巡查记录；村河（湖）长至少每周开展1次日常巡查，其他职责归所在县（市、区）制定。

第四，《赣州市河长制湖长制工作督办制度》明确规定河（湖）长制督办范围、督办主体、督办类型、督办要求，构建完备的河长制湖长制督办体系，夯实赣州河（湖）长制保障体系。赣州河（湖）长制督办主体分为三大类，分别是责任单位督办、河长办公室督办和河（湖）长督办。责任单位督办是指市级责任单位对对口下级责任单位就职责范围内规定的督办事项进行督办；河长办公室督办主要是对市级责任单位、下级河（湖）长及办公室就市级总河（湖）长、副总河（湖）长、河（湖）长批办事项，涉及市级责任单位、县（市、区）政府需要督办的事项以及责任单位不能有效督办的事项等情况进行督办，是责任单位督办的有效补充；河（湖）长督办是指市级总河（湖）长、副总河（湖）长对市级责任单位主要负责人和责任人、下级总河（湖）长以及副总河（湖）长就市河长办公室所不能有效督办的事项进行督办，是河长办公室督办的有效补充，有利于提升整体督办的效率和质量。河长制督办的种类丰富，主要可以划分为日常督办、专项督办和重点督办，其具体采用的督办类型根据不同的事项决定。

第五，《赣州市河长制湖长制工作考核问责办法》确立了考核的三大原则，分别是协调性原则、动态性原则、权责对应原则，推动河长制湖长制科学考核、规范考核。一是坚持科学合理安排河长制湖长制考核分工，充分发挥市河长办公室、市统计局和市人力资源和社会保障局的部门协同作用，由市河长办公室承担组织协调工作，负责统计和汇总考核成果，由市统计局和市人力资源和社会保障局承担河长制湖长制工作考核的指导责任，分别将考核纳入高质量发展综合考核评价体系和实际责任单位绩效考核内容，综合化、多元化运用河长制湖长制考核结果，提升被考核主体的责任意识。二是严格规范河长制湖长制考核程序，按照"制定考核方案—开展年度考核—公布考核结果"的科学程序规范开展考核，推动河长制湖长制规范化、科学化发展。

第六，《赣州市河长制湖长制工作督察制度》清晰界定督察组织、督察对象、督察内容、督察形式、督察结果运用和督察要求六大事项，推动河长制湖长制督察工作高质高效。督察组织根据不同的督察事项分设为四种：一是由相关部门及单位根据市级河（湖）长指示牵头开展的以流域为单元的督察；二是由市河长办牵头开展的每年至少2次的专项督察；三是由市级相关责任单位根据责任分工牵头开展的每年至少一次的相关专项整治活动；四是由市水利局负责同志、相关科室及单位分片区对河长制湖长制的全面推行情况进行的督察。督察对象分别是赣州各县（市、区）人民政府、河长办公室、相关责任单位。督察内容主要关注省级、市级河长制湖长制精神贯彻落实情况，各级政府确定河湖名录、建立一河（湖）一策、一河（湖）一档等基础工作情况，"8+7"项任务实施情况，整改落实情况四大方面。督查应坚持实事求是的原则，采用会议督查、现场督查和暗访督查等方式及时掌握工作进展及成效，归纳总结经验做法，并在结束后5个工作日内形成督查报告提交给市河长办，由市河长办给予建设性和指导性建议。

（2）大力开展清河行动。为贯彻落实省级河长制湖长制会议精神，赣州市政府结合河长制湖长制工作重点及考核方案，由河长办牵头制定《赣州市2020

年"清河行动"实施方案》，大力开展清河行动，以"清洁河湖水质、清除河湖违建、清理违法行为"为重要抓手，提升河湖管理能力和管理水平，推动赣州河长制湖长制从有名向"有实"转变。

"清河行动"以习近平新时代生态文明思想为指导、绿色发展观为引领、"共抓大保护、不搞大开发"为总遵循，坚持问题导向、上下游共治、区域协调、部门联动、水岸同治，大力开展18个与江河湖泊水域相关的专项整治活动，以推动河长制湖长制的积极落实和工作成效的巩固提升。江河湖泊相关的18个专项整治活动分别是城乡生活污水专项整治行动、城乡生活垃圾专项整治活动、工业污染集中整治行动、畜禽养殖污染专项整治行动、农药化肥零增长专项整治行动、船舶港口污染专项整治行动、非法采砂专项整治行动、侵占岸线专项整治活动、水质不达标专项整治行动、Ⅴ类和劣Ⅴ类水专项整治活动、入河排污口专项整治行动、渔业资源保护专项整治行动、河湖水库生态渔业专项整治行动、集中式饮水水源地保护专项整治行动、黑臭水体专项整治行动、破坏湿地和危害野生动物资源专项整治行动、涉河湖违法行为专项整治行动、河湖水域治安专项整治行动，由市级相关责任单位根据本单位职责独立开展或联合开展，并于2020年底形成总结上报市河长办。18个专项整治行动综合考虑了影响河流湖泊的水质、水量的因素，全方面保障河流和湖泊生态功能正常运转，保障河流和湖泊可持续性发展和利用。

（3）建立部门联动机制。水生态资源的保护和治理事关赣州全域经济及社会的发展，而河长制湖长制是水资源保护与治理的创新性举措，是赣州集结全市力量的重大举措。赣州高位推动河长制湖长制发展，划分市委组织部、市委宣传部、市委编办、市司法局、市发展改革委、市财政局、市人社局、市审计局、市统计局、市工业和信息化局、市交通运输局、市城管局、市住房和城乡建设局、市生态环境局、市市场监督管理局、市文广新旅局、市农业农村局、市商务局、市林业局、市水利局、市自然资源局、市科技局、市教育局、市卫生健康委、市公安局、市水文局、团市委、赣州港航分局28个市级单位为河长制责任单位，由市级河长统一指导，明确划分28个市级责任单位的职责，具体市级责任单位及职责如表3-6所示，以推动各市级责任单位各司其职、各负其责，协同推进河长制湖长制建设，推动形成"1+1>2"的合作共赢大好局面。按照规定，赣州河长制下辖的28个市级责任单位按照规定需确定1名责任人和1名联络人，分别由处级干部和科级干部担任。

表3-6　市级河长制责任单位具体职责

序号	市级责任单位	具体职责
1	市水利局	承担市河长办公室日常工作，开展水资源公报编制与发布、管理保护工作，指导河流水土保持，推进生态流域综合治理、节水型社会和水生态文明建设，组织河道采砂管理、水利工程建设、河流管理与保护，依法查处水事违法违规行为
2	市委组织部	将河长履职情况纳入相关领导干部年度考核述职
3	市委宣传部	河流管理保护的新闻宣传和舆论引导
4	市委编办	机构编制调整
5	市司法局	有关河流管理保护的立法工作
6	市发展改革委	河流管理保护规划编制、河流保护有关重点项目推进、河流保护产业布局和重大政策研究、生态保护补偿工作推进
7	市财政局	保障专项经费，督促和监督各县（市、区）河流管理保护资金落实
8	市人社局	河长制表彰奖励工作，将河长制年度重点任务纳入相关市直部门的年度绩效管理指标体系
9	市审计局	核实和编制自然资源资产审计内容，组织开展自然资源资产审计
10	市统计局	提供河长制有关统计资料，协助河长制工作考核
11	市工业和信息化局	工业园区集中式污水处理设施及配套管网建设、新型工业化与河流管理保护等
12	市交通运输局	港口码头污染防治
13	赣州港航分局	监管和推进航道整治及疏浚
14	市城市管理局	城市建成区范围内水域环境治理、黑臭水体整治和农村垃圾治理，城镇、集镇生活污水、垃圾处理设施的建设与监管
15	市住房和城乡建设局	配合相关河长制工作
16	市生态环境局	组织实施全市水污染防治工作方案，建立水质恶化倒查机制及市、县综合执法机制，排污口设置管理工作，开展入河工业污染源的调查执法和达标排放监管，定期发布全市地表水水质检测成果，监督指导农业面源污染、农村生活污水处理
17	市市场监督管理局	查处无照经营行为
18	市文广新旅局	指导和监督景区内河流管理保护
19	市农业农村局	指导畜禽粪污资源化利用，依法依规查处破坏渔业资源的行为，推进农药化肥减量治理

续表

序号	市级责任单位	具体职责
20	市林业局	推进生态公益林和水源涵养林建设，推进河流沿岸绿化和湿地保护与修复工作
21	市自然资源局	协调河流治理项目用地保障，指导和审查中心城区重大基础设施建设项目及参与县（市、区）跨行政区域的重大基础设施建设项目规划选址，对河流及水利工程进行确权登记，查处侵占蓝线的违法建设项目。负责监督矿产资源开发整治过程中矿山地质环境保护与恢复治理工作
22	市科技局	组织高新技术产业开发区节约用水、水资源保护、河流环境治理、水生态修复等科学研究和技术示范
23	市商务局	负责督促指导全市经济技术开发区完善污水集中处理设施
24	市教育局	指导和组织开展中小学生河流保护教育活动
25	市卫生健康委	指导和监督饮用水卫生监测和农村卫生改厕
26	市公安局	组织指导开展河流水域突出治安专项整治工作，依法打击影响河流水域的各类犯罪行为
27	市水文局	全市水功能区水质水量监测
28	团市委	组织"河小青"等青年志愿者活动

资料来源：《赣州市全面实施河长制工作方案（修订）》。

（4）健全河（湖）长制组织体系。为充分发挥河（湖）长制护水护河作用，赣州建立区域和流域相结合的河长制组织体系，全面压实护水护河护湖责任。按照区域，赣州市政府分级设立河长和湖长，在市、县（市、区）、乡（镇、街道）行政区域内设立总河长、副总河长，分别由行政区域内党委、政府主要领导担任，在村行政区域内设立河长和湖长，由村主任担任，从而构建市、县（市、区）、乡（镇、街道）、村四级的河长制组织体系。另外，根据在市、县（市、区）、乡（镇、街道）、村四级河长制湖长制组织体系，在市、县两级分别设立河长办公室，办公室主任由同级政府分管农口的领导担任。总河长和副总河长一同负责本行政区域内河（湖）长制的总督导和总调度工作，下辖各级河长负责组织领导相应行政区域内河流的管理和保护工作，包括但不限于水资源保护、水域岸线管理保护、水污染防治、水环境治理、水生态修复、执法监管等工作。

按照流域，赣州市政府设立河长。赣州水资源丰富、河流众多，全市流域面积 10 平方千米以上的河流有 1028 条，其中，市管河流多达 12 条，分别是赣江赣州段、贡江、章江、湘江、梅江、绵江、琴江、平江、濂江、桃江、上犹江、东江。市管河流分别设立市河长及河长，市河长通常由市委、市人大常委会、市政协、相关领导担任，河长由河流流经的县承担主要责任，分别由河流所经县（市、区）、乡（镇、街道）党委、政府及村级（社区）主要领导担任，若流经多个县，则由多个县以负责河流段协同负责和管辖。其他非市管河流如韩江、孤江、北江等河流由县按照区域和流域相结合的原则设立总河长、副总河长、河长，明确责任单位。

2. 扎实推进林长制

全面推行林长制是践行习近平"绿水青山就是金山银山"生态文明思想的内在需要，是推动我国生态文明建设高质量发展的强有力武器，是推动经济社会可持续发展的重要抓手。2018 年 11 月，赣州市委办公厅、市政府办公厅联合印发《关于全面推行林长制的实施意见》，宣布全市全面推行林长制，从压实五级林长主体责任、积极开展"护绿提质"行动、大力实施四大工程、创新林长制审核机制四大方面推动赣州林业的长远发展。

（1）压实五级林长主体责任。赣州坚持"分级负责"原则，全力构建市县乡村组五级林长体系，贯彻落实各级干部的森林资源保护责任。

五级林长体系主要体现在市县乡村组每一层级都设有相应的林长，均由相应层级的政府领导担任，高位推动林长制的有效落实。在市级层面，分别设立总林长、副总林长和林长，总林长和副总林长由市委和市政府主要领导担任，林长由市委、市人大常委会、市政府、市政协分管负责（对口联系）同志担任；在县级层面（含市、区）分别设立总林长、副总林长和林长，总林长和副总林长由党委和政府主要负责同志担任，林长由同级党委、人大常委会、政府、政协其他班子成员担任；在乡镇层面（含街道），分别设立林长和副林长，林长由党委主要负责同志担任，副林长由政府主要负责同志及其他班子成员担任，其中政府主要负责同志担任第一副林长；在村级层面（含社区），分别设立林长和副林长，林长由村（社区）党组织书记担任，副林长由其他村（社区）干部担任；在组级层面，设立林长，由村民小组组长担任。值得注意的是，五级林长制尽管等级分明，但并不是一个分割体，而是一个整体，市县两级在总林长的统一领导下，相互配合、相互协作，构建"上对下指导、监督、考核，下对上负责"的高效协同局面。

在积极构建五级林长制体系的前提下，赣州建立健全相关林长制，包括但不限于林长制市级会议、林长制信息通报、林长制市级督办、林长制工作考核办法、林长责任区域森林资源清单、林长巡林、林长工作提示、林长制黄牌警告提醒等多种方式，多方面压实各级林长的森林资源守护责任。林长制市级会议、林长制信息通报、林长制市级督办、林长制工作考核办法是最基本的四项配套，是构建权责明确、保障有力、监管严格、运行高效的林长制管理体系的重要基石。

其他相关配套制度为林长制的贯彻落实发挥了不可估量的重要作用。林长责任区域森林资源清单是一般有关单位定期和不定期地向林长呈报《林长责任区域森林资源清单》，为林长梳理责任区域内森林资源和湿地的基本情况，包括但不限于森林资源、湿地基本情况，包括森林覆盖率、活立木蓄积量、乔木林单位面积蓄积量、林地面积、森林面积、享受各级森林生态效益补偿的生态公益林和天然商品林面积、各类自然保护地面积、古树名木情况、湿地草地面积，协助林长全面了解责任区域的森林资源底数和重点难点问题。林长巡林主要着重贯彻落实中央、省级、市级等层面对于生态文明建设决策部署的情况和该区域内森林资源监管、保护以及产业发展等方面，推动林长采用集中巡林和日常巡林的方式主动了解责任区域内森林资源建设和保护过程中的重难点问题，并及时建立巡林台账管理，记录整理林长巡林工作情况以及巡林中发现的问题，保障有序整改相关问题，实现"该改就改"。林长工作提示是充分发挥林长办与同级林长的工作请示汇报作用及其同级部门的协调沟通作用，以林长办定期和不定期向林长呈报《林长工作提示单》的形式督促林长及时开展相关巡林、指导、协调工作，保障森林资源保护发展重点工作的推进。林长制黄牌警告提醒是对林长制重点工作落实不到位、产生重大影响或者造成严重后果的林长制责任区域实行亮黄牌处理，予以半年期限重点管理。

截至 2021 年 4 月 20 日，赣州已建立庞大的五级林长制队伍，五级林长累计57439 人，其中，市级林长 12 人，县级林长 274 人，乡级林长 2973 人，村级林长 10773 人，组级林长 43407 人。庞大的林长制队伍为解决森林资源建设与保护中遇到的重难点问题提供了强大的人才支撑。2021 年和 2019 年赣州林长制工作新闻发布会数据显示，截至 2021 年 4 月 20 日，赣州 12 位市级林长共开展巡林调研 59 次，274 位县级林长开展巡林调研 1055 次，2973 位乡级林长开展巡林调研 22503 次。市、县级林长通过巡林调研，协调解决森林资源保护发展热点难点问题 712 个。与 2019 年林长制建设情况对比，市级林长制增加 1 位，巡林调研次数增多 24 次，县级林长巡林调研次数增加 21657 次，协助解决森林资源保护发展问题 654 个。

（2）积极开展"护绿提质"行动。"护绿提质"活动是贯彻落实党中央、国务院和省、市生态文明建设决策部署的重要举措，有利于推动形成森林资源大保护、大发展的格局，有利于促进筑牢我国南方地区重要生态屏障，促进赣南老区实现高质量发展。

赣州开展"护绿提质"行动，以森林资源保护管理为重心，以野生动物保护、自然保护地管理、防灾救灾能力提升和山地林果规范化开发为重要抓手，积极推进森林资源效益的提升。

全面加强野生动物保护。认真学习宣传《全国人民代表大会常务委员会关于全面禁止非法野生动物交易、革除滥食野生动物陋习、切实保障人民群众生命健康安全的决定》和《江西省禁止非法交易和食用野生动物办法》，全面禁止野生动物非法交易，严格打压非法捕猎、交易、运输、食用等违法行为，提升人民群众对于野生动物的保护意识，加强野生动物资源的保护。

强化自然保护地管理。积极推进"绿盾 2017""绿盾 2018"等自然保护区监督检查专项行动，及时督察和整改专项行动反馈问题，实现自然保护地规范化管理。

提升防灾救灾能力。一方面，强化野外火源管理，推进生物防火隔离带和东江源森林火灾高风险综合治理项目建设以及重点火险区综合治理二期工程建设项目验收，坚决打好防火持久战；另一方面，积极开展野生动物疫源疫病防控，坚决打赢松材线虫病防控歼灭战。

规范山地林果开发。要求合理规划选址，规范有序开发，科学优化监督检查机制，严格依法管理、执法打压，规范脐橙、油茶等林果开发管理，维护森林资源安全。

（3）大力实施四大工程。实施森林资源保护工程、森林质量提升工程、绿色产业富民工程和生态保护能力提升工程是赣州守住生态保护红线的重要途径，是赣州全面推行林长制的重要抓手。

第一，大力实施森林资源保护工程。森林资源保护工程着重关注现有森林资源的保护工作，确保现有森林资源范围不缩小、质量不下降。保护工程通常采用严格落实森林资源保护管理、管控林业生态保护红线两个主要方式进行。严格落实森林资源保护管理包括但不限于严格生态公益林、天然林、野生动植物和古树名木保护管理及推动公益林建设、严控野外火源，加大林业生物灾害防控力度和提升综合防控能力等有效措施；生态保护线包括但不限于严格执行采伐限额管理，全面停止天然林商业性采伐，杜绝未批先占、少批多占等行为。

第二，大力实施森林质量提升工程。森林质量提升工程着重关注推进森林提质增效，以森林资源质量的有效提升实现赣州森林资源的可持续利用。赣州森林资源丰富，但受历史遗留问题、自然灾害以及过去的粗放式生产的经营方式影响，千万亩优质森林资源退化为低质低效林。因此，赣州实施的森林质量提升工程以低质低效林改造为抓手，重点关注重点区域森林质量提升和生态宜居乡村绿化美化建设，积极完成低质低效林改造建设任务、森林"四化"建设任务、森林抚育建设任务和人工造林任务。赣州新闻广播和赣州市委宣传部数据显示，2018 年，赣州累计改造 113.28 万亩低质低效林，有效带动了全市 20 万农民增收。2020 年，在赣州市、县各级林长的以身作则下，5 万多名市民参与义务植树，累计种植树木 22 万株，并累计完成低质低效林改造 116.94 万亩、人工造林 24.01 万亩、重点区域森林"四化"建设 3.22 万亩，分别占 2020 年计划任务的 106.31%、258.90% 和 137.00%。除此之外，赣州于 2020 年成功打造低质低效林改造示范基地。另外，赣州市政府还积极关注森林资源总量的增加和乡村风景林建设，积极组织各市区、各县开展森林乡村、森林康养基地创建，积极申报省级、国家级森林乡村和森林康养基地。

第三，大力实施绿色产业富民工程。绿色产业富民工程是赣州深入贯彻习近平"绿水青山就是金山银山"生态文明思想的重要实践，是推动全市林业产业向规模化、集约化方向发展的重要举措。一是赣州基于丰富的绿色生态资源，充分发挥赣州人民的勤劳致富精神力量，大力发展油茶、竹、森林药材与香精香料、森林食品、苗木花卉、森林景观利用六大林下经济产业，以此推动资源变资产，大力推动农民自主经营，发展林场、林业股份合作社，促进资产变资本。例如，2020 年，赣州市统筹推进森林药材、毛竹等林下经济产业发展，新增林下经济发展面积 94.50 万亩，累计发展面积已达 1332.00 万余亩；大力加强森林景观利用，强力推进森林生态旅游产业，组织承办 2020 江西森林旅游节大余主会场相关活动和粤港澳大湾区旅行社赣南老区采风行活动。2020 年 1~10 月，赣州生态森林旅游累计接待游客总人数 3223 万人次，实现森林旅游营业收入 331.82 亿元。二是随着时代的进步，科学技术不断的革新，赣州市政府在充分发挥赣州人民主观能动性的前提下，发挥科技对森林资源保护和林业经济发展的重要作用，加快发展和培育高科技、高附加值、低消耗资源的林产品、林副产品精深加工产业。

第四，大力实施生态保护能力提升工程。生态保护能力提升工程注重提升森林资源的保护能力，保障森林资源的效益，增强森林资源的可持续发展性。生态保护能力提升工程以源头管理为抓手，创新源头管理机制，推进森林资源源头管理实现网格化、规范化和信息化。

网格化主要体现在两个方面：一是构建森林资源网格化管理体系，着力构建"村级林长+组级林长和乡镇监管员+护林员（+森林公安警员）"为主体的"两长两员（三员）"森林资源源头管理架构，并由乡（镇）人民政府统一管理。二是明确建设适当规模的森林资源管护网格，合理划分护林员管护责任范围，保证每名护林员管护范围在3000~5000亩，确保管护的质量和效率。

规范化体现在三个方面：一是以县级为单位，实现四个"统一"管理，分别是配备统一巡护装备、建立统一巡护职责、健全统一管理机制和制定统一绩效考核机制。二是完善森林资源保护机制，建立护林队长管理机制，择优选拔护林队长，分片履行监督管理护林员职责，督促护林员积极护林，建立护林员包片联系责任区村民工作机制，将村民纳入森林保护主体范围，打通群众合理利用森林资源进行生产生活诉求的上传渠道以及及时发现、制止和上报的森林资源破坏渠道，提升村民森林保护意识，有效地提高森林资源保护的质量。三是规范基层林业机构建设和规范保障护林员待遇，将乡镇林管站等人员工资和工作经费纳入同级财政预算管理，明确要求县级财政每月应至少保障护林员工资待遇为800元。

信息化建设主要是充分发挥科学技术的作用，建立健全巡护信息系统，推动日常巡林信息化水平的提升；推动"互联网+"与森林资源保护的融合，建设实时监控网络。

（4）创新林长制审核机制。林长制能不能发挥作用及其发挥作用程度的关键在于审核机制是否科学有效。赣州高度重视建立健全科学有效的林长制审核机制，结合省级要求和市级现状，科学制定市级考核评分方法，充分发挥林长制考核指挥棒、风向标的作用，反向推动林长制的贯彻落实。

从创新设立基层林业治理体系和能力建设、创新设立支持村集体经济发展考核、创新设立林长制工作示范基地建设考核、创新建立森林督查与林长履职挂钩四个方面高位推动林长制审核机制的创新。一是创新设立基层林业治理体系和能力建设考核，结合新情况探索适合本地发展的基层林业工作机制，将审批（核）服务率、资源破坏率、违法案件查处率及未查处率纳入基层林业治理体系和能力建设考核指标，建立健全基层林业治理体系，提升基层林业治理能力。二是创新设立支持村集体经济发展考核，以农村集体为基本单位，多举措推动村集体公益林经营及商品林抚育，大力发展林下经济，协同国有林场开展场外造林。例如，信丰县积极开展场外造林，以场外造林补助资金为股本，与集体、个人林地合作进行人工造林和低质低效林改造，成功场外造林 2.55 万亩，使用项目资金 1303.8 万元，不仅壮大了国有林场的经济实力，还大幅度增加了村集体组织和村民个人收入。三是创新设立林长制工作示范基地建设考核，将林长制基地建设与林长制履职挂钩。林长制基地类型丰富，包括但不限于国有林场场外造林、低质低效林改造、森林"四化"、低产油茶林改造、林下中药材、森林康养、森林乡村，各县（市、区）根据实际至少建设 4 种林长制基地，其中每个类型基地都应具备一定规模和一定示范效应。林长制工作示范基地建设考核注重以林长制工作示范基地为中心，辐射带动、激发林业产业发展活力，打通"绿水青山"和"金山银山"的转换通道。例如，南康区投资 2140 万元，打造以万林高产油茶基地为中心的林长制工作示范基地，发展油茶产业 7850 亩，辐射带动周边乡镇农户 1600 户。四是创新建立森林督查与林长履职挂钩机制，赣州以年为单位，开展林长制年度审核，并将责任区域内巡林情况及森林督查情况以及森林资源破坏问题整改情况等纳入林长制森林资源保护发展情况考核体系，督促各级林长积极巡林、主动督查、及时发现问题，积极有效地保护责任区域内的森林资源。

强化林长办建设，创新林长办约谈工作。林长办是贯彻落实林长制工作的基础性组织机构，承担森林资源动态监测、评价以及编制林地保护利用规划等职能，对各级林长承担着监督管理的作用。赣州注重打造"四有四优"林长办。四有分别是有专职工作人员、有专门工作经费、有专属办公场所、有专业工作，四优分别是优化事件处理、优化台账管理、优化监管平台、优化管理运行。赣州创新化开展林长办主任约谈工作，未按时按质履职或未完成林长制重要任务以致造成重大影响或严重后果的，由林长办主任提醒下一级林长办主任、监管员或村级林长进行约谈。2020 年 6 月 4 日，市林长办约谈提醒林长制建设中森林督察变化图斑增长较快的于都县、宁都县、会昌县以及下辖的 8 个乡（镇）林长办主任，督促三县及其下辖的林长办主任积极作为、认真作为，加大力度整改森林资源破坏问题。

三、事后补救性制度

（一）严格落实生态环境损害赔偿制度

生态环境损害赔偿是生态文明体系的重要组成部分，是生态环境损害后至关重要的保护和修复环节，是生态环境质量由低转高的重要突破点。江西省和赣州市政府高度重视生态环境损害赔偿制度建设，2018年12月，以江西省生态环境损害赔偿改革工作领导小组办公室为牵头单位，统一印发《江西省生态环境损害调查办法（试行）》《江西省生态环境损害赔偿磋商办法（试行）》《江西省生态环境损害修复监督管理办法（试行）》《江西省生态环境损害赔偿资金管理暂行办法》。在省政府的领导下，赣州市高度重视生态环境损害赔偿工作，将生态环境损害赔偿制度改革列为生态工作重点内容来推动，一方面建立健全生态环境损害赔偿制度改革工作机制，另一方面制定《赣州市生态环境损害赔偿制度改革实施方案（赣市办发〔2020〕13号）》《赣州市生态环境损害赔偿资金管理暂行办法》等文件推进本市的生态环境事后补救性制度建设。

在江西省政府的领导下，赣州市生态环境损害赔偿制度改革主要从科学开展损害调查、平等开展赔偿磋商、科学开展修复监督以及专项管理损害赔偿资金四个方面推动。

（1）规范组织生态环境损害调查。没有调查就没有发言权。只有充分、全面了解生态环境损害事件发生的时间、地点、起因、经过和其损害程度及影响范围，才能有效地助推生态环境损害赔偿工作的开展。

生态环境损害调查按照依法依规、科学合理、客观公正、及时全面的原则推进，实行与生态环境损害责任追究同步的调查程序，在属地约束下，实行"设区市—县"的分级分类调查。调查内容应当包括基线水平、污染源、环境质量、生物多样化、生态系统、已完工或正在部署的生态环境保护、恢复举措及相关效果等信息，确保调查结果证据充足。调查主要有初步调查和系统调查两种类别，一般先进行初步调查，后根据需要选择是否进行系统调查。初步调查主要是通过现场勘探、现场信息数据收集与现场人员访谈，初步判断和分析生态环境损害的范围和程度；系统调查主要是充分利用监测分析、问卷调查等科学工具，开展科学、规范调查，了解污染环境或破坏生态行为与生态环境损害之间的影响路径和机制。调查工作经费列属生态环境损害行为主体的赔偿金范围，若该行为主体无法履行赔偿义务，则将由事发地的人民政府代为赔付。调查结果应当以报告形式进行陈述，报告内容主要包括三部分：第一部分是损害事件的基本信息，包括但不限于时间、地点、人物、起因、经过、损害程度、损害影响范围并附上相应的证据材料；第二部分是明确和量化损害事件责任并附上生态环境损害鉴定评估报告；第三部分是损害事件发生缘由及后果，提出调查结论和环境修复建议。

（2）平等开展生态环境损害赔偿磋商。生态环境损害赔偿磋商是指赔偿权利人在生态环境损害调查、鉴定评估、修复方案编制等工作的基础上，综合考虑修复方案技术可行性、成本效益最优化、赔偿义务人赔偿能力、治理能力、第三方治理可行性等情况，与赔偿义务人就损害事实与程度、修复方式、修复启动时间与期限、赔偿的责任承担方式与期限等进行平等协商，达成赔偿协议的一种工作方式。[①]

生态环境损害赔偿磋商坚持自愿、合法、公平、公开、高效和风险最低的原则促使生态环境损害赔偿权利人、义务人、第三人以及受邀磋商人等相关主体开展赔偿磋商。其中，江西生态环境损害赔偿权利人是指江西及各设区市人民政府或其指定的生态环境、自然资源等负有生态环境保护监管职责的职能部门，若涉事损害赔偿案件的相关职能部门有2个及以上的，应当按照时间顺序选择，由最早发现的部门与相关部门协商，协商不成则上报同级部门，由同级部门指定某一具体职能部门全权负责该生态环境损害赔偿事宜。赔偿义务人是指违反法律法规、造成生态环境损害的单位或个人。生态环境损害第三人是指与该生态环境损害事件有相关利益关系的个人、其他生产经营者及企事业单位。受邀磋商人通常是生态环境损害赔偿权利人邀请的在生态环境保护与建设方面具有影响力的职能部门、相关机构、专家以及个人。

生态环境损害赔偿磋商程序应当启动的情形包括但不限于：赔偿权利人和义务人共同达成磋商意向的、生态环境损害调查已完成的、生态环境损害鉴定或评估报告已生成的、生态修复方案或者替代修复方案已初步完成编制的。一般来说，磋商程序通常有两种类型：一种是涉案金额小、争议不大、不需要进行生态环境损害鉴定评估的案件，这些案件一般采用简单磋商程序；另一种是金额较大、案情较为复杂或者存在较大争议的案件，这些案件一般采用普通磋商程序。普通磋商比简单磋商案件情况和程序都复杂。简单磋商程序是指权利人和义务人对案件事实、责任划分、赔偿方案、赔偿额度均已达成一致，双方共同签订《生态环境损害赔偿协议书》并留存相关单位归档。普通磋商程序分为两个阶段：第一个阶段是磋商发起，磋商主管部门应当在磋商会议前5个工作日内向义务人送达《生态环境损害赔偿建议书》，并提前选定磋商会议主持人、记录员保障磋商会议的平稳召开；第二个阶段是磋商会议的正式召开，应当按照会议既定的流程完成会议，最终由权利人、义务人达成磋商协议，签署《生态环境损害赔偿协议书》并进行会议签字。

---

① 参见《江西省生态环境损害赔偿磋商办法（试行）》。

对磋商达成一致的赔偿协议需遵循相关规定向人民法院申请司法确认，以保障签署的赔偿协议的有效性、合规性及合法性，经司法确认后的赔偿协议，如果义务人不履行或不完全履行协议义务时，那么赔偿权利人或其指定部门可直接向人民法院申请强制执行。如果磋商未达成一致或者赔偿协议经司法确认前赔偿人反悔拒不履行赔偿协议的，那么赔偿权利人应及时向人民法院提起生态环境损害赔偿民事诉讼。特别注意的是，义务人承担生态环境损害赔偿责任的同时，不能免除应当承担的行政、刑事法律责任，但可纳入减轻、消除违法行为清单。

截至 2021 年底，赣州市生态环境损害赔偿磋商取得重大进展。2020 年 7 月 13 日，赣州市生态环境损害赔偿制度改革领导小组委托石城县林业局作为牵头部门组织开展生态环境损害赔偿磋商工作，促成石城县林业局与赔偿义务人刘某岗、陈某波、赖某腾、黄某贤四人达成生态环境损害赔偿诉前磋商协议，刘某岗等四人自愿共同承担生态损害赔偿费用 38184.05 元，并于当日履行了赔偿义务。2021 年 3 月，赣州市赣县区人民检察院作为法律监督机关，积极为该区首例生态环境损害赔偿案件磋商提供司法保障，依法支持环境赔偿权利人赣州市人民政府指定的赣州市赣县生态环境局，与赔偿义务人陈某进行磋商，达成由陈某支付 93860 元土壤损害修复费的赔偿协议。2021 年 10 月 29 日，蓉江新区生态环境分局先后组织两家企业就排放污染物，污染环境问题召开生态环境损害赔偿磋商会议，就生态损害事实、程度、赔偿责任及承担方式等焦点问题达成一致，并现场签订了《生态环境损害赔偿磋商协议》，并按规定缴清了赔偿金。

（3）科学开展生态环境损害修复监督。生态环境损害修复项目是指赔偿义务人、赔偿义务人委托的第三方组织或县级及以上政府作为修复项目责任单位，依据磋商和诉讼要求在规定时间内开展的生态环境修复项目。修复项目通常是在生态环境遭受破坏和损害的情况下开展的，应当坚持科学修复的原则，确保全过程可控、可视，以促进生态环境可持续发展。

在项目施工前，修复项目责任单位务必提前制定修复方案和报备，向监管管理部门提交生态环境修复方案、施工方案、施工单位性质、第三方修复合同复印件、项目实施过程中信息公开方式、施工过程中环境风险应急处置方案等相关材料以备案。在项目施工中，修复项目责任单位务必加强对项目的监督监管，确保修复工程资金实现专款专用，并对项目过程中修复方案编制、实施等涉及公共利益的重大事项向社会公示，尊重和保障公众对于生态环境损害修复工作的知情权和监督权。在项目完工后，修复项目责任单位应当积极组织项目修复绩效评估工作的开展，对修复工程质量、建设内容、修复效果、修复目标及资金使用等事项进行全方面的评估，并须在评估的基础上向监督管理部门提交项目修复绩效评估报告及专家评审意见、项目资金使用情况报告以及其他相关资料以便监督管理部门开展监督检查和向相关人民法院和人民检察院汇报相关执行情况。

（4）专项管理生态环境损害赔偿资金。生态环境损害赔偿资金是指生态环境损害事件发生后，根据生态环境损害赔偿磋商所达成的赔偿协议或人民法院判决、调解生效的法律文书，由造成生态环境损害的赔偿义务人缴纳的用于支付生态环境损害应急处置、生态环境修复、生态环境受到损害至恢复期间服务功能的减损、生态环境功能永久性损害造成的损失以及生态环境损害赔偿调查、鉴定评估、生态环境损害修复方案编制、修复后评估、诉讼等相关费用的资金。

生态环境损害赔偿资金主要有四种来源：一是权利人和义务人共同签订的《生态环境损害赔偿协议书》中规定的赔偿资金；二是在环境公益诉讼、生态环境损害赔偿民事诉讼等诉讼案件中，经人民法院调解生效的法律文书确定的生态环境损害赔偿资金；三是生态环境损害赔偿义务人自愿支付的赔偿资金；四是其他用于修复的赔偿资金。

对于不同来源的生态环境损害赔偿资金，实行分类管理的原则。上述由生态环境损害赔偿磋商协议确定的生态环境损害赔偿资金，将经由生态环境损害地生态环境、自然资源、住房城乡建设等生态环境保护行政主管部门进行执收；由在诉讼环节经人民法院文书判决的生态环境损害赔偿金，将经由人民法院进行执收。虽然不同类别的生态环境损害赔偿金由不同的主体进行执收，但是其最终都将列属于政府非税收入，纳入一般公共预算管理，将由各级财政部门统筹损害地的生态环境损害修复及相关工作。

2021 年赣州市财政局联合生态环境局、自然资源局等 10 部门共同印发的《赣州市生态环境损害赔偿资金管理暂行办法》规定，生态环境损害赔偿资金严格按照"申请—审核—拨付—监管—报备"的程序进行使用，并主要用于生态环境损害应急处置、调查、鉴定评估、修复或可替代修复、修复方案编制、修复后评估等方面①。

（二）完善自然资源资产离任审计制度

离任审计最早起源于 1998 年的山东。受"重经济、轻生态"的视角局限，之前主要考察和审计的是领导干部离任的经济责任。随着生态环境的保护越发凸

---

① 参见《江西省生态环境损害赔偿资金管理暂行办法》（赣环赔改办字〔2018〕1 号）及《赣州市生态环境损害赔偿资金管理暂行办法》。

显，其重要性不断被拔高，自然资源资产离任审计应运而生，其内涵也随之不断明确为"国家为了监督各级党政机关自然资源资产的受托责任，在相关负责人离开现在所担任的职务时，对其在资源环境政策的执行、自然资源资产专项资金的利用、自然资源资产管理的绩效等方面的政绩开展相关审查，以加快我国生态文明建设"。①

领导干部自然资源资产离任审计是一项中央政府高位推动、自下而上开展的重大创新。2013 年党的十八届三中全会提出领导干部自然资源资产离任审计，并于 2014 年开始试点。2015 年《开展领导干部自然资源资产离任审计试点方案》正式出台，领导干部自然资源资产审计正式开展。随着 2017 年出台的《领导干部自然资源资产离任审计规定（试行）》，领导干部自然资源资产审计正式由部分试点到全面推行。截至目前，领导干部自然资源资产审计历经长达 8 年的时间和实践沉淀，早已朝着规范化、科学化的方向发展，其主要体现在以下五个方面：

（1）健全离任审计保障机制。生态文明建设是否能真正落到实处、生态文明体制改革的"四梁八柱"是否能平稳运行均与领导干部密切相关。因此，落实生态文明责任追究，实行自然资源资产离任审计是大势所趋。自然资源资产离任审计的有效落实离不开政府的大力支持和离任审计领导小组的组织建构，要建立健全强有力的离任审计保障机制。

中央出台实施了一系列政策文件推动离任审计保障机制的建设，为江西离任审计保障机制的建设提供了参考和指导性作用。2016 年，《国家生态试验区（江西）实施方案》出台，江西被纳入首批国家生态文明建设试验区。《国家生态试验区（江西）实施方案》明确指出，开展领导干部自然资源离任审计，加强审计结果运用，将审计结果与领导干部的考核、任免、奖惩紧密衔接。2017 年 1 月，江西省委、省政府出台了《关于开展领导干部自然资源资产离任审计的实施意见》，明确规定了领导干部自然资源资产审计的审计对象、审计内容、审计责任评价以及规范了审计工作的开展。2017 年 6 月，中共中央办公厅、国务院办公厅印发《领导干部自然资源资产离任审计规定（试行）》，该规定明确坚持依法审计、问题导向、客观求实、鼓励创新、推动改革五大原则开展领导干部自然资源资产离任审计工作，并且注重问题早发现、早整改。

---

① 王佳伟. 我国自然资源资产离任审计问题的探讨［D］. 南昌：江西财经大学硕士学位论文，2017.

2018年5月，江西省委、省政府出台《关于进一步加强领导干部自然资源资产离任审计的意见》，进一步夯实全省范围内全面、深入、持续推进领导干部自然资源资产离任审计保障机制。2019年，江西省第十三届人民代表大会常务委员会第十五次会议顺利通过《江西省生态文明建设促进条例》，该条例的第十五条明确规定"县级以上人民政府应当加强对领导干部自然资源资产离任审计工作的组织领导，建立完善领导干部自然资源资产离任审计制度，并将审计结果作为领导干部考核、任免、奖惩的重要依据"。随着该条例于2020年1月1日起正式施行，标志着领导干部自然资源资产离任审计列入地方性法规，也标志着江西充分发挥了审计监督职能作用，探索创新具有江西特色的审计思路，扎实推进领导干部自然资源资产离任审计，还标志着离任审计保障机制的进一步完善，已由中央部署延伸至上下一体共同保障的机制。

省级政府积极作为、主动作为，主动建构离任审计领导小组，大力贯彻落实领导干部自然资源资产离任审计，为离任审计夯实组织基础。2019年1月，江西成立省领导干部自然资源资产离任审计工作领导小组，由省长任组长、常务副省长及3名副省长任副组长，省政府办、发展改革委、工业和信息化厅、财政厅、自然资源厅、生态环境厅、住房城乡建设厅、水利厅、农业农村厅、审计厅、林业局、统计局12个相关省级主管部门任成员单位。领导小组成立后，由组长和副组长共同发挥"指挥棒"作用，带领12个相关成员单位共同配合，积极推动各部门数据共建共享，组建专家团队提供技术、政策支持，实现离任审计工作和政府监督的常态化发展。

（2）紧抓离任审计重点工作。2017年，全国推行领导干部自然资源资产离任审计，江西积极响应中央号召，紧抓离任审计中的重点"人"、重点"事"、重点"资金"，推动对领导干部履责情况进行规范的、科学的审计评价并界定相关责任。

离任审计的三大重点分别是离任审计中的人、事、物。重点"人"也即离任审计的审计对象为任职年限在1年以上、离任时间在2年以内的市、县（区）、乡（镇）党委和政府主要领导干部，也可以根据领导干部任职实际情况，探索开展任中审计，科学客观评价领导干部对生态环境保护和自然资源资产管理的履责情况。重点"事"表示的是离任审计的内容是领导干部在生态保护约束性指标、生态红线考核指标及有关目标任务、有关法律法规政策措施、当地自然资源资产开发利用保护、重大损毁自然资源资产和重大生态破坏、环境污染事件处置等履责情况。在审计内容方面，审计应结合当地资源差异情况，突出重点，以当地代表性、典型性、问题性突出的自然资源为被审计对象，依法审计。审计责任评价是审计工作人员根据审计问题对被审计对象依法追责的过程，并且在追责的同时要积极建立健全反馈机制，完善审计情况通报、公示、整改、结果运用等，建立离任审计保障机制。重点"资金"表示的是应重点关注与自然资源资产开发利用和生态环境保护相关资金的征收、管理、分配使用和效果情况以及相关重大项目建设运营情况，揭示在生态文明建设中存在的不作为、乱作为、工程建设缓慢、挤占挪用专项资金、损失浪费、以权谋私等违纪违法问题。

（3）科学创新审计方式方法。自然资源资产保护不仅要建立健全领导小组机构，还要讲究科学的方式方法，要以创新的态度引领审计方式方法的革新，推动离任审计的高效落实。基于现行离任审计存在的审计力量和专业知识不足以及方式方法较为落后等问题，江西省审计厅积极创新，不断革新审计的组织方式和审计的工作方法。

在审计组织方式方面，江西坚持统一领导、分工协作的离任审计原则，坚持由省厅统一制定全省范围内领导干部自然资源资产离任审计工作方案，在给予各级适度自主权的前提下制定省、市、县三级审计方案框架，保证各级既能朝同一大方向同步展开审计，又能适当地结合各地特点，有针对性地反映各地问题，以便高效进行开展整改。

在审计方法方面，江西坚持科学审计，充分运用省厅大数据审计资源优势，统一采集各类数据并进行分类、处理，建立大数据中心，并基于采集的数据，聘请专业数据团队，制定数据分析方案，建立审计模型，统一采集数据、下发疑点，以不断提高三级审计机关的审计效率和效能。

（4）建立审计评价指标体系。2019 年 8 月，江西省审计厅通过组织调研，在广泛听取多部门及其专家意见的基础上，出台了《江西省领导干部自然资源资产离任审计评价指标体系（试行）》。该指标体系的建设结合江西地域特色，力求简单规范，统一评价标准，解决不会评、评价难、评价结果因人而异等突出问题。

《江西省领导干部自然资源资产离任审计评价指标体系（试行）》综合考虑，注重评价指标的选取和评价方法的选择，力求建设规范的、标准的评价体系。一是江西省审计厅坚持党政同责，严格规范审计对象和审计考察范围，构建透明的、标准的指标体系。审计对象主要是市厅级、县（区）级和乡镇级三个层面的党政主要领导干部，审计考察范围主要是自然资源、环境质量、绿色发展等涉及生态保护的多个方面。二是江西省审计厅注重科学选取审计评价方法，综合选用定量分析与定性分析评价相结合的方式方法。评价上既严格按照指标考核，根据考核标准打分，指标完成越好，分值则越高，也注重建设奖惩机制，若审计时发现领导在生态保护方面有突出贡献，则给予奖励分；若发现存在因领导不作为或乱作为对生态环境造成明显破坏，则给予扣分和警告处理。

（5）综合运用审计结果。审计成果充分运用是审计目标实现的最终体现，江西省审计厅努力探索创新审计成果运用新思路，做好领导干部离任审计"后半篇文章"。

创新审计整改，积极争取省级领导人的关注与支持。首先，江西省审计厅积极搭建与省政府、省人大的沟通、汇报渠道，专门在年度审计报告中开设资源环境审计汇报板块，提升审计厅工作的透明度，以便省人大、省政府增加对审计工作的了解。其次，江西省政府、省人大高度重视和关注各部门的离任审计工作情况，其主要体现在以下两个方面：一是省委书记、省长积极关注审计工作，多次批示相关的审计报告并督促相关审计贯彻落实；二是省人大以及省人大常委会积极进行相关部门的督察，开展相关审计、整改情况的满意度调查，以调查、督查等形式推动审计问题的解决。

创新考核。省审计厅在构建全过程的生态文明绩效考核和责任追究体系中，紧抓审计的"牛鼻子"，设置关键指标和任务关键点，积极对接各生态文明成员单位，将审计结果纳入领导干部的各种考核内容，通过指标约束，督促领导干部积极作为，尽职尽责开展生态保护工作。

（三）健全生态环境保护责任追究

1. 生态环境损害责任追究制

生态环境损害责任追究制是生态文明体制建设的重要组成部分。2017 年，江西省出台《江西省党政领导干部生态环境损害责任追究实施细则（试行）》。该细则明确规定党政领导干部生态环境损害责任追究，坚持党政同责、一岗双责、联动追责、主体追责、终身追究和依法依规、客观公正、科学认定、权责一致的原则。该细则科学释义生态环境损害和党政领导干部生态损害责任，表示生态环境损害是指因污染环境、破坏生态导致的大气、水、土壤等环境要素与植物、动物、微生物等生物要素的不利改变和上述要素构成的生态系统功能的退化，以及由此造成的人身伤害和财产损失；表示党政领导干部生态环境损害责任，是指党政领导干部不履行或者不正确履行职责，造成或者可能造成生态环境损害，或者造成因生态环境损害导致的群体性事件，或者未完成中央和上级党委、政府下达的生态环境和资源保护约束性目标任务的责任，厘清生态环境损害责任追究界限。除此之外，该细则还从科学公正追责、坚持分级追责、规范追责程序以及明确各级政府、部门职责四个方面推动江西生态环境损害责任追究制朝着标准化、规范化、体系化方向发展。

（1）科学公正追责。科学公正是细则制定的重要守则，是生态环境损害责任追究制建立健全的重要"天平"，奠定了生态环境损害责任追究制的基石。《江西省党政领导干部生态环境损害责任追究实施细则（试行）》主要从两方面督促科学公正追责的贯彻落实：一是明确规定对领导干部实行生态环境损害责任终身追究制，树立领导干部权责一致意识，规范领导干部环境决策行为。只要发现领导干部存在"违背科学发展要求，严重破坏和损害生态环境"的行为，将严格追责，不受其职务、地位限制，将终身追责，不受调离、提拔或者退休的约束，从源头上熄灭领导干部的侥幸心理。二是明确生态环境损害追责程度、追责情形、追责形式，促使生态环境损害责任追究规范化、透明化。

整体而言，《江西省党政领导干部生态环境损害责任追究实施细则（试行）》将责任追究程度分为应当追究责任，应当从重追究责任和从轻、减轻或免于追究责任，并详细规定了三者相应的责任追究情形。应当追究责任的情形分门别类，主要划分为4大类27种情形。其中，第一类主要追责相关党委和政府主要领导成员，涉及的是相关党委和政府主要领导成员因决策不力或决策与中央和省委、省政府对于生态文明建设的规划部署相违背导致的生态环境损害，含10种情形。第二类主要追责相关党委和政府有关领导成员，涉及的是相关党委和政府有关领导成员随意作为、不当履职导致的生态环境损害，含5种情形。第三类主要追责相关党委和政府有关工作部门领导成员，涉及的是相关党委和政府有关工作部门领导成员消极作为或乱作为导致的生态环境损害，含7种情形。第四类主要追责党政领导干部，涉及的是有关党政领导干部不当利用职务影响，违反法律法规等行为，含5种情形。应当从重追究责任主要涉及的是虚假隐瞒、打压检举等行为，分别是干扰、阻碍追究责任调查，弄虚作假、隐瞒事实真相，对检举人、控告人打击、报复、陷害以及其他应当从重的情形。从轻、减轻或者免于追究责任主要涉及的是因不可抗力或者及时改正但仍然对生态环境造成一定损害的行为，含5种情形。应当追究责任、应当从重追究责任以及从轻、减轻或者免于追究责任的追究对象、追究情形如表3-7所示。

表 3-7　生态环境损害追责程度、对象、情形

追责程度	追责对象	追责情形
应当追责	相关党委和政府主要领导成员	（1）贯彻落实中央和省委、省政府关于生态文明建设的决策部署不力，致使本地生态环境和资源问题突出，或者任期内本地生态环境状况指数（EI）下降9以上等生态环境状况明显恶化的； （2）制定的政策或者作出的决策与生态环境和资源方面的政策、法律法规相违背的； （3）违反主体功能区定位或者突破资源环境生态红线、城镇开发边界，不顾资源环境承载能力盲目决策造成严重后果的； （4）作出的决策严重违反城乡、土地利用、生态环境和资源保护等规划的； （5）地方和部门之间在生态环境和资源保护协作方面推诿扯皮，主要领导成员不担当、不作为，造成严重后果的； （6）本地发生主要领导成员职责范围内生态环境损害事件，或者对生态环境损害事件处置不力的； （7）对公益诉讼裁决和资源环境保护督察整改要求执行不力，未分解落实责任、未按照规定配套制定并落实相关制度、未按时落实裁决或者整改要求的； （8）本地发生主要领导成员职责范围内的因生态环境损害导致的一般以上群体性事件的； （9）因落实不力，未完成中央和上级党委、政府下达的生态环境和资源保护约束性目标任务的； （10）其他应当追究责任的情形
	相关党委和政府有关领导成员	（1）指使、授意或者放任分管部门对不符合主体功能区定位或者生态环境和资源方面政策、法律法规的建设项目审批（核准）、建设或者投产（使用）的； （2）对分管部门违反生态环境和资源方面政策、法律法规以及不履职、不当履职、违法履职行为，监管失察、制止不力甚至包庇纵容的； （3）未正确履行职责，导致应当依法由政府责令停业、关闭的严重污染环境的企业事业单位或者其他生产经营者未停业、关闭的，或者支持、放任已被责令停业、关闭的严重污染环境的企业事业单位或者其他生产经营者恢复生产、经营的； （4）对生态环境损害事件组织查处不力的； （5）其他应当追究责任的情形

续表

追责程度	追责对象	追责情形
应当追责	相关党委和政府有关工作部门领导成员	（1）制定的规定或者采取的措施与生态环境和资源方面政策、法律法规相违背的； （2）批准开发利用规划或者进行项目审批（核准）违反生态环境和资源方面政策、法律法规的； （3）执行生态环境和资源方面政策、法律法规不力，不按规定对执行情况进行监督检查，或者在监督检查中敷衍塞责的； （4）对发现以及群众举报、媒体曝光的严重破坏生态环境和资源的问题，应当受理而不受理、应当查处而不查处、查处不及时、查处不到位或者避重就轻处理等行为的； （5）不按规定报告、通报或者公开环境污染和生态破坏（灾害）事件信息的； （6）对应当移送有关机关处理的生态环境和资源方面的违纪违法案件线索不按规定移送的； （7）其他应当追究责任的情形
应当追责	党政领导干部	（1）限制、干扰、阻碍生态环境和资源监管执法工作的； （2）干预司法活动，插手生态环境和资源方面具体司法案件处理的； （3）干预、插手建设项目，致使不符合生态环境和资源方面政策、法律法规的建设项目得以审批（核准）、建设或者投产（使用）的； （4）指使篡改、伪造、隐瞒生态环境和资源方面调查和监测数据的； （5）其他应当追究责任的情形
应当从重追责	党政领导干部	（1）干扰、阻碍追究责任调查的； （2）弄虚作假、隐瞒事实真相的； （3）对检举人、控告人打击、报复、陷害的； （4）其他应当从重的情形
从轻、减轻或免于追责	党政领导干部	（1）制定或者执行造成生态环境损害决策过程中，明确提出反对意见或者如实反映情况的； （2）环境污染或者生态破坏事件发生后，积极采取措施，有效减轻生态环境损害的； （3）对破坏生态环境和资源的行为，依法履行职责并及时查处，仍然不能避免对生态环境和资源造成损害的； （4）由于不可抗拒的原因，依法履行职责并及时采取措施，仍然不能避免对生态环境和资源造成损害的； （5）其他可以从轻、减轻或者免于追责的情形

资料来源：《江西省党政领导干部生态环境损害责任追究实施细则（试行）》。

《江西省党政领导干部生态环境损害责任追究实施细则（试行）》还详细规范了党政领导干部生态环境损害责任追究有以下追究形式：通报；诫勉、责令公开道歉；组织调整或者组织处理，包括停职检查、调离岗位、引咎辞职、责令辞职、免职、降职；党纪政纪处分，这四种追究形式可以随意组合或单独使用，具体视生态环境损害责任而定。

（2）坚持分级追责。分级追责是生态文明体制建设特色化手段，是生态环境损害责任追究的强有力的科学武器，有利于发挥生态环境损害责任追究的强大约束力。《江西省党政领导干部生态环境损害责任追究实施细则（试行）》主要从以下两方面推动分级追责的贯彻落实。

第一，依据生态环境损害后果的严重程度明确划分生态环境损害级别，分别划分为特别重大生态环境损害（Ⅰ级）、重大生态环境损害（Ⅱ级）、较大生态环境损害（Ⅲ级）和一般生态环境损害（Ⅳ级）四级。其中，Ⅰ级生态环境损害最为严重，一般涉及的是区域性的生态环境损害或者是造成人员死亡等异常严重的损害，如反映区域生态环境质量状况的生态环境状况指数（EI）下降，高质量森林、农田面积区域缩小等；Ⅱ级生态环境损害也是较为严重和重大的生态环境损害，但相对来说其生态环境损害程度低于Ⅰ级，且因损害引发的死亡人数也少于Ⅰ级；以此递推，Ⅲ级生态环境损害程度低于Ⅱ级，Ⅳ级生态环境损害程度低于Ⅲ级。生态环境损害级别、标准如表 3-8 所示。

表 3-8　生态环境损害分级标准

生态环境损害级别	划分标准
特别重大生态环境损害（Ⅰ级）	（1）本地区生态环境状况指数（EI）1 年下降 12 以上，或者本区域大气、水、土壤三项环境质量主要指标中有一项指标 1 年下降 20% 以上的； （2）造成 30 人以上死亡，或者造成 100 人以上中毒（重伤），或者造成需疏散、转移群众 5 万人以上，或者造成直接经济损失 1 亿元以上的； （3）造成Ⅰ类、Ⅱ类放射源失控导致大范围严重辐射污染后果，或者造成放射性同位素和射线装置失控导致 3 人以上急性死亡，或者造成放射性物质泄漏导致大范围辐射污染后果的； （4）造成设区市以上城市集中式饮用水主要水源地取水中断 12 小时以上，或者造成新增连片人为水土流失面积 10000 亩以上的； （5）造成 5000 亩以上农田污染的；

续表

生态环境 损害级别	划分标准
特别重大生 态环境损害 （Ⅰ级）	（6）造成森林火灾受害森林面积 15000 亩以上，或者造成森林、林木 5000 立方米以上或者幼树 25 万株以上被非法采伐，或者造成生态公益林地 5000 亩以上、其他林地 8000 亩以上被非法损毁、乱占、改变用途的； （7）非法改变国际重要湿地名录、国家重要湿地名录、省重要湿地名录所列湿地自然状态，导致湿地生态特征及生物多样性显著退化，造成国际、国家、省重要湿地生态功能十分严重损害的；或者国际、国家、省重要湿地 300 亩以上、其他湿地 600 亩以上被非法损毁、占用、改变用途的； （8）造成自然保护区、风景名胜区、森林公园、野生动物重要栖息地 800 万元以上直接经济损失的环境污染，或者造成非法破坏、占用国家级自然保护区核心区、缓冲区生态保护用地 40 亩以上、实验区生态保护用地 400 亩以上，或者造成非法破坏、占用风景名胜区核心景区和森林公园核心景观区 80 亩以上，或者造成非法破坏、占用风景名胜区和森林公园其他范围 800 亩以上的； （9）其他特别重大生态环境损害
重大生态环 境损害（Ⅱ 级）	（1）本地区生态环境状况指数（EI）1 年下降 9 以上、12 以下，或者本区域大气、水、土壤三项环境质量主要指标中有一项指标 1 年下降 15% 以上、20% 以下的； （2）造成 10 人以上、30 人以下死亡，或者造成 50 人以上、100 人以下中毒（重伤），或者造成疏散转移群众 1 万人以上、5 万人以下，或者造成直接经济损失 2000 万元以上、1 亿元以下的； （3）造成Ⅰ类、Ⅱ类放射源失控，或者造成放射性同位素和射线装置失控导致 3 人以下急性死亡或者 10 人以上急性重度放射病、局部器官残疾，或者造成放射性物质泄漏导致较大范围辐射污染后果的； （4）造成设区市以上城市集中式饮用水主要水源地取水中断或者造成县级城市集中式饮用水主要水源地取水中断 12 小时以上，或者造成新增连片人为水土流失面积 5000 亩以上、10000 亩以下的； （5）造成农田 1000 亩以上、5000 亩以下污染的； （6）造成森林火灾受害森林面积 4500 亩以上、15000 亩以下，或者造成森林、林木 1000 立方米以上或者幼树 5 万株以上、5000 立方米以下或者幼树 25 万株以下被非法采伐，或者造成生态公益林地 1000 亩以上、5000 亩以下，其他林地 3000 亩以上、8000 亩以下被非法损毁、乱占、改变用途的； （7）非法改变国际重要湿地名录、国家重要湿地名录、省重要湿地名录所列湿地自然状态，导致湿地生态特征及生物多样性明显退化，造成湿地生态功能严重损害，国家重点保

续表

生态环境 损害级别	划分标准
重大生态环境损害（Ⅱ级）	护野生动（植）物种群较大数量死亡或者可能造成物种灭绝的；或者造成国际、国家、省重要湿地100亩以上、300亩以下，其他湿地200亩以上、600亩以下被非法损毁、占用、改变用途的； （8）造成自然保护区、风景名胜区、森林公园、湿地公园、野生动物重要栖息地500万元以上、800万元以下直接经济损失的环境污染，或者非法破坏、占用自然保护区内核心区、缓冲区生态保护用地25亩以上、40亩以下，实验区生态保护用地250亩以上、400亩以下，或者非法破坏、占用风景名胜区核心景区和森林公园核心景观区50亩以上、80亩以下，或者非法破坏、占用风景名胜区、森林公园其他范围500亩以上、800亩以下的； （9）其他重大生态环境损害
较大生态环境损害（Ⅲ级）	（1）本地区生态环境状况指数（EI）1年下降6以上、9以下，或者本区域大气、水、土壤三项环境质量主要指标中有一项指标1年下降10%以上、15%以下的； （2）造成3人以上、10人以下死亡，或者造成10人以上、50人以下中毒（重伤），或者造成疏散转移群众5000人以上、1万人以下，或者造成直接经济损失500万元以上、2000万元以下； （3）造成Ⅲ类放射源失控，或者造成放射性同位素和射线装置失控导致10人以下急性重度放射病、局部器官残疾，或者放射性物质泄漏导致小范围辐射污染后果的； （4）造成县级城市集中式饮用水主要水源地取水中断或者造成乡镇集中式饮用水主要水源地取水中断12小时以上，或者造成新增连片水土人为流失面积3000亩以上、5000亩以下的； （5）造成农田500亩以上、1000亩以下污染的； （6）造成森林火灾受害森林面积1500亩以上、4500亩以下，或者造成森林、林木500立方米以上或者幼树2万株以上、1000立方米以下或者幼树5万株以下被非法采伐，或者造成生态公益林地500亩以上、1000亩以下，其他林地1000亩以上、3000亩以下被非法损毁、乱占、非法改变用途的； （7）造成国际、国家、省重要湿地40亩以上、100亩以下，其他湿地100亩以上、200亩以下被非法损毁、占用、改变用途的； （8）造成自然保护区、风景名胜区、森林公园、湿地公园、野生动物重要栖息地300万元以上、500万元以下直接经济损失的环境污染，或者非法破坏、占用自然保护区核心区、缓冲区生态保护用地15亩以上、25亩以下，实验区生态保护用地150亩以上、250亩以下，或者非法破坏、占用风景名胜区核心景区和森林公园核心景观区30亩以上、50亩以下，或者非法破坏、占用风景名胜区、森林公园其他范围300亩以上、500亩以下的； （9）其他较大生态环境损害

续表

生态环境损害级别	划分标准
一般生态环境损害（Ⅳ级）	(1) 本地区生态环境状况指数（EI）1年下降3以上、6以下，或者本区域大气、水、土壤三项环境质量主要指标中有一项指标1年下降5%以上、10%以下的； (2) 造成3人以下死亡，或者造成10人以下中毒（重伤），或者造成疏散转移群众1000人以上、5000人以下，或者造成直接经济损失100万元以上、500万元以下的； (3) 造成Ⅳ类、Ⅴ类放射源失控，或者造成放射性同位素和射线装置失控导致人员受到超过年剂量限值的照射的； (4) 造成供水人口1000人以上的农村集中式饮用水主要水源地取水中断12小时以上，或者造成新增连片人为水土流失面积1000亩以上、3000亩以下的； (5) 造成农田100亩以上、500亩以下污染的； (6) 造成森林火灾受害森林面积500亩以上、1500亩以下，或者造成森林、林木100立方米以上，或者幼树5000株以上、500立方米以下或者幼树2万株以下被非法采伐，或者造成生态公益林地200亩以上、500亩以下，其他林地200亩以上、1000亩以下被非法损毁、乱占、非法改变用途的； (7) 造成国际、国家、省重要湿地10亩以上、40亩以下，其他湿地20亩以上、100亩以下被非法损毁、占用、改变用途的； (8) 造成自然保护区、风景名胜区、森林公园、野生动物重要栖息地100万元以上、300万元以下直接经济损失的环境污染，或者非法破坏、占用自然保护区核心区、缓冲区生态保护用地5亩以上、15亩以下，实验区生态保护用地50亩以上、150亩以下，或者非法破坏、占用风景名胜区核心景区和森林公园核心景观区10亩以上、30亩以下，或者非法破坏、占用风景名胜区、森林公园其他范围100亩以上、300亩以下的； (9) 其他一般生态环境损害

资料来源：《江西省党政领导干部生态环境损害责任追究实施细则（试行）》。

第二，依据生态环境损害四级实行差异化追责，级别越高、责任越重、惩戒越严。《江西省党政领导干部生态环境损害责任追究实施细则（试行）》明确规定，肃查履责不力的领导干部，依法对其进行批评和提出整改并及时通报，并且根据生态损害行为的情节轻重、后果程度实行差异化处理。总结来说，对于情节一般未产生后果或造成较低危害程度的Ⅳ级生态环境损害或者引发一般群体性事件时，通常给予诫勉、责令公开道歉、停职检查处理；对于情节较重以致造成Ⅲ级生态环境损害或者引发较大群体性事件或者产生相近程度的损害时，一般实行停职检查、调离岗位、引咎辞职处理；对于情节严重以致造成Ⅱ级生态环境损害以及重大群体性事件或者产生相近程度的损害时，通常实行引咎辞职、责令辞职、免职处理；对于情节极其严重以致造成Ⅰ级生态环境损害以及引发极其重大的群体性事件或者产生相近程度的损害时，一般给予免职、降职处理。具体的追责情节轻重、后果及其相应处理结果如表3-9所示。

表3-9　追责处罚说明

追责情节轻重、后果程度说明	追责处罚
情节一般、Ⅳ级生态环境损害、一般群体性事件，未完成上级要求生态环境和资源保护约束性目标任务	诫勉、责令公开道歉、停职检查
情节较重、Ⅲ级生态环境损害、较大群体性事件，未完成上级要求的生态环境和资源保护约束性目标任务并造成重大后果	停职检查、调离岗位、引咎辞职
情节严重、Ⅱ级生态环境损害、重大群体性事件、未完成上级要求的生态环境和资源保护约束性目标任务并导致全省任务完不成	引咎辞职、责令辞职、免职
情节特别严重、造成Ⅰ级生态环境损害、特别重大群体性事件	免职、降职

资料来源：《江西省党政领导干部生态环境损害责任追究实施细则（试行）》。

（3）规范追责程序。追责程序是生态文明体制建设的重要环节，是生态环境损害责任追究规范化、清晰化、透明化发展的关键环节，不仅有利于捍卫领导干部正常权力，还有利于保护生态环境。《江西省党政领导干部生态环境损害责任追究实施细则（试行）》主要从启动追责程序、开展分级调查以及界定追责结果三个方面推动生态环境损害追责程序全过程化、全面化发展。

第一，清晰划定生态环境损害追责程序启动点。《江西省党政领导干部生态环境损害责任追究实施细则（试行）》明确规定，一旦发现应当追责、应当从重追责的相关情形或者相关党政、政府以及纪检监察机关、组织人事部门或者相关生态环境保护与监管部门提出责任追究要求，务必严肃、认真启动生态环境损害责任追究程序，组织相关调查人员规范调查。

第二，明确界定生态环境损害分级调查程序。依据生态环境损害程度以及后果确定不同级别的调查对象组织调查。对于清晰界定的Ⅳ级生态环境损害，生态环境损害级别越高，调查单位层级越高。Ⅰ级、Ⅱ级及近似损害程度的群体性事件，一般将由省政府全权负责调查事宜，采用直接组织调查组开展调查或委托具有相应资质的调查机构开展调查；对于Ⅲ级生态环境损害或者造成相似程度的其他损害，遵守区域管辖规则，一般由事发设区市政府直接或委托开展调查；对于

Ⅳ级生态环境损害或者造成相似程度的其他损害，一般直接由事发县（市、区）直接管辖调查事宜，并根据需要选择委托相关调查机构或直接派遣调查人员调查。对于暂不明确的生态环境损害级别，一般先由事发县组织相关调查，待损害级别确定后，再由县级调查机构移交相应层级的政府或其委托的调查机构。对于跨区域的生态环境损害，由共同的上一级政府组织初步的调查，也即若生态环境损害涉及两个县（市、区），则将由两者共同隶属的设区市政府来组织调查。对于没有产生后果的生态环境损害行为或者未完成相关生态环境和资源保护约束性目标任务的行为，一般将由产生生态损害行为和未完成生态环境保护目标任务的行为主体的上一级政府实行调查，根据上一级政府的情况自主选择委托第三方调查或者直接开展调查。

第三，科学设定生态环境损害的结果处理程序。生态环境损害责任调查的相关政府部门应当根据调查结果对生态环境损害行为做出相应的行政处罚决定或其他决定，并且应当基于生态环境损害处理结果给予相关党政领导干部合理建议，努力补救已经产生的生态环境损害。另外，相关调查部门应当根据干部管理权限及时将相关材料移交纪检监察机关或者组织人事部门，由纪检监察机关和组织人事部门在7个工作日内决定是否受理。一般来说，纪检监察机关通常进行通报、诫勉、追究党纪政纪责任等处理，组织人事部门通常进行责令公开道歉、组织调整或处理等。若纪检监察机关或组织人事部门同意受理，首先需及时告知相关建议单位；其次可根据需要组织相关部门和专家核实相关责任追究建议的合理性和科学性；再次应当在2个月内完成相关核实调查工作和责任追究工作，特殊情况下可适当延长1个月，并应当由责任追究决定的指定机关发布党政领导干部生态环境损害责任追究决定文书和处分决定文书，详细指明责任追究事实、追究依据、追究方式、批准机关、生效时间以及当事人的申诉期限以及受理机关；最后应当将党政机关领导干部的生态环境损害责任追究决定文书和处分决定文书送传至该党政领导干部本人及其所在单位，并上报上一级纪检监察机关和组织人事部门以存入被追究责任个人档案，并及时向社会公示该生态环境损害责任追究结果。若纪检监察机关或组织人事部门不予受理，应当及时告知相关建议单位不予受理的决定并且说明缘由。

（4）厘清工作职责。各级党委、各级部门工作职责的清晰划定是生态文明体制建设的重要基石，是生态环境损害责任追究的基础性前提，有利于科学衡量党政领导干部生态环境损害责任，促使生态环境损害责任追究科学化发展。《江西省党政领导干部生态环境损害责任追究实施细则（试行）》主要是从厘清各级党委、各级政府职责，厘清党委职能部门工作职责，厘清政府职能部门工作职责三方面夯实生态环境损害责任追究基石。

第一，科学厘清各级党委、各级政府的工作职责，建立健全生态环境损害责任追究组织体系。各级党委应当贯彻落实党中央"五位一体"的大政方针，提升生态文明建设地位，将生态环境保护和资源利用融入经济社会发展，实现经济与生态文明的共同进步；应当建立健全生态文明建设考核评价机制，将生态文明建设结果纳入高质量发展考核体系；应当加强生态文明建设考核结果的综合使用，加大生态环境损害责任追究力度，实行"一票否决制"。县级以上政府实行区域管辖制，全权负责本区域内的环境质量，这要求县级及以上政府需要高度重视生态文明建设，建立健全环境保护目标责任和考核评价，激发和唤醒相关工作人员的生态环境保护意识；积极将生态文明建设纳入本行政区域的经济和社会发展规划，推动社会绿色可持续发展；加强环境应急管理，健全环境污染公共监测预警机制，积极制定应急预案；多措并举保护和改善生态环境，加大用于污染防治的财政投入，将有关污染防治和污染治理的费用均纳入政府预算，夯实污染防治的经费基础，加强生态环境保护力度，统筹城市和农村环境的综合治理，完善城乡污水处理、生活垃圾收集等环境卫生设施建设，提高污染防治能力水平。

第二，科学厘清党委职能部门工作职责，发挥各部门协同合作效益，促使生态环境损害责任追究的不断完善。根据《江西省党政领导干部生态环境损害责任追究实施细则（试行）》，党委下设组织部门、宣传部门、机构编制管理部门、信访部门，分别管辖党委不同的工作职能。其中，组织部门主要管辖生态环境保护、生态环境损害责任追究等生态文明建设相关法律法规的落实工作；宣传部门主要管辖党中央、国务院以及省委、省政府的生态文明建设精神和决策部署的宣传引导以及及时发布准确的突发环境事件新闻报道，营造良好的生态文明新闻舆论；机构编制管理部门主要管辖生态环境和资源环境保护行政管理体制、机构改革及编制等工作，发挥体制机制的整体效益；信访部门主要管辖群众对于生态文明建设的信访事项，督促相关单位及时、高效地处理群众环境信访事项。

第三，科学厘清政府职能部门的工作职责。根据《江西省党政领导干部生态环境损害责任追究实施细则（试行）》，政府高度重视生态文明建设，下设多达38个职能部门，分别是环境保护部门①、发展改革部门、工业和信息化部门、农

---

① 根据《深化党和国家机构改革方案》，整合环境保护和国土、农业、水利、海洋等部门相关污染防治和生态保护执法职责、队伍，统一实行生态环境保护执法，由生态环境部指导，不再保留环境保护部。

业部门①、林业部门、水利部门、国土资源部门②、住房和城乡建设部门、交通运输部门、商务部门、旅游部门③、卫生和计划生育部门④、工商行政管理部门、质量技术监督部门⑤、安全生产监督管理部门⑥、食品药品监督管理部门⑦、能源主管部门、监察部门⑧、公安部门、司法行政部门、财政部门、审计部门、统计部门、科技部门、教育部门、文化部门⑨、新闻出版广电部门、人力资源和社会保障部门、民政部门、政府法制机构、国有资产监督管理机构、税务部门、金融管理部门、保险监督管理部门、气象部门、地震部门、出入境检验检疫部门、海关管理部门。每一职能部门在生态文明建设中都发挥着不可替代的作用，分管生态环境保护和生态文明建设中的协调、治理、监管、损害赔偿、宣传、执法等多种职能。

2. 生态环境保护督察

生态环境保护督察是习近平生态文明思想的重要内涵，是党中央、国务院推进生态文明建设和生态环境保护工作的一项重大安排，对我国生态文明建设有着重要的基础性作用。生态环保督察实行中央和省、自治区、直辖市两级督察体制，各省、自治区、直辖市生态环境保护督察是中央生态环境保护的有效延伸和补充，可形成督察合力，建立国家以及各省（区、市）的生态环境保护督察网络。

（1）中央生态环境保护督察。习近平高度重视中央生态环境保护督察的建立与实施，亲自倡导、明确指导，在建设的每个关键环节、每个关键时刻都做出了重要的批示指示，坚持以人民为中心，以解决突出生态环境问题和改善生态环境质量为重要抓手，不断夯实我国生态文明建设和生态环境保护政治责任，强化督查问责，警示震慑有关干部人员主动作为、正确作为，以推进工作

---

① 根据《深化党和国家机构改革方案》，不再保留农业部，改为农业农村部。

② 2018年，组建自然资源部，不再保留国土资源部。

③⑨ 2018年，文化和旅游部批准成立，不再保留文化部、国家旅游局。

④ 2018年，组建国家卫生健康委员会，不再保留国家卫生和计划生育委员会。

⑤ 质量技术监督局2001年与国家出入境检验检疫局合并成为国家质量监督检验检疫总局，2018年，被撤销，并组建为中华人民共和国国家市场监督管理总局。

⑥ 2018年，根据第十三届全国人民代表大会第一次会议批准的国务院机构改革方案，中华人民共和国应急管理部设立，原安全生产监督管理总局取消。

⑦ 2018年，根据第十三届全国人民代表大会第一次会议审议通过的《国务院机构改革方案》，不再保留国家食品药品监督管理总局。

⑧ 2018年，第十三届全国人民代表大会第一次会议审议通过了宪法修正案，设立中华人民共和国国家监察委员会，不再保留监察部，并入国家监察委员会。

落实，实现生态环境保护治理的标本兼治，推动我国生态文明建设高质量发展。

中央生态保护督察工作由中央生态环境保护督察办公室或领导小组负责协调和实施，设立专职督察机构，并以向各省派驻中央生态环境保护督察组入驻的形式开展督察工作，入驻时间一般是1个月左右。中央生态环境保护督察组建立组长人选库，从现职或者近期退出领导岗位的省部级领导同志中由中央组织部来选任组长，并设立副组长协助组长组织和实施相关督察工作，副组长一般是由生态环境部现职部领导担任。督察组成员坚持任职回避、地域回避、公务回避的原则，实行轮岗交流制，减少因主观因素产生的督察误差。

中央生态环境保护督察根据需要主要分为三类，分别是例行督察、专项督察和"回头看"。例行督察重点督察省级党委政府贯彻落实习近平生态文明思想和党中央、国务院生态环境保护决策部署情况，省级有关部门生态环境保护责任落实和担当作为情况，地市级党委政府生态环境保护工作推进落实情况。其主要体现在八个方面：一是习近平等中央领导同志有关生态环境保护重要指示批示文件的办理情况；二是贯彻党的十九届五中全会精神，立足新发展阶段，贯彻新发展理念，构建新发展格局，推动高质量发展情况；三是长江大保护、黄河流域生态保护和高质量发展等重大战略部署贯彻落实情况；四是严格控制"两高"项目盲目上马，以及去产能"回头看"落实情况；五是重大环境污染、生态破坏、生态环境风险及处理情况；六是中央生态环境保护督察及"回头看"发现问题整改落实情况；七是对人民群众反映突出的生态环境问题立行立改情况；八是生态环境保护思想认识、责任落实等党政同责、一岗双责落实情况。

专项督察坚持特项特办、高效处理。对党中央、国务院明确要求的督察事项和重点区域、重点领域、重点行业突出生态环境问题以及中央生态环境保护督察整改不力的典型案例等需要开展专项督察的事项，直奔督察主题，强化生态环境督察的震慑作用，严肃对相关领导干部问责。具体专项督察的组织形式、督察对象以及内容都应视具体情况而定，但重要专项督察的有关工作安排应当向党中央、国务院报备并批准。

中央生态环境保护督察"回头看"主要是对例行督察整改问题的工作开展情况、重点整改任务完成情况和生态环境保护长效机制建设情况等进行督察。

截至2021年4月，中央生态环境保护察查组先后于2016年、2018年和2021年向江西委派督察组入驻江西，对江西全省开展了生态环境保护督察及"回头看"工作。第二轮第三批中央生态环境保护督察由督察组组长宋秀岩、副组长赵英民带领第四生态环境保护督察组督察江西，并于 2021 年 4 月 7 日在南昌召开江西省动员会和宣布督查组进驻时间为 4 月 7 日至 5 月 7 日。为配合好中央第二轮生态环境保护督察各项准备工作，赣州积极召开第二轮生态保护督察工作调度视频会议，其中，赣州原市委常委、市政府副市长高世文出席会议并讲话。他指出，配合做好中央环保督察工作是一项系统工程，是各级党委、政府、各相关部门的共同责任，要求赣州各设区市各部门都要做好以下工作迎接中央生态环境督察工作：

第一，认真梳理盘点每个问题的整改完成情况，对于已经完成整改的，积极落实"回头看"，确保不反弹；对于仍在整改的，要持续推进，确保按时达质达标完成整改任务；对于污水、环境破坏等生态环境重点、难点问题，迅速开展大排查、大检查活动。

第二，根据督察组督察的重点以及结合本地区、本部门的工作特色，认真做好汇报材料起草工作。全面收集和汇总工作资料，并分门别类进行整理，以便查缺补漏，建立和完善清单台账、问题清单台账、销号清单台账，做好整改问题、目标、时限、措施、责任单位"五清"工作。

第三，发挥市生态环境局的"带头"作用，统筹兼顾中央生态环境保护督察的配合工作，细化方案，确保人人有事做，事事有人做，件件有着落，保证在督查组入驻督察前完成所有的督察准备工作。

截至 2021 年 4 月 24 日上午，中央第四生态环境保护督察组累计受理十七批江西生态环境保护方面的来信来电信访举报材料，向江西累计转办群众举报材料 1810 件（来电 1192 件、来信 618 件），其中，转办第十七批群众举报材料 110 件（来电 66 件、来信 44 件）。按照污染类型划分，第十七批信访件中有大气污染 61 件、水污染 44 件、生态破坏类 28 件、噪声污染 20 件、土壤污染 15 件、其他污染 9 件。按照各设区市划分，第十七批信访件中南昌市 26 件、上饶市 21 件、宜春市 13 件、吉安市 10 件、九江市 10 件、赣州市 9 件、萍乡市 7 件、新余市 5 件、鹰潭市 5 件、抚州市 3 件、景德镇市 1 件①。赣州累计信访件为 272 件，高居第三，说明赣州生态文明建设还存在较大的问题，需要赣州相关生态环境保护政府部门高度重视，积极响应群众诉求，坚持边督边改，大力完成中央生态环境

---

① 中央环保督察组向江西移交第十七批信访件［EB/OL］．光明网，https：//share.gmw.cn/difang/2021-04-27/content_ 34803323. htm，2021-04-27.

保护整改工作。

（2）省级生态环境保护督察。省级生态环境保护督察是党中央、国务院延伸生态文明建设和生态环境保护工作触角的一项重大安排，是中央生态环境保护督察的有效互补，有利于将生态环境保护督察范围扩充到各设区市甚至各县、各乡、各村，打造生态环境保护督察"全国一盘棋"。

江西紧跟中央要求，积极配合中央生态环境保护督察，全力建立省级生态环境保护督察。2015 年，中共中央办公厅、国务院办公厅印发《环境保护督察方案（试行）》，初步建立了中央生态环境保护督察。江西紧跟其后，2016 年，出台《江西省环境保护督察方案（试行）》。2019 年 6 月，印发《中央生态环境保护督察工作规定》，明确"生态环境保护督察实行中央和省、自治区、直辖市两级督察体制"。2019 年 12 月，根据《中央生态环境保护督察工作规定》的文件精神和要求，出台《江西省生态环境保护督察工作实施办法》，确立江西生态环境保护督察的基本体系。

根据《江西省生态环境保护督察工作实施办法》规定，省级生态环境保护督察由各省委、省政府贯彻落实，多位省委常委和副省长为副组长的省中央环境保护督察问题整改工作领导小组，并下设办公室，统一协调开展生态环境保护督察工作，制定督察工作安排方案，抽调生态环境厅、住房和城乡建设厅、农业农村厅、水利厅、自然资源厅多部门专业督察人员组建 11 个省生态环境保护督查组，承担具体的生态保护督察任务，对江西下辖 11 个设区市分别开展督察。原则上来说，江西在每届省委任期内，对各设区市党委、政府、省直有关部门以及有关省属国有企业开展一次省生态环境保护例行督察，并根据例行督察情况和需要对督察整改情况实施"回头看"。在一定程度上，例行督察及"回头看"督察结果将影响被督察对象的综合考核以及奖惩任免，督促各级领导班子提升生态环境保护意识。

省级生态环境保护督察根据中央生态环境保护督察要求，在省级生态环境保护例行督察、"回头看"、专项督察方式外，还基于本省实际实行派驻监察特色化督察方式，派驻监察通常采用成立生态环境监察专员办公室入驻监察区域的形式开展。江西为实现派驻监察工作 11 个设区市全覆盖，目前已成功设立省生态环境厅驻赣东、赣南、赣西、赣北、赣中 5 个生态环境监察办公室，人员配置也成功到位，其中赣南生态环境监察专员办公室入驻赣州，监察赣州各级党委、政府及相关部门贯彻落实习近平生态文明思想和党中央、国务院和省委、省政府生态文明和生态环境保护决策部署情况，监察生态环境保护法律、法规、政策、规划执行情况，监察生态环境保护"党政同责、一岗双责"责任推进落实情况，监察突出生态环境问题和人民群众反映的环境问题的解决情况等。

江西不仅积极从层面保障省级生态环境保护督察工作的开展，还积极落以实践。2017~2020 年，已对 11 个设区市开展了生态环境保护督察和"回头看"，打造了全国第一个"全覆盖"示范样本。2017~2018 年，分三批对 11 个设区市开展了省生态环境保护例行督察，向各个被督察设区市反馈了督察意见，累计反馈 576 个整改问题，移交 36 个责任追究问题线索。各被督察设区市根据督察的反馈整改问题，编制和落实《整改方案》。截至 2020 年 9 月底，完成限期整改问题 308 个，完成率 75%；推进 166 个长期坚持的整改问题，落实率 100%。2019 年 12 月、2020 年 7 月，分两批对 11 个设区市开展省生态环境保护督察"回头看"，其中赣州位列第二批生态环境保护督察"回头看"名单。在第二批省生态环境保护督察"回头看"中，省级生态环境保护督查组累计梳理 700 个生态环境保护问题，目前各被督察的 5 个设区市正在积极制定整改方案和开展责任追究问题调查。

第二节　赣南老区生态文明法治建设

一、立法

2015 年 3 月 15 日，党的第十二届全国人民代表大会第三次会议对《中华人民共和国立法法》做出修改，决定将地方立法权扩至所有设区的市，即表示设区的市的人民代表大会及其常务委员会根据本市的具体情况和实际需要，在不同宪法、法律、行政法规和本省、自治区的地方性法规相抵触的前提下，可以对城乡建设与管理、环境保护、历史文化保护等方面的事项制定地方性法规，法律对设区的市制定地方性法规的事项另有规定的，从其规定。赣州市人民代表大会及其常务委员会根据本市情况，在生态文明建设方面积极行使立法权，科学立法、民主立法、规范立法，推动赣州生态文明高质量发展。

（一）科学民主立法

地方性法规是国家法律法规的有益补充，有利于保证国家法律在各地的有效落实，为地方经济发展和社会进步提供了法治保障。赣州基于本行政区域内的生态环境情况，推动赣州生态文明建设实现高质量发展。

科学制订立法计划。2020年将《赣州市燃气管理条例》纳入年度立法工作计划，于3月召开起草工作领导小组会议，积极组织落实。2019年将《赣州市饮用水水源地保护条例（草案）》《赣州市水土保持条例（草案）》纳入年度立法工作计划并分别于2019年12月1日和2020年8月1日分别实施，以此发挥立法的引领作用，推进赣州生态文明建设。

科学组织立法调查。大力开展生态文明建设的立法调查，通过实地调研、问卷调查等方式积极关注立法项目的焦点问题，全方位了解立法项目不同主体的利益诉求，保障立法项目符合赣州地方特色和客观实际，保障立法项目具备指导性和可操作性。

坚持民主立法。以多种形式听取不同群众代表的声音，以建立人民满意的法律法规。一方面，赣州立法充分征求人大代表、政协委员、行政相对人和基层工作人员等多方代表的意见，充分贴合实际科学民主立法；另一方面，充分发挥法律专业人士的作用，通过召集法律顾问团专题论证、到律师事务所征求意见等形式，对立法项目相关规定的合法性进行充分研讨论证。

（二）规范立法

法律是人民群众的行为准则，具有不可违抗性和强制性等特点。赣州规范立法，确保立法项目的合规性和合法性。一是赣州合理规范立法程序，健全立法工作制度。2017年，出台了《市政府规章项目草案会审制度》《市政府规章项目草案公开征求意见办法》《市政府规章草案审查工作规定》《市政府规章立法后评估办法》四项制度，以文件形式规范了政府立法审查、征求意见、会审、后评估等各个环节的要求。二是围绕生态文明法治化建设，全面开展规范性文件清理备案工作。2018年，赣州以"谁起草谁清理、谁实施谁清理"为原则，积极组织关于生态环境保护的规范性文件清理工作，废止相应的市级生态环境保护规范性文件8件。

二、执法

（一）整合生态执法部门职责

生态环境保护综合行政执法改革是破解赣州生态执法领域界限模糊、职能重合等困境的重要途径，是创新生态执法体制的重要举措，有利于推动建立权责统一、权威高效的生态行政执法体系，有利于集中力量办大事，打好污染防治攻坚战，打造美丽"赣州样板"。赣州坚持以习近平新时代中国特色社会主义思想为指导，全面贯彻中共中央和国务院印发《关于深化生态环境保护综合行政执法改革的指导意见》的文件精神，大力推进赣州生态环境综合保护行政执法改革。

积极整合多部门执法职责，改革市级生态环境保护综合行政机制，以实现生态环境保护执法机制的创新。赣州印发《中共赣州市委办公室　赣州市人民政府办公室〈关于印发深化全市市场监管、生态环境保护、文化市场、交通运输、农业等领域综合行政执法改革实施方案〉的通知》，着重整合赣州市生态环境部门、自然资源部门、农业农村部门、水利部门等多个部门的执法职责，将各部门下辖的相关污染防治和生态保护执法权统一划分到赣州生态环境保护综合执法大队中，由赣州生态环境保护综合执法支队依法统一行使污染防治、生态保护、核与辐射安全的行政处罚权以及与行政处罚相关的行政检查等执法职能，从部门职责上确保了生态保护综合执法的统一性和权威性，有效解决了"多重领导、职能冲突"的困境。

（二）完善执法机构体系配置

1. 推进生态执法垂直管理改革

赣州大力推进生态环境垂直管理改革，积极设立赣州及其下辖县（市、区）生态环境执法机构，打通生态环境保护的"最后一公里"，以实现生态环境保护执法机制的创新。

赣州设立市生态环境保护综合执法支队，各下辖县实行"局队合一"体制。根据实际情况设立生态环境保护综合执法大队或生态综合执法局，由市生态环境保护综合执法支队统一指挥、统一行政、统一管理各下辖县生态环境保护综合执法大队，并统一规范各下辖县生态环境执法机构建立，一致命名为"赣州市××生态环境综合执法大队"。其中，市生态环境保护综合执法支队作为市生态环境局直属单位，各下辖生态环境保护综合执法大队作为市生态环境局的外派行政执法机构。

为扎实推进市生态环境保护综合行政执法改革，赣州自 2016 年起开启了县级生态环境保护综合执法大队的建立热潮。安远县、会昌县、大余县、兴国县、寻乌县、定南县、龙南县（现龙南市）、崇义县、信丰县、赣县区、南康区等各县（区）纷纷成立县（区）生态环境保护综合执法大队，基本实现了市、县执法网络体系建设全覆盖，标志着赣州生态环境执法踏上新征程。各县（区）生态环境保护综合执法大队具体成立时间如表3-10所示。

表 3-10　赣州部分县（市、区）生态环境保护综合执法大队具体成立时间

序号	县（市、区）	执法机构	成立时间
1	安远县	赣州市安远生态环境综合执法队伍	2016 年 4 月
2	安远县	赣州市会昌生态环境综合执法大队	2017 年 3 月
		赣州市安远生态综合执法局	2017 年 8 月
3	大余县	赣州市大余县生态环境执法局	2017 年 8 月
4	会昌县	赣州市大余生态环境综合执法大队	2019 年 9 月
5	石城县	赣州市石城生态环境综合执法大队	2019 年 8 月
6	南康区	赣州市南康生态环境综合执法大队	2019 年 8 月
7	崇义县	赣州市崇义生态环境综合执法大队	2019 年 8 月
8	龙南县	赣州市龙南生态环境综合执法大队	2019 年 9 月
9	于都县	赣州市于都生态环境综合执法大队	2019 年 8 月
10	兴国县	赣州市兴国生态环境综合执法大队	2019 年 8 月
11	赣县区	赣州市赣县生态环境综合执法大队	2019 年 8 月
12	寻乌县	赣州市寻乌生态环境综合执法大队	2019 年 8 月

资料来源：赣州市各县人民政府。

（1）安远县。2016 年 4 月，安远县大刀阔斧，联合公安局、水利局、水保局、环保局、林业局、国土局、矿管局等 10 个部门的力量，累计抽调 29 名部门工作人员，率先在全省建立首支生态环境综合执法队伍。安远县生态环境综合执法队伍主要负责县域内的生态环境综合整治工作，行使森林采伐、水污染防治、河道管理、渔业保护、畜禽养殖、水土保持、土地管理、矿产资源开采八个方面的法律法规。

随着安远县生态综合执法队伍不断发展壮大，2017 年 8 月升级成功，成立安远县生态综合执法局，标志着江西首个生态综合执法局的建立。安远县生态综合执法局和安远县森林公安局联合执法，实行"一套人马、两块牌子"的办公机制，共同以国土生态空间环境保护为重点，负责全县生态环境综合整治工作，推进县域法治建设，推行"三净"工作，实行"三禁""三停""三转"生态保护措施，提升安远县生态环境执法水平。

（2）会昌县。2017 年 3 月，会昌县切实加强生态环境保护力度，积极探索生态环境综合执法新模式，成立生态环境综合执法大队。会昌县生态环境综合执法大队主要管控该县域内所有的生态环境执法工作，主要行使土地管理、矿产资

源开采等执法权力。会昌县生态环境综合执法大队按片区划分执法区域，实行 3 片区分区管辖制，保障每一座矿山、每一条河流、每一片森林、每一寸土地的生态环境保护和治理工作的开展。

会昌县生态环境综合执法大队以环境质量改善为中心，采用多种方式创新生态环境执法模式。一是聚焦突出环境问题，开展环保专项整治活动。会昌县生态环境综合执法大队围绕城乡饮用水源保护、畜禽养殖关停拆迁整治、渔业资源保护、河流生态环境综合执法等开展执法专项活动。二是深入了解县域生态环境保护与污染现状。会昌县生态环境综合执法大队坚持日常巡逻，全面掌握县域内河流、库区、矿山、畜禽养殖、主要污染源分布情况。三是强化科技执法。2020年，赣州市会昌生态环境局借助上级环保资金力量，投入 123 万元用于引进暗管探测仪、无人巡视机、便携式水质重金属测定仪和便携式多功能水质检测仪等先进执法仪器，提升会昌县科学执法水平。四是牢记职责、勇于担当。会昌县生态环境综合执法大队根据自身职责，严格禁止人民群众进行破坏生态环境的违法行为，对破坏森林资源、水污染、环境污染等行为有明确的十大禁令，如表 3-11 所示。

表 3-11 会昌县生态环境综合执法大队十大禁令

序号	内容
1	严禁盗伐滥伐林木、毁林种果等破坏森林资源的行为
2	严禁在河流、水库、山塘、滩涂等人为导致水污染的行为
3	严禁在石壁坑水库库区饮用水源区域畜禽养殖直接排污、围场库汊养鱼、张网捕鱼、垂钓、游泳等破坏污染水资源的行为
4	严禁在河道非法采砂的行为
5	严禁在河流内电鱼、毒鱼、炸鱼等破坏水生态资源的行为
6	严禁在禁养、限养、可养区域内畜禽养殖直接排污污染水资源、污染环境的行为
7	严禁非法占用农（林）用地私建滥搭、取土、破坏水土保持等违法行为
8	严禁非法采矿，导致污染水资源、污染环境的行为
9	严禁张网捕鸟，使用猎捕器具猎捕野生动物的行为
10	严禁其他破坏生态环境的行为

资料来源：《会昌生态环境综合执法大队致全县人民的一封信》。

2020 年 1~8 月，会昌生态环境局累计出动执法 1100 余人次，下发整改通知书 54 份，立案查处环境违法案件 22 起，处罚金额 85 万元，对破坏生态环境的不法行为形成有力震慑。

（3）寻乌县。2019 年 8 月，寻乌县生态环境监察大队正式更名为赣州市寻乌生态环境综合执法大队，标志着寻乌县监察权、执法权的界限从模糊趋于清晰，标志着寻乌县环境保护事业和环境执法工作踏上新的征程。

寻乌县统一规划、部署，以 5 个行动小组为执法单位，在 2020 年 7 月 15 日大力开展"零点"执法专项整治行动，对石排工业园区开展夜间排污情况的突击检查，以切实执法督促相关企业积极保护生态环境。此次"零点"执法专项整治行动累计出动执法人员 19 人、执法车辆 5 部，检查企业 27 家。

2. 厘清"省—市—县—乡"执法职责

根据《关于深化生态环境保护综合行政执法改革的指导意见》指示，按照属地管理、中心下移的原则，生态环境执法应合理划分执法层级，减少执法层级，厘清执法"省—市—县—乡"生态环境综合保护执法队伍的执法职责。

江西生态环境部门主要承担省级执法的指导责任，包括但不限于江西执法事项和重大违法案件调查处理、开展交叉执法、异地执法、协调处理重大生态环境问题和跨省域的生态环境问题等，但并不参与具体的执法实践，具体执法实践责任主要是由市县两级生态环境保护综合执法队伍承担。

赣州生态环境保护综合执法支队在整个江西生态环境保护综合执法中承担着重要的衔接作用，拥有"双面人"的关键性身份。一方面，充当江西生态环境部门精神和指示的践行者角色，贯彻落实省级生态环境保护工作要求；另一方面，担任各县（市、区）的生态环境综合保护"领头羊"角色，承担着指导各下辖县（市、区）开展生态环境综合执法工作的重要任务。

赣州各县级自然资源、林业和草原、水利等行业管理部门实行"一岗双责"机制，既要履行资源开发利用的监督管理、生态保护和修复治理等职责，也要积极支持生态环境保护综合执法队伍依法履行执法职责。一旦发现环境污染和生态破坏行为，应当及时将案件线索移交生态环境保护综合执法队伍，由其依法立案调查和查处。

赣州各乡镇基层积极贯彻国家、省、市、县各层级的生态文明建设部署规划和要求，聚焦基层执法职责划分，着力加强县基层生态环境保护执法建设，促进基层生态环境保护执法朝着规范化、高效化的方向发展。以寻乌县为例，寻乌县委编办主动作为、积极牵头，统一规划各乡镇综合执法大队的生态综合保护职责，推动基层生态环境执法规范、高效发展。一是积极发挥机构编制部门职能作用，配合生态环境部门工作，赋予乡镇等基层综合执法大队生态执法相关的行政检查、强制、处罚等行政权力。二是制定出台综合行政执法统筹协调指挥和协作配合工作指导意见，明确乡镇在生态环保综合行政执法中，中队间、乡镇（街道）间、乡镇（街道）与县级执法部门间的职责关系，构建跨层级、跨领域的执法协作快速联动机制。三是围绕提升乡镇对生态环保执法工作的统一指挥职权和统筹协调职权，探索"乡镇吹哨、部门报到"改革，赋予各乡镇对县级生态环保职能部门的协调督办权，建立"三级吹哨、三级报到"机制，推动基层生态环境问题治理快速响应，实现"部门围着乡镇转、乡镇围着村（社区）转、村（社区）围着问题转"，打通基层生态环境问题治理"最后一公里"。

3. 规范生态执法程序

赣州生态环境局切实履行生态环境综合保护职责，发挥统一指导作用，强化执法程序建设，统一规范办案流程，依法惩处各类生态环境违法行为。

一般而言，规定执法程序就是设置执法标准，有利于执法人员科学、依规执法，有利于保证执法的公平公正。赣州生态环境局行政处罚程序遵循"一调查、二审查、三结案"规定流程，并对每一步流程做了详细的解释，以确保每位执法人员均可依规执法、科学执法。

"一调查"主要是执法人员持证开展现场检查，对涉嫌存在环境违法行为的，申请立案调查，生态环境局基于案件证据进行审核，如果符合立案条件的，那么开展调查取证，制作相关文书并出具调查报告；如果不符合立案条件的，按照撤销立案审批程序撤销立案。

"二审查"主要是对案件调查及有关案卷进行法制审核，对初审不通过的，应当退回调查取证或者重新调查取证；对初审通过的，需根据案件审核结果下达事先听证告知书并确保送达，当事人根据自身情况选择自主出具陈述申辩意见复核表或放弃陈述申辩、听证权利或在规定时间内进入听证程序，出具听证报告；案审会根据当事人申辩陈述及听证情况进行集体审议及表决，并制作行政处罚决定并送达当事人。

"三结案"是备案法制审核结果，如果当事人有异议可提起复议或诉讼，重新确定法制审核结果，后依据法制审核结果督促当事人自觉履行或申请法院强制当事人执行并实行公示处理，具体的行政处罚一般程序流程如图 3-1 所示。

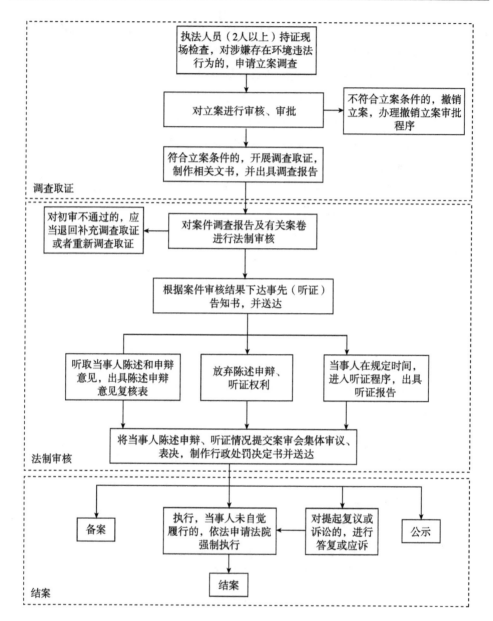

图 3-1 赣州生态环境局行政处罚一般程序流程

资料来源：赣州市人民政府官网。

(三) 建立健全生态综合执法队伍

1. 开展生态环境保护执法大练兵

赣州深入贯彻习近平生态文明思想和习近平在江西和赣州考察时"作示范、

勇争先"的殷切嘱托，聚焦打赢污染防治攻坚战和生态保护执法规范化建设，每年一度开展生态环境保护执法大练兵活动，加强生态环境保护综合执法队伍建设，苦练兵、练精兵、强本领、争创先，打造一支政治强、本领高、作风硬、敢担当、能吃苦、能战斗、能奉献的生态环境保护执法铁军，为打造美丽中国"赣州样板"做出积极贡献。市生态环境局多举措推动执法大练兵活动开展。

（1）成立赣州生态环境保护执法大练兵活动领导小组，实行"一正多副"的领导机制，由市生态环境局党组书记、局长担任组长，市生态环境局副局长、驻局纪检监察组组长、生态环境监测中心主任担任副组长，其余生态环境局各科室科长为相关成员，全面推进执法大练兵活动，提升执法人员队伍建设。另外，大练兵活动领导小组在市生态环境保护综合执法支队设立办公室，由市生态环境保护综合执法支队负责人担任办公室主任，具体落实大练兵活动日常工作。

（2）赣州市生态环境局坚持全面落实，实行全年、全员、全过程练兵。赣州生态执法大练兵开展周期为一年一次，全年进行，每年6~7月开始，12月底结束。一般来说，6~7月，全面动员部署，鼓励各县积极总结执法大练兵活动经验，梳理执法问题；7~10月，全面组织实施，市、县两级生态环境部门要积极组织执法人员学习法律法规，大力开展执法检查，组织执法实地帮扶，严查生态环境违法行为，根据大练兵活动评分细则，开展执法大练兵案卷交叉评查，严格各项信息报送；11~12月，市生态环境保护执法大练兵活动领导小组采用材料审查、现场核实的方式，初评市级优秀集体和个人并向省厅优先推送突出集体和突出个人候选名单。全员练兵表示的是执法队伍领导班子成员发挥带头、"指挥棒"作用，鼓励全员积极参加，尤其是新入职及新转隶人员参与，注重以老带新、信息共享，共同打造齐抓共管的局面。全过程练兵表示的是结合日常、专项行动及新冠肺炎疫情防控期间监督执法正面清单落实工作开展，在现场监督检查、案件处理处罚及移交移送的过程中加强执法能力建设，在规范执法行为，"双随机、一公开"的落实及举报讲理的实践中强化企业守法服务，在执法信息化、非现场监管执法、执法稽查过程中提升执法效能。

（3）坚持问题导向，练就靶向思维。市生态环境局基于各县"不会查、不愿查、不敢查"问题，坚持日常执法和执法监督相结合，推动执法效率；坚持理论学习和实践落实相结合，推动执法规范；坚持能力提升和加强保障相结合，推动解决群众身边的突出环境问题，提升生态环境质量，齐心协力打赢污染防治攻坚战。

（4）坚持统筹兼顾，提升执法效能。市生态环境局坚持软件能力和硬件能力齐建设，加强人员素质软件建设，加强执法装备、执法技术等硬件建设；坚持个人能力和团队能力齐建设，重点培养能力突出的执法尖兵，全面发力，致力打造一支政治强、本领高、作风硬、敢担当、能吃苦、能战斗、能奉献的生态环境保护执法铁军队伍；坚持统筹竞争和合作的关系，实现在竞争中合作，在合作中竞争，激发执法人员潜能，实现共同进步。

（5）从实际出发，提升执法能力。赣州生态环境局自觉担当政治责任，主动作为，积极练就执法公正文明、适用法律法规、规范执法程序、执法信息化四大执法能力。首先，严格、规范、公正、文明执法，杜绝形式主义和官僚主义，积极整治不作为、慢作为、乱作为等突出问题，切实深入各县做好环境检查和企业帮扶指导工作，练好公正文明执法能力。其次，积极举办网络知识竞赛、业务培训、专题研讨、案例评析、线上线下学习等多种活动，引导执法人员认真学习生态环境保护相关政策、法律法规和监管执法相关规章，督促执法人员练好适用法律法规能力，培养一批理论与实践融会贯通的执法尖兵。再次，督促执法人员积极落实行政执法"三项"，即行政执法公示、执法全过程记录以及重大执法决定法制审核，积极落实《环境行政处罚证据指南》及相关法律法规，规范立案、调查取证、审查和认定、听证和告知、处罚决定制作、送达、执行和结案、信息公开和报送等各环节，从而促使执法人员练好规范执法程序能力。最后，在执法中充分发挥技术的引领作用，培训相关执法人员正确使用移动执法系统、环境行政处罚案件办理系统和在线监控系统，严格按照系统使用守则进行案件信息的录入和上传，提升执法人员执法信息化能力，从而实现全员、全业务、全流程的执法信息化。

2. 开展"一对一"帮带执法业务培训

随着习近平"绿水青山就是金山银山"理论的提出，生态保护战略地位不断被提高。赣南老区各级政府不断更新生态保护理念，革新生态环境保护政策。面对生态环境保护综合执法的新变革、新形势、新要求，赣州生态环境保护综合执法支队积极履行业务指导的责任，开展"一对一"帮带执法业务培训，努力打造一批政治站位高、执法业务精、生活作风硬的生态环境执法铁军，努力提升生态环境保护综合执法能力和水平。

2021年1月22日，赣州生态环境保护综合执法支队主办的"一对一"帮带执法业务培训在赣州市上犹生态环境局举办。"一对一"帮带执法业务培训的主要目的在于培养相关的生态环境保护综合执法人员"会执法、懂执法、敢执法"。"会执法"注重的是提升相关生态环境保护综合执法人员的执法理论素养和实战水平，锻炼其在执法现场随机应变、灵活处理的能力。"懂执法"注重的是提高相关生态环境保护综合执法人员的科学执法能力，使其能够充分运用分类监管名录、"双随机、一公开"的科学执法方式和科学使用执法记录仪、环境监测设备等执法装备。"敢执法"注重的是提升相关生态环境保护综合执法人员敢"亮剑"、勇"亮剑"的执法毅力，坚信依法行政、依法执法，严格按照《中华人民共和国环境保护法》及其四个配套办法精准施力，严厉打击环境污染行为。

为了有效培养一线执法人员"会执法、懂执法、敢执法"的生态环境保护综合执法水平，市生态环境保护综合执法队挑选优秀的支队业务骨干进行现场授课。在培训会中，支队优秀业务骨干从自身丰富的执法实战经验出发，结合《中华人民共和国环境影响评价法》《中华人民共和国水污染防治法》《中华人民共和国大气污染防治法》《中华人民共和国固体废物污染环境防治法》等相关法律法规，重点讲解在日常环保执法监管中违法行为判定、执法程序、执法文书制作、执法证据收集等，帮助相关生态环境保护综合执法人员厘清执法思路、提升执法实战水平。

3. 优化执法队伍配置

随着《关于深化生态环境保护综合行政执法改革的指导意见》出台实施，赣州积极作为，积极优化人才队伍配置，协调构建权责统一、权威高效的依法行政体制，统筹执法资源和执法力量，推动建立生态环境保护综合执法队伍，坚决制止和惩处破坏生态环境行为，为打好污染防治攻坚战、建设美丽中国"赣州样板"提供坚实保障。

（1）积极组建执法队伍。在有序整合环境保护和农业农村、水利等部门相关污染防治和生态保护执法队伍基础上，坚持编随事走、人随编走的原则，做到职责整合和编制划转同步实施，队伍组建与人员划转同步操作，不断充实加强生态环境保护综合执法力量。赣州各开发区的生态环境保护综合行政执法体制由相应的生态环境分局统一协调推进，依据《关于印发〈赣州市生态环境保护综合执法支队职能配置、内设机构和人员编制规定〉的通知》来确定自身人才队伍建设的机构、规模等。

（2）推动资源下沉，优化人才队伍的配置。赣州市政府积极下沉人财物等资源，配齐配强执法队伍，夯实县级执法力量，加强属地执法。乡镇（街道）要落实生态环境保护职责，明确承担生态环境保护责任的机构和人员，确保责有人负、事有人干。

（3）加强队伍建设，推动队伍管理专业化、制度化。执法改革是全方面、全过程的，不仅涉及内部纵向的层级执法职责调整，也涉及外部横向的部门间执法职责的整合。一是赣州积极督促各级生态环境部门强化责任担当，采取主动汇报形式，提前沟通，最大力度争取支持和部门间的配合，确保各部门、各相关主体责任明确、分工细化，促使执法改革和执法队伍建设能够制度化、有序化推进。二是赣州贯彻落实中共中央文件精神，切实加强队伍建设，加快建立完善执法人员持证上岗和资格管理制度、考核奖惩制度、责任追究和尽职免责制度、执法全过程记录制度、重大执法决定法制审核制度、执法案卷评查和评议考核制度、领导干部违法违规干预执法活动或插手具体生态环境保护案件查处责任追究制度等，加快建立完善立功表彰机制、纠错问责机制、信息共享和大数据执法监管机制、行政执法和刑事司法衔接机制等，全面推进环境执法标准化建设，努力实现机构规范化、装备现代化、队伍专业化和管理制度化。

（四）创新生态综合执法方式

1. 市级层面的创新

创新生态综合执法方式是完善生态执法机制的重要基础，是推进国家生态环境治理体系和治理能力现代化的重要力量。为创新生态综合执法方式、提升执法效能，赣州积极响应生态环境部、厅相关生态保护执法文件精神，结合《赣州市生态环境局以生态环境高水平保护助推赣州高质量跨越式发展 22 个方面 64 条措施实施方案》及实际情况，制定和发布《实施监督执法正面清单工作方案》，推动统筹执法、科学执法和舆论宣传等多种执法方式的应用。

全面统筹、协调各县（市、区）生态环境局开展区域内全体企业的梳理和核实工作。严格按照监督执法正面清单纳入条件建立市域内正面清单企业台账，形成可动态调整的赣州生态环境监督执法正面清单，正面清单具体分类和纳入条件如表 3-12 所示。

表 3-12 赣州生态环境监督执法正面清单

序号	类别	行业	纳入条件	监管要求
1	疫情防控急需的医疗卫生、物资生产企业	口罩、防护服、消毒液、医药、医疗设备等医疗卫生、物资生产企业	由国家和地方党委政府、疫情防控指挥部认定、认可的，可纳入清单	尽可能通过非现场执法的方式开展执法监管，除信访举报核实等情形外，一般不进行现场执法检查
2	处置医疗废物、废水企事业单位	定点治疗医疗机构及其他医疗机构、医疗废物处置企业	地方疫情防控指挥部认定的及卫生健康委确定的医疗机构，各地医疗废物处置企业，可纳入清单	

续表

序号	类别	行业	纳入条件	监管要求
3	民生保障重点行业企业	畜禽养殖、屠宰及肉类加工、农副食品加工、食品制造、电力、燃气与民生保障直接相关的企业	视其环境守法、环境管理、污染物排放、污染防治设施运行等情况，可纳入清单	尽可能通过非现场执法的方式开展执法监管，除信访举报核实等情形外，一般不进行现场执法检查
4	公共设施运营行业企业	城镇、工业污水处理企业、垃圾处理单位（含垃圾填埋、垃圾焚烧发电）、危险废物处置企业		
5	污染小、吸纳就业能力强的行业企业	计算机、通信电子、机械加工、纺织等污染小的技术密集型和劳动密集型行业企业，以及文化、旅游、仓储物流、健康养老、餐饮、娱乐、洗浴、汽车销售和维修等服务业企业		
6	重大工程项目	交通基建、水利工程等省重点建设项目	近一年内已经进行过现场执法检查且无严重环境违法记录，或按要求安装在线监控设备并与生态环境部门联网的企业，可纳入清单	
7	重点领域企业	航空、电子设备、装备制造、中医药、新能源、新材料、汽车制造等领域企业		
8	其他已经安装在线监控的企业	在线监控设备与生态环境部门联网，且稳定运行的企业	企业环境信用良好，一年内无环境违法记录，且在线监控数据稳定达标的企业，可不将其作为"双随机、一公开"重点监管对象	将在线监控数据作为监管的重要依据，以非现场执法的方式开展执法监管为主

资料来源：《实施监督执法正面清单工作方案》。

　　坚持科学执法，交叉使用监督执法正面清单和"双随机、一公开"监管方式。"双随机、一公开"是国务院办公厅要求自 2015 年 8 月起在全国全面推行的一种科学监管模式，表示在监管过程中随机挑选检查对象和检查人员，并及时公示执法检查结果以及处理结果。赣州生态环境局根据监督执法正面清单开展分类监管工作，对正面清单前七类企业，在清单实行期间被"双随机"抽到的，优先采取非现场执法方式开展执法监管，避免现场执法检查；对正面清单第八类企业，在清单实行期间直接作为一般监管对象实施监管，以在线监控数据为监管依据，以非现场执法为主要执法监管方式；对于非清单内的企业，以"双随机、一公开"要求为准，严格开展日常执法工作。总而言之，对于清单内的企业，除非群众反映强烈，否则优先以非现场执法为主要的执法监管方式，充分利用污染源在线监控、视频监控、无人机巡查、用能监控和大数据分析等科技监测手段，而对于非清单内的企业，尤其是污染物排放量大、环境安全隐患大的企业，充分发挥生态环境保护执法铁军的作用，严格开展日常检查，并可适当增加日常检查频次。

坚持舆论导向，积极宣传，帮扶指导。赣州生态环境局和各县（市、区）生态环境局充分发挥电话、微信、短信等通信方式积极督促各相关企业学习相关的环保法律法规，提升企业的环保意识，引导企业自觉守法。充分发挥新闻媒体的宣传作用，深入挖掘各县（市、区）的生态环境保护执法亮点、成效，选取典型案例，积极宣传，引导相关企业和民众增强环保意识。

2. 各县（市、区）的创新

生态综合执法方式创新是上下一体的过程，必须上下联动。赣州各县域结合市级层面的规划部署和该区域内的实际情况，各出奇招，探索生态环境保护治理新模式。

会昌县坚持聚焦生态领域突出问题，勇亮剑、严执法、强整顿，积极创新生态执法方式，打造生态文明建设的"会昌样板"。在饮用水源地保护方面，大力开展石壁坑水源保护专项活动，坚决保护水生态质量；在河流生态环境治理方面，着重开展执法"清河"行动，制止违法采砂、破坏河道、破坏水土流失等违法行为；在渔业保护方面，加大对河流及其支流、水库的日常巡查执法力度，严厉打击非法电鱼、毒鱼、炸鱼、网鱼等违法行为；在矿产资源保护方面，采用日常巡查各乡镇非法采矿的方式及时发现、及时打击。

安远县坚持创新为先，实施"三禁""三停""三转"举措，提升生态执法效能。"三禁"是指对森林资源实行全面禁伐，对东江源头河道实行禁渔，对稀土钼矿、河道砂石实行禁采，全面保护森林、水源、稀土资源；"三停"是指对污染项目实行停批、对污染企业实行关停、对污染行为实行叫停，控制生态环境污染；"三转"是指对遭柑橘黄龙病损毁的果园进行转产、对资源消耗型企业进行转型、对粗放型生产方式进行转变，全面提升产业效能。

寻乌县坚持小流域综合治理和分区实施，摸索出了一套"山上山下同治、地上地下同治、流域上下同治"的模式。在截水拦沙工程实施过程中首次从国外引进了高压旋喷桩工艺。

定南县采取 PPP 模式，引进中联重科参与农村生活环境治理，探索"政府主导、农民主体、社会资本参与"的"三位一体"新模式。

（五）强化环境执法监管

赣州强化环境执法监管，严格责任追究，严厉打击破坏生态环境的违法行为。坚决打破一些地方重经济轻生态或者以经济指标为主的执政怪圈，全面完善监督机制，切实保护生态环境。市生态环境局强化落实行政执法责任制，严格确定生态环境保护综合执法队伍、岗位及其人员的执法责任，建立责任追究和尽职免责；强化落实内部监督责任，完善纠错问责机制，执法人员执法不当或者不作为应当责令纠正；强化落实外部监督，畅通群众监督、行政复议、行政监督、司法监督、社会和舆论监督渠道；强化落实全流程监督，实行行政执法公示、执法全过程记录和重大执法决定法制审核。

三、司法

司法意指"检察机关或法院依照法律对民事、刑事案件进行侦查、审判"，是维护法律公平公正和贯彻落实的有力工具。赣州积极推进生态文明司法保护，切实提高政治站位，把生态环境保护检察工作摆在更突出的位置来谋划推进，主要从全面履行检察职能、完善长效工作机制和加强司法案例宣传三大方面进行推进。

（一）全面履行检察职能

2016 年 11 月 15 日，为充分发挥司法保护作用，赣州在全省设区市检察院率先设立生态环境保护检察处，聚焦生态环境保护领域的重点、难点，充分发挥刑事、民事、行政、公益诉讼检察职能，统一办理生态环境破坏案件，将生态检察工作延伸到刑事、民事、行政检察各个环节，形成"专业化法律监督+恢复性司法实践+社会化综合治理"的生态检察工作模式，抓着"公益"这个牛鼻子，加强对生态环境的精准保护，主动引入恢复性司法理念，在依法办案的同时，要求犯罪嫌疑人对破坏的林地进行补植复绿，实现司法效果和社会效果的有机统一。赣州市检察院及生态环境保护检察处加大司法保护力度，严厉惩治非法占用农用地、盗伐滥伐等多发性犯罪和污染环境、非法捕捞水产品等新型犯罪。

（二）完善长效工作机制

赣州不断深化"重实践、强监督、多探索"的生态检察工作思路，整合内部资源、强化联动配合，全力打好生态环境保护防卫战和生态文明建设持久战。

强化生态检察内部联动机制，建立健全检察"一体化"办案机制。赣州市检察院制定出台《关于立足检察职能积极参与打赢蓝天保卫战三年行动计划（2018—2020年）的实施方案》，在刑事检察、民事行政检察、公益诉讼检察等工作中实现资源共享，形成生态环境司法保护"一盘棋"。统一指挥、统一调度办案力量处理重大疑难复杂生态环境领域案件，推动办案格局运转高效。

构建生态保护外部协作机制，打造"1+1>2"的共赢局面。无缝衔接行政执法和刑事司法机制，赣州积极贯彻落实《江西省生态环境行政执法与刑事司法衔接工作实施细则》，主动加强与生态环境、自然资源等相关部门的沟通协调，实现数据、信息的共建、共享。建立健全跨省区域生态保护协作，会昌县、寻乌县会同福建、广东两省三县检察机关及"河长办"签署了《关于建立闽粤赣边生态保护区域协作机制的实施意见》，赣州市检察院与广东韶关、清远、湖南郴州、福建龙岩等地市检察机关建立生态环境和资源保护公益诉讼跨区域协作机制。截至2019年，赣州市域内两级检察院在生态环境行政部门已构建35个派驻监察室和2个检查工作站。

（三）加强司法案例宣传

环境保护非一家之责，生态建设非一日之功。赣州注重加强生态环境保护司法宣传力度，提升人民群众生态环境保护司法意识，以此充分发挥各主体的生态环境保护作用，推动生态环境保护司法工作朝着有质有效的方向发展。

赣州市检察院注重生态环境保护案件的筛选和整理，自2017年起，每年度的市检察院新闻发布会均会发布年度"生态环境保护典型案件"，2017~2019年的"生态环境保护典型案件"如表3-13所示。

表3-13　2017~2019年赣州生态环境保护典型案件汇总

序号	案件名称	典型概要介绍	意义
2017年			
1	安远县检察院办理的宁定高速公路临时用地审批系列督促履职案	违法临时占用土地	促进规范施工，促进当地资源的可持续化利用发展，工作经验被江西省检察院在重要会议上推介

续表

序号	案件名称	典型概要介绍	意义
2017 年			
2	信丰县检察院立案监督赖某某等五人污染环境案	首例污染环境案,环境污染案被告人均被判处实刑的案例	充分彰显了检察机关精准运用监督职能参与治理的担当
3	赣县区检察院督促赣县区水利局依法履行职责案	非法采砂	回应群众、及时取缔,开展非法采砂专项整治活动,凸显监督时效和成效
4	南康区检察院督促南康区环境保护局①依法履行职责案	生猪养殖场在禁养区非法经营	南康区首例公益诉讼诉前程序案件
5	崇义县检察院办理的刘某某非法毁坏国家重点保护植物案	损害 4 株国家二级重点保护植物香樟树	赣州首起破坏环境资源案件不起诉决定公开宣告,实现"挽救一个人、教育一群人、恢复一片绿"的效果
6	章贡区检察院立案监督陈某某等人非法占用农用地案	占用农用地	有效保护赣州市中心城区工业园周边生态环境,促进产业提质增效
7	石城县检察院立案监督何某某等四人污染环境案	非法处置危险废物案件	开展"赣江源生态保护检察行"专项活动,专项活动中的首起监督移送污染环境案件
8	上犹县检察院办理的李某某非法占用农用地刑事附带民事公益案	非法占用国家公益林 5.532 亩	赣州市检察机关作为公益诉讼人的首例案件,为相关公益诉讼提供示范和借鉴
9	寻乌县检察院办理的张某某非法采矿刑事附带民事诉讼案	无证非法开采稀土	寻乌县首例生态领域刑事附带民事诉讼案件,赣州市非法采矿类涉国家战略资源刑事附带民事诉讼案件,综合运用了立案监督、审查逮捕、审查起诉、刑事附带民事诉讼等多项检察职能
2018 年			
1	安远县检察院办理某农业生物科技发展有限责任公司违规排污公益诉讼案	超标排放污水	充分运用政治智慧、法律智慧和科技智慧,形成公益诉讼与行政执法互联互动,切实维护了公共利益,实现了双赢、多赢、共赢
2	赣县区检察院办理居龙滩库区网箱养鱼污染水源地公益诉讼案	非法养殖	依法督促批量关停违法网箱养殖户,从根本上解决了网箱养鱼污染桃江水质的历史顽疾,在共抓大保护中彰显了检察元素

---

① 现为生态环境局。

续表

序号	案件名称	典型概要介绍	意义
2018 年			
3	大余县检察院办理谢某某等11人污染环境案	非法焚烧	近年来赣州办理的污染环境刑事犯罪中追究刑事责任人数最多的案件，起到了良好的警示教育作用
4	寻乌县检察院办理项山风电场违规占用林地公益诉讼案	违规占用林地	示范效果好，实现"办理一案、带动一片"
5	宁都县检察院办理雅洁洗涤中心非法排污公益诉讼案	非法排污	积极推动有生态环境、水利、文化旅游、供水等职能部门负责人参加的人大代表对梅江水源保护和治理视察活动，为该县依法治水管水营造了良好的法治环境
6	兴国县检察院办理埠头乡平江非法采砂公益诉讼案	非法采砂	非法采砂专项整治活动，助推兴国县"河长制"全面落实
7	定南县检察院办理徐某福、徐某祥非法捕捞水产品案	非法捕捞水产品	坚持打击与修复并重，引导两位被告人投放鱼苗，通过增殖放流的方式及时修复水域生态环境
2019 年			
1	崇义县陈某某非法捕捞水产品案	非法捕捞水产品	公开开庭、以案释法，教育群众对非法狩猎、非法捕捞水产品行为引起重视；刑事附带民事公益诉讼办理，坚持打击与修复并重，实现"办理一案、教育一片"
2	安远县某畜牧有限公司、叶某甲、叶某乙非法占用农用地案	非法占用林地 30.24亩、基本农田 14.04 亩	不起诉，建议解决非法占用林地问题，形成环境保护合力
3	赣州市谢某某非法收购、运输、出售珍贵、濒危野生动物、珍贵、濒危野生动物制品案	销售国家Ⅱ级重点保护动物	通过深挖案件线索，彻查出一系列非法野生动物交易的窝案串案，有力打击了非法野生动物交易的上下游犯罪

资料来源：笔者整理。

赣州市检察院以典型案件为切入点，让人民群众了解生态环境保护司法，参与生态环境保护，营造打击和遏制破坏生态环境资源犯罪的良好氛围，凝聚更多社会环保共识，形成生态文明共建共享合力。

第三节　赣南老区生态文明建设的成效分析

《国务院关于支持赣南等原中央苏区振兴发展的若干意见》和《国务院关于新时代支持革命老区振兴发展的意见》相继出台实施以来，赣州积极贯彻习近平生态文明思想，高位推动生态文明建设，把生态环境保护放在压倒性位置上，开展生态环境专项整治八大标志性战役、深入实施 30 个生态环境专项行动等一系列活动，推动赣南老区生态文明建设实现高质量发展。

赣州以"争当国家生态文明试验区建设排头兵"为总目标，建立健全生态文明建设的制度和法治体系，推进赣州生态文明建设。在制度层面上，赣州打造了事前预防、事中监管、事后补偿的一体化制度体系，全链条、全过程推进生态文明建设。在法治层面上，赣州市人大联合人民群众的力量，在国家法律的框架下，推进赣南老区生态文明法治建设，从而构建起赣州生态文明建设的"四梁八柱"，推进赣南老区生态文明高质量发展。

赣州生态文明建设成效逐渐向好，"赣州样板"的影响力在持续不断输出。作为南方重要的生态屏障城市，赣州分别荣获"国家森林城市""中国绿色发展优秀城市""2020 年中国最具生态竞争力城市""全国文明城市"等一系列荣誉称号，生态质量不断提升。赣州多项生态指标均位列前茅，其中，全市森林覆盖率 76.4%、重点生态功能区占比 40.4%，林业自然保护地面积 4100 平方千米，均位列江西第一。赣州市在 2016~2017 年度和 2018~2019 年度生态文明建设目标中期考核中位列全省第一；在 2016~2018 年度美丽中国"江西样板"建设科学发展综合考评中连续三年满分。2018 年，赣州生态文明建设年度评价结果位列第一，公众对生态环境满意度位列全省第二。2018 年和 2019 年全市绿色发展指数分别为全省第一、第二。

一、蓝天更蓝

随着赣州生态环境保卫战的纵深推进，尤其是赣州蓝天保卫战号角的持续打响，赣州的空气更洁净了，蓝天更蓝了。《2020 年赣州市环境质量年报》显示，2020 年，赣州开展了环境空气质量监测活动，分别在地委、气象台、市图书馆、华坚国际鞋城、赣县区卫计委、通天岩设立 6 个监测点位，严格执行《环境空气质量标准》（GB 3095-2012）和《环境空气质量指数（AQI）技术规定（试行）》，监测 SO_2、NO_2、CO、O_3、PM10、PM2.5。2020 年赣州市中心环境空气质量越来越好，SO_2、NO_2、CO、O_3、PM10、PM2.5 平均浓度分别是 11.0 微克/立方米、17.0 微克/立方米、1.3 微克/立方米、144.0 微克/立方米、43.0 微克/立方米、26.0 微克/立方米，分别比 2019 年全年下降 15.4%、29.2%、31.6%、15.3%、23.2%、18.8%，空气质量优良天数比例高达 96.7%，比 2019 年全年上升 11.5 个百分点，整体环境空气质量实现了超二级到二级的攀升，具体情况如表 3-14 所示。

表 3-14　2019 年与 2020 年赣州环境空气质量状况统计

年份	SO_2	NO_2	CO	O_3	PM10	PM2.5	优良（天数）	超标（天数）	优良率（%）	评价
2019	13.0	24.0	1.9	170.0	56.0	32.0	311	54	85.2	超二级
2020	11.0	17.0	1.3	144.0	43.0	26.0	354	12	96.7	二级
同比（%）	-15.4	-29.2	-31.6	-15.3	-23.2	-18.8	13.8	-77.8	13.5	—

资料来源：《2020 年赣州市环境质量年报》。

二、碧水更绿

赣州积极构建五级河长制湖长制，推进水清、水净。截至 2020 年，赣州累计有 94 个地表水断面和 27 个县级及以上集中式饮用水断面，其中，国控断面 16 个、省控断面 10 个、县界断面 22 个、湖库断面 10 个、水功能区断面 15 个、长江跨界断面 6 个、五河源头断面 15 个、市级饮用水断面 4 个、县级饮用水断面 23 个。《2020 年赣州市环境质量年报》数据显示，赣州 16 个国控断面水质达标率为 98.4%，与 2019 年同比增长 10%；10 个省控断面水质达标率中有 8 个断面全年水质状况为优，Ⅰ～Ⅲ类水质断面比例为 100%；22 个县界断面整体水质达标率为 95.1%，与 2019 年同比增长 1.9%；10 个湖库断面水质达标率为 100%，与 2019 年同比增长 1.7%；6 个长江跨界断面水质达标率为 100%；15 个五河源头断面水质全年达标率为 91.1%；27 个县级及以上集中式饮用水水源Ⅰ～Ⅲ类水质断面比例为 100%，水质状况为优。整体来看，与 2019 年同期相比，赣州Ⅰ～Ⅲ类水质断面比例略有上升，无劣Ⅴ类水质断面，全市地表水断面主要超标污染物为氨氮、砷。

三、土地更净

赣州武夷山脉、南岭山脉、罗霄山脉三山交会，孕育着丰富的稀土资源，享有"稀土王国"的美誉。然而，由于长期无序、过度开采、不当开采，赣州生态环境隐患丛生，山体破坏严重，水土资源保护形势严峻。据有关部门统计，赣州全市水土流失面积曾经高达7816.67平方千米，占全国的0.27%，占全省的29.00%，水土流失问题严重制约赣州经济社会发展，亟须解决。

为了保护这方净土，赣州加紧制度建设和法治建设，打好水土保卫战，加快加紧实施生态修复工程，大力实施山水林田湖草生态保护和修复工程、森林质量提升工程、东江流域生态保护工程和水土保持生态示范园建设工程，创新审批管理、监督执法和考核问责，筑牢组织、资金、技术和制度保障，加强区域整体性水土涵养功能。自水土保持生态治理的一系列措施开展以来，赣州水土保持大示范区建设已初具雏形，全市建成了一批有规范、标准高、效益好、示范功能强的水保生态建设示范工程，塘背河等34条小流域被国家评为"水土保持生态建设示范小流域"；兴国县、石城县、安远县被评为"全国水土保持生态建设示范县"；章贡区被评为"全国水土保持生态建设示范城市"。全市新创建水土保持生态示范园（村）56个，建成了南方崩岗综合治理示范区、废弃稀土矿山水土保持综合治理工程、水土保持科技示范园、水土保持生态文明示范村等示范工程；宁都县水土保持科技示范园、龙南县（现龙南市）"虔心小镇"水土保持生态示范园、兴国县塘背水土保持科技示范园被水利部评为"国家水土保持科技示范园区"；上犹县园村小流域治理被水利部评为"国家水土保持生态文明清洁小流域建设工程"。数据显示，治理区域的水土流失量由每年每平方千米359.00立方米降低到每年每平方千米32.3.0立方米，降低了91.00，治理区域的流域水体氨氮含量削减了89.76%。积极实施复绿工程，逐步恢复被破坏矿山的生态多样性，使生态系统逐步好转。截至2020年10月，赣州累计治理92.78平方千米废弃矿山，废弃矿山植被覆盖率由10.20%提升至95.00%；植物品种由之前的6种增加到100余种。

第四章　赣南老区生态文明建设高质量发展典型案例分析

　　赣州坚决贯彻习近平"山水林田湖草是一个生命共同体"的重要理念，按照《国家生态文明试验区（江西）实施方案》的战略要求，对山水林田湖草进行整体保护、系统修复和综合治理，着力构建山水林田湖草综合治理样板区，着力推进国家生态文明试验区建设，争做打造美丽中国"江西样板"的排头兵。自从被列入全国第一批山水林田湖草综合治理与生态修复试点后，赣州以突出生态环境问题和生态系统功能为导向，坚持按流域、分片区、全地域规划的工程布局原则，按照四大片区的不同特点，重点推进流域水环境保护与整治、矿山环境修复、水土流失修复、生态系统与生物多样性保护、土地整治与土壤改良五大类生态建设工程。

　　为了确保生态保护修复工程有序进行，赣州出台制定了《关于做好赣州市山水林田湖生态保护修复资金筹措工作的指导意见》《赣州市山水林田湖生态保护修复资金管理暂行办法》《赣州市山水林田湖生态保护修复项目管理办法》等政策文件，2017 年赣州山水林田湖生态修复工程项目的实施名单如表 4-1 所示。

表 4-1　2017 年赣州山水林田湖生态修复工程项目实施名单

序号	类别	地点	项目名称
1	矿山环境修复	赣州市	赣州稀土矿业有限公司废弃稀土矿山环境综合治理项目
2		于都县	于都县废弃钨矿矿山地质环境综合治理项目
3		大余县	大余西华山钨矿区矿山地质环境恢复治理工程
4		赣县区	赣县区废弃稀土矿山集中区地质环境综合治理项目
5		寻乌县	寻乌县文峰乡柯树塘废弃矿山环境综合治理与生态修复工程
6		定南县	定南县富田稀土废弃矿山地质环境综合治理工程（三期）

续表

序号	类别	地点	项目名称
7	矿山环境修复	龙南县①	龙南县废弃矿区综合治理及生态修复工程
8		大余县	大余县南安镇新华村滴水龙废弃稀土矿山治理项目
9		会昌县	会昌县小密乡小密村废弃矿山生态保护和修复工程
10		全南县	全南县北线片区废弃稀土矿环境治理项目
11	流域水环境保护与整治与水土流失修复	赣州市	赣州稀土矿区小流域尾水收集利用处理站项目
12		于都县	于都县金桥崩岗片区水土保持综合治理项目
13		崇义县	崇义县大江流域过埠镇生态功能提升与综合整治工程
14		会昌县	会昌县贡水上游饮用水源地保护工程
15		石城县	赣江源头石城县琴江河流域（温坊至长江段）生态功能提升与综合整治工程
16		兴国县	兴国县崩岗侵蚀劣地水土保持综合治理工程
17		赣县区	赣县区金钩形项目区水土保持崩岗治理工程
18		南康	南康区章水流域生态保护和综合治理工程
19		蓉江新区	蓉江新区高校园区河流环境综合治理项目
20		赣州经济技术开发区	赣州经济技术开发区蟠龙—凤岗流域水环境综合治理工程项目
21		上犹县	上犹江陡水镇河段综合治理、水源涵养工程
22		安远县	安远县濂水流域（欣山镇）全方位系统综合治理修复项目
23	综合治理与生物系统和生物多样性保护	赣州市	赣州市低质低效林改造项目
24		宁都县	宁都县梅江镇全方位系统综合治理修复项目
25		章贡区	章贡区沙石镇生态保护和修复综合治理项目
26		信丰县	信丰县安西片区山水林田湖生态保护和修复工程
27		安远县	安远县生物多样性保护项目

资料来源：赣州市人民政府官网。

　　为了合理开发、有效利用和保护矿产资源，促进矿业经济创新、协调、绿色、开放、共享发展，赣州出台了《赣州市矿产资源总体规划（2016—2020年）》。该规划既是江西矿产资源规划体系的组成部分，也是赣州依法审批和监

---

　　① 2020年6月29日，江西省发布江西省人民政府《关于撤销龙南县设立县级龙南市的通知》，国务院已同意撤销龙南县，设立县级龙南市，以原龙南县的行政区域为龙南市行政区域，龙南市由省直辖，赣州市代管。

督管理地质勘查、矿产资源开发利用和保护活动的重要依据所在。该规划明确了赣州重点治理区的范围所在，即在矿山地质环境调查评价基础上，划定的可能或严重危害人居环境、生态系统、工农业生产和经济发展等矿山地质环境问题区域。重点包括四方面内容：一是矿产资源开发已造成严重地质环境问题和次生地质灾害隐患，对当地人民生命财产构成严重威胁的矿山；二是国有老矿山和责任主体灭失的历史遗留矿山地质环境问题严重的区域；三是"三区两线"和《国务院关于支持赣南等原中央苏区振兴发展的若干意见》及与相关文件规定范围的矿山；四是矿山地质环境治理恢复后，对区域或地方社会、经济与环境效益等明显促进的矿区。规划重点治理区 22 个，如表 4-2 所示。

表 4-2 矿山地质环境重点治理区（2016~2020 年）

序号	重点治理区名称	主要治理内容	治理面积（公顷）	土地复垦面积（公顷）	投资概算（万元）
1	宁都大沽—东山坝稀土矿区	排土场修建拦挡设施；加强矿山水土污染防治；矿山场地平整，植被恢复	370	171	9250
2	兴国鼎龙稀土矿区	排土场修建拦挡设施；加强矿山水土污染防治；矿山场地平整，植被恢复	54	25	1350
3	兴国兴江—宁都青塘有色金属、稀土、建材矿区	排土场修建拦挡设施；破坏区覆土绿化；尾砂治理；开采边坡整治，植被恢复	21	10	525
4	兴国杰村稀土、多金属矿区	排土场修建拦挡设施；加强矿山水土污染防治；压占区土地复垦；尾砂库治理	5	2	125
5	于都银坑多金属、稀土矿区	排土场修建拦挡设施；加强矿山水土污染防治；压占区土地复垦；尾砂库治理	47	22	1175
6	南康坪市—大坪稀土、建材矿区	排土场修建拦挡设施；加强矿山水土污染防治；矿区场地平整，植被恢复	2	1	50
7	赣县田村—于都罗江稀土、建材矿区	排土场修建拦挡设施；加强矿山水土污染防治；矿区场地平整，植被恢复	109	50	2725
8	上犹营前稀土、有色金属矿区	排土场修建拦挡设施；加强矿山水土污染防治；压占区土地复垦；尾砂库治理	55	25	1375
9	上犹县城稀土、多金属矿区	排土场修建拦挡设施；加强矿山水土污染防治；压占区土地复垦；尾砂库治理	1	1	25

续表

序号	重点治理区名称	主要治理内容	治理面积（公顷）	土地复垦面积（公顷）	投资概算（万元）
10	赣县大田—于都铁山垄稀土、有色金属、能源矿区	排土场修建拦挡设施；塌陷区回填；加强矿山水土污染防治；开采边坡整治；压占区土地复垦	292	135	7300
11	于都黄磷稀土矿区	排土场修建拦挡设施；加强矿山水土污染防治；矿区场地平整，植被恢复	83	38	2075
12	大余河洞—崇义长龙多金属、稀土矿区	排土场修建拦挡设施；加强矿山水土污染防治；压占区土地复垦；尾砂库治理	650	300	16250
13	南康龙回—蔡脚下稀土矿区	排土场修建拦挡设施；加强矿山水土污染防治；矿区场地平整，植被恢复	16	8	400
14	瑞金谢坊—会昌永隆稀土、冶金原料矿区	排土场修建拦挡设施；破坏区覆土绿化；开采边坡整治	97	45	2625
15	信丰古陂—赣县韩坊稀土矿区	排土场修建拦挡设施；加强矿山水土污染防治；矿区场地平整，植被恢复	504	233	12600
16	信丰铁石口稀土、能源、建材矿区	排土场修建拦挡设施；塌陷区回填；加强矿山水土污染防治；开采边坡整治；压占区土地复垦	34	16	850
17	安远新龙—车头稀土矿区	排土场修建拦挡设施；加强矿山水土污染防治；矿区场地平整，植被恢复	505	233	12625
18	信丰安西—定南天九稀土、多金属矿区	排土场修建拦挡设施；加强矿山水土污染防治；压占区土地复垦；尾砂库治理	1183	546	29575
19	全南陂头—龙源坝稀土矿区	排土场修建拦挡设施；加强矿山水土污染防治；矿区场地平整，植被恢复	54	25	1350
20	龙南东江—定南岿美山稀土、多金属、能源矿区	采剥区土地平整；排土场修建拦挡设施；破坏区覆土绿化；矿山水土污染防治；塌陷区回填；尾砂库治理	358	166	8950
21	寻乌南桥稀土矿区	排土场修建拦挡设施；加强矿山水土污染防治；矿区场地平整，植被恢复	360	166	9000
22	全南大吉山稀土、有色金属矿区	排土场修建拦挡设施；加强矿山水土污染防治；压占区土地复垦；尾砂库治理	232	107	5775

资料来源：赣州市人民政府官网。

赣南老区在推动生态文明建设高质量发展的道路上先试先行、积极创新，在一些重要领域和关键环节取得了显著成效，为全国生态文明治理积累了宝贵的实践经验。本章主要包括赣南老区废弃稀土矿山高质量修复、水土流失高质量治理、林业高质量建设、高质量推进高标准农田建设、绿色循环低碳发展五个方面的内容，展示了赣南老区形式多样、特色鲜明的典型案例。

第一节　赣南老区稀土矿山高质量治理典型案例

一、赣南老区矿产资源基本情况

赣南老区是我国主要的中重型稀土产出地，辖区内矿产资源丰富，素有"稀土王国""世界钨都"的美誉，已形成钨、稀土、氟盐化工和新型建材四大矿业经济体系，被列入国家绿色矿业发展示范区。然而，由于受工艺技术所限，早期赣州稀土开采采用"搬山运动"式的池浸、堆浸工艺，不仅导致植被破坏、土壤沙化、酸化、水土流失严重，引发地质灾害，而且造成了大量的固体废弃物污染，地表水和地下水污染，危害人体健康，治理难度极大，给当地农业生产、人居生活和经济建设造成了较大的负面影响。

自 2012 年起，赣州将稀土矿山地质环境的保护与治理作为实现矿业经济可持续发展的保障性工程和改善生态环境的民生工程，不断以实际行动切实推进治理工作。为了确保稀土矿山治理效果，赣州出台了《赣州市废弃稀土矿山环境治理项目后期管护管理办法（试行）》等文件，从制度层面上明确了管护主体，落实管护资金，细化管护措施，有力地保障废弃稀土矿山环境治理效果，促进了稀土资源开发利用与矿山生态环境保护协调发展。以实施植被复绿和地形整治工程为例，矿区植被覆盖率由 4% 提高到了 70%。在有效遏制水土流失的同时，还能消除地质灾害隐患，有力地促进了社会和谐稳定，繁荣了地方经济。

二、寻乌县的"三同治"模式

寻乌县稀土开采始于 20 世纪 70 年代中期。其柯树塘区域是寻乌县原来重要的稀土矿区，由于矿区内稀土开采时间长、开采量大，地表原植被已被大面积破坏，造成了大面积"沟壑纵横、白色沙漠"的地形地貌，山坡出现荒地化、土壤沙化情况，水土流失严重。残留于土壤中的酸性浸矿液通过渗透作用和淋滤作用对矿区及周边地表水和地下水造成严重污染。

寻乌县正视历史生态问题，下决心还清"历史欠账"，根治"生态伤疤"，积极践行山水林田湖草生命共同体新理念，紧紧抓住赣州列入全国第一批山水林田湖草综合治理与生态修复试点的机遇，先后投资约 9.55 亿元，按照系统修复的思路，对以文峰乡石排、柯树塘和涵水 3 个片区为核心废弃矿山进行了全面治理修复，探索总结出南方废弃稀土矿山治理"山上山下、地上地下、流域上下"的"三同治"模式，让"废弃矿山"重现"绿水青山"，成为全国山水林田湖草治理样板工程，创造了生命共同体样板。

（一）主要做法

1. "山上山下"同治

"山上山下"同治，即在山上开展地形整治、边坡修复、沉沙排水、植被复绿等治理措施，在山下填筑沟壑、兴建生态挡墙、截排水沟，确保消除矿山崩岗、滑坡、泥石流等地质灾害隐患，控制水土流失。

2. "地上地下"同治

"地上地下"同治，即地上通过增施有机肥等措施改良土壤，或因地制宜种植猕猴桃、油茶、竹柏、百香果、油菜花等经济作物，坡面采取穴播、条播、撒播、喷播等多种形式恢复植被。地下采用截水墙、水泥搅拌桩、高压旋喷桩等工艺，截流引流地下污染水体至地面生态水塘、人工湿地进行减污治理。

3. "流域上下"同治

"流域上下"同治，即在流域上游采取稳沙固土、恢复植被、控制水土流失的措施，实现了稀土尾沙、水质氨氮源头减量，源头截污成为现实。在流域下游通过清淤疏浚、砌筑河沟格宾生态护岸、建设梯级人工湿地、完善水终端处理设施等水质综合治理系统，实现水质末端控制。上下游达成了一致的治理目标，从而确保全流域都能够实现有效治理。

（二）主要成效

通过系统性治理，项目区原来的废弃矿山，又重现出绿水青山的本来面貌，创造了"两山"理论的"寻乌"示范，取得了一系列积极成效：

第一，最为显著的变化无疑是矿山环境的根本修复。植被覆盖率由从前的 10.2%提升到 95.0%，植物品种也由原来的几种草本植物增加至乔灌草植物数百种。

第二，矿区水土流失与河流水质的有效控制与逐步改善效果显而易见。从水土流失的情况来看，水土流失强度已经大大降低，流失强度由 $359m^3/$（$km^2 \cdot a$）降低到 $32.3m^3/$（$km^2 \cdot a$），同比降低了 91%；从河流水质的情况来看，不仅极大地减少了河流淤堵，而且水体氨氮含量也削减了近 90%，河流水质大为改善。

第三，通过大力实施土壤整治与土壤改良工程，土壤理化性状得到显著改良。从放眼望去寸草不生的"白色沙漠"到如今百余种乔灌草植物的自由生长，矿区生物多样性的生态断链已得到良好修复，大自然的勃勃生机又重新呈现在了这片沃土之上。

寻乌县的生态治理工作经验得到了上级政府的充分肯定。其经验先后得到生态环境部原副部长庄国泰和江西省政协副主席张勇批示，并通过生态环境部官网向全国推广。2019 年 3 月，寻乌县矿山治理的工作案例被列入全国省级干部深入推动长江经济带发展研讨会专题并纳入指定培训教材。2020 年 5 月，自然资源部印发第一批《生态产品价值实现典型案例》，寻乌县山水林田湖草综合治理案例成为 11 个被推荐供全国各地学习借鉴的典型案例之一。

三、信丰县的"千万"模式

信丰县首个被列入山水林田湖草生态修复项目的工程位于群山环抱、石灰岩等矿产资源丰富的中墈村，当地的煤矿也是使该村所在的大桥镇成为工业重镇的主要支点。从 20 世纪 80 年代起，该村附近六七百亩山林就被长期无节制地开发。由于开发工艺简陋，各开发主体环境意识严重缺乏，造成了大量土地和植被的严重破坏，所形成的采空沉陷区面积达 0.54 平方千米。同时，大量的矸石裸露堆放于地表，受雨水淋滤造成了严重的水土流失，并且存在崩塌、滑坡、泥石流等一系列地质灾害隐患，严重威胁到当地村民的正常生活，矿山脚下的数百亩土地受到严重污染导致无法耕种，许多村民被迫外出务工谋生。中墈村的废弃煤矿真正形成了"煤挖尽、地塌空、人走完"的环境面貌，中墈村也由此成为环境恶劣的代名词，当地群众对生态环境恢复治理的呼声日益强烈。

（一）主要做法

1. 推动山水林田湖恢复工程项目

自 2017 年开始，信丰县按照保护资源、绿化废弃矿山、改善乡村生态环境的治理思路，充分结合当地地质现状，采取以植被恢复为主、工程措施为辅的综合治理措施，开始了项目投资达 862 万元的中墈村山水林田湖恢复工程项目，实施了修整道路、植树、铺设草皮、修建护栏、坐凳以及观景亭的工程，通过综合性的恢复治理，该村的生态灾害区被治理为景色宜人的绿色示范区和生态观光区，治理成效有目共睹，环境质量得到极大提升。曾经被破损的山体得到修复，已是一派草木繁茂、生机盎然的景象。由矿坑槽改造的大池塘碧波荡漾、杨柳依依，该区域由此成为当地和周边村民休闲健身的好去处。

2. 打造高标准新型温室大棚蔬菜产业园

在治理过程中，信丰县还利用曾经荒废的土地进行改造，在中墩村建设了200多亩高标准新型温室大棚蔬菜产业园。该产业园以农业增收致富为目标，采取"龙头企业+基地+专业合作社+农户"的运作模式，推行订单生产，做到"统一种苗和生资等投入品供应、统一生产技术标准和管理服务、统一品牌销售"的三个统一。通过高标准蔬菜产业园建设，不但壮大了村集体经济，也为村民带来了一条稳定的致富之路。

产业园建成之初，为解决当地村民对"烂田也能种出菜"的信任问题，大桥镇引导村干部带头种菜，邀请蔬菜专家在田间地头传授技术。看到村干部纷纷受益后，陆续有一些村民也开始行动，以2019年返乡村民曹某为例，他种植的龙椒年收入超过15万元。

（二）主要成效

自2017年起，信丰县依托山水林田湖生态修复项目，通过社会资本参与、政府投入等方式进行治理，2020年底已完成所有废弃矿山的治理工作。经全面治理后，信丰县矿区境内形成了"千亩林地、万亩果园"的壮丽景观，全面提升了当地的生态环境，为山区百姓建成了真正的"绿色银行"，为发展当地休闲生态旅游产业注入了新的动力源泉。

四、崇义县让绿色成为矿山最美底色

位于江西西南边陲地带的崇义县，是国家生态文明建设示范县、国家重点生态功能区、国家级生态示范区，有着优美宜人的生态环境和丰富的自然资源。近年来，崇义县积极践行"绿水青山就是金山银山"的理念，坚持生态优先、绿色发展，紧紧抓住赣南等原中央苏区振兴发展和生态环境部对口支援历史机遇，学好"两山"理论，走好"两化"道路，依托自身生态优势，打响绿色品牌，实现生态价值。

崇义县被划入生态保护红线范围的国土面积占总面积的48.78%，位列全省第十、全市第一。崇义县积极组织开展"三区两线"、自然保护区和生态保护红线内矿业权清查工作,积极推进绿色矿山创建和废弃矿山治理。县政府积极引导县内矿山持续加大"边开采、边保护、边治理"的力度,减少对生态环境的影响。截至 2020 年 11 月,崇义县持证矿山环境恢复治理面积完成 0.47 平方千米,超额完成年内任务,相关矿业企业投入资金达到 1024.01 万元,完成了 36 座矿山生态修复,修复后的矿山重现绿色最美底色,有效促进了矿山转型升级和矿业经济高质量发展。

以该县铅厂镇石罗村新安子钨锡矿为例。始建于 1978 年的新安子钨锡矿是崇义章源钨业股份有限公司下属的四座矿山之一。早年间,每逢旱季,漫天飞扬的灰尘让当地村民不敢大口呼吸,否则将会吃"饱"灰尘;每逢雨季,大片裸露的地表如同"皮肤恶疮",滑坡泥石流频繁发生,给当地村民的人身安全构成了极大威胁。近年来,该矿山通过建设"截污排水系统"工程以排除进入矿山的地下水和地表水,"覆土复绿"工程使矿山生态得到有效修复,"拆旧建绿""修建挡墙""削坡放坡"等一系列措施,使矿山的生态效益、经济效益、社会效益都得到了显著提升。目前,新安子钨锡矿已完成矿区植被恢复面积 70 多亩。在强化绿色意识后,矿业公司更加注重对废石和尾矿的处理和资源化,如采用尾矿干排技术,可使尾矿不再进入尾矿库中,而是将其加工处理成建筑石材,这不仅有效降低了废石场堆放场地征用林地的面积和成本,更实现了变废为宝,有效促进了增收。

五、兴国县治理废弃矿山,换来绿水青山

兴国县是著名的将军县。该县矿产资源丰富,截至 2020 年 6 月,已探明有一定储量的矿种达 25 种,矿床矿化点 160 余处。[①] 其中,萤石储量在全国居重要地位,石灰石、花岗石储积量均居江南县市之首,瓷土储积量居华东之冠,高岭土储量高达 2000 万吨。因历史原因,兴国县有废弃矿山面积约 4861 亩,已治理恢复面积 1161 亩,尚有 3700 亩需治理。为提速推进废弃矿山生态修复综合治理,兴国县积极探索以"政府主导、政策扶持、社会参与、市场化运作"的模式,与江西省煤田地质局普查综合大队合作,由其全额投资,启动了东村乡小洞村小溪坑废弃矿山生态修复试点工作,既解决了当地矿山生态修复综合治理资金不足的难题,又实现了加快推进矿山生态修复综合治理。截至 2020 年,

---

① 自然资源 [EB/OL]. 兴国县人民政府,http://www.xingguo.gov.cn/xgzf/c104322/tt.shtml,2020-06-24.

江西省煤田地质局普查综合大队已修复煤矸石矿山 450 多亩，恢复耕地 90 多亩，① 已实施完成主要区域的削坡减荷、场地平整等工程，其他配套灌溉排水配套设施、复耕复绿工程尚在实施过程，极大改善了生态环境及当地生产生活环境。

为深入持续开展废弃矿山治理，为兴国县生态文明建设打好基础，兴国县迎难而上、补足短板、多措并举、综合施策，充分挖掘自身潜能，全力推进废弃矿山生态修复工作取得良好开局。

第一，积极探索矿山生态修复引进社会资金市场化运作模式，着力推进废弃矿山治理重点项目实施。兴国县完成引进社会投资方江西中煤集团生态环境有限公司与县政府战略协议的签订，成立了兴国县矿山生态修复工作领导小组，并下发了《兴国县市场化方式推进矿山生态修复工作方案》，完成了市场化方式推进矿山生态修复项目 EPC 招投标和项目监理单位招标工作。同时，启动实施了兴国县东村乡小洞村等 2 个乡 3 个村废弃矿山生态修复试点项目，江西省自然资源厅将兴国县列为全省三个国土空间生态修复试点县之一。

第二，积极争取开展全域土地综合整治试点工作，完成兴国县东村乡东村、小洞村列入国家全域土地综合整治试点推荐工作，自然资源部已批复列入试点。

在兴国县东村乡没有处理之前的废弃矿山区，地表土裸露无植被，只要雨水一冲刷，水土流失就十分严重，甚至造成河沟淤塞、毁坏良田等问题，严重影响了周边群众的生产生活，致使该组的村民逐渐搬离该村庄。近年来，为了解决废弃矿山水土流水严重、水资源污染、地质滑坡等问题，兴国县积极引进社会资本参与废弃矿山生态修复工作，对废弃矿山影响区域进行综合治理，实现生态效益和经济效益的双赢。

第三，积极争取山水林田湖草生态修复项目，组织人员编制了《兴国县山水林田湖草生态修复项目实施方案》，并按程序组织材料上报，争取项目列入自然资源部项目库。

六、龙南市让散布山野的废弃矿山再现山水绿意

龙南市位于江西省最南部，境内稀土品种多，是传统的稀土产区。全市森林覆盖率达 82.2%，居全省前列，享有"生态王国""绿色宝库"的美誉。但是，

---

① 兴国：市场化修复生态　让废弃矿山提速复绿［EB/OL］．时空赣州网，2020 年 7 月 14 日，http：//www.jxgztv.com/xgnr3/387529.jhtml，2020-07-14.

由于当地开发稀土矿产经济，导致了严重的生态赤字。从龙南市辖区内发现的稀土矿区来看，由于前期开发采用的生产工艺落后，矿区内水土流失、土地沙化酸化以及流域水土有害物质超标等现象频繁发生。为了逐步改善稀土矿山的生态环境，提高人民群众的生活质量，龙南市采取多种方法加大了对废弃稀土矿山的治理力度。

（一）主要做法

1. 创新稀土矿山综合治理模式

陇南市水保局对废弃稀土矿山治理分为两个阶段进行：一是从 20 世纪 80 年代，原冶金部将龙南市水保局在足洞稀土矿区形成的"逢坑必建坝、大坝套小坝"的治理格局誉为"稀土矿区水土保持综合治理的龙南模式"。20 世纪六七十年代，建筑拦沙坝 160 多座，拦截泥沙近 1500 立方米，恢复了 790000 平方米的植被，其中混合草、百喜草种植面积 330000 平方米，成效显著。① 龙南市借助良好的经验铺垫，顺势而上，自 2017 年开始进行废弃矿山崩岗治理，对 90 座崩岗进行了综合治理。以"施工不流土、竣工不露土"为综合治理原则，以分级削坡、建筑排水沟渠、实施护岸工程、植树种草为主要举措，有效减少了泥沙堵塞导致道路不畅等现象，在为工厂增加土地利用面积的同时也增加了农田的灌溉面积，使土地重新得以利用。

目前，龙南市形成了"政府搭台、部门联合、各投其资"的稀土矿山治理模式，在充分调动多主体参与的同时，也提高了综合治理效率。龙南市水保局的工作中心也从原来的"重治理"转向了"以监督和技术指导为主"，立足本地、因地制宜地及时调整转向，更有利于龙南市稀土矿山的进一步治理。

2. 实施稀土矿山车间全面整治项目

自中央生态环境保护督察反馈稀土矿山污染问题后，龙南市下定决心、大力整改，从源头抓起，实施了稀土矿山车间全面整治。自 2017 年 5 月以来，龙南市成立巡查队伍，严厉打击违法开采行为。2019 年，龙南市全部完成辖区内的39 个矿点车间，拆除面积约 0.59 平方千米。

龙南市投入资金近千万元大力推进拆除车间的"复绿工程"，使矿区内生态环境真正得到有效修复。截至 2020 年 3 月，39 个拆除车间完全完成复绿，针对稀土矿山的全面整治真正落到了实处。

---

① 龙南市水保局对废弃稀土矿山治理［EB/OL］. 龙南市人民政府，http：//www.jxln.gov.cn/lnzf/ldxx/202008/c31c4acc73f54589afe556342e248220.shtml，2020-08-22.

（二）主要成效

龙南市累计投入治理资金 3.7 亿元，共完成废弃稀土矿区治理面积 1.18 万亩。其中，足洞河流域废弃稀土矿山治理工程实施后，为龙南市经开区发展提供了将近 3240 亩的建设用地；通过实施龙南市工矿废弃地复垦利用试点项目，龙南市新增近 385 亩的耕地，恢复林地 413 亩。此外，龙南市还将黄沙乡稀土矿三车间转型为 80 亩的蓝莓产业种植基地，极大推动了龙南市蓝莓特色种植产业向前发展。通过持续推进稀土矿山治理，龙南市让荒山重新披上绿装，生态环境得到极大改善。

七、赣南老区稀土矿山高质量治理的经验启示

（一）推进建设绿色矿山

绿色矿山是以国家生态文明战略为统领，以发展绿色经济，实现资源效益、生态效益、经济效益和社会效益协调统一为目标；以依法办矿、规范管理为前提；以高效利用、环境保护、节能减排、矿区和谐为核心；以科技和管理创新为保障的一种全新的矿山建设和经营模式。作为全国绿色矿业发展示范区，赣州牢固树立"绿水青山就是金山银山"发展理念，大力构建政府、企业、社会共同参与的绿色矿山建设新机制，率先在江西开展钨、萤石矿绿色矿山地方标准体系制定，加强矿山地质环境恢复治理与矿山土地复垦，大力研发推广绿色开采技术和装备，推动矿地和谐共享共建，提高了矿产资源集约节约利用水平，优化了矿山企业结构，促进了矿业领域生态文明建设。

（二）推动发挥主体作用

进行稀土矿山的开发与治理，相关企业是实施工程建设的主体，政府部门是实施监管的主体。发挥监管作用的政府主体应当抓好用好现有政策，特别是土地政策，同时考虑后续配套制度，对矿产资源开发、环境恢复治理、土地利用等进行综合施策，充分调动企业主体以及群众参与的主动性、积极性，并给予优惠政策，改善矿区生态环境，和谐化矿地之间的关系。发挥实施建设作用的企业主体，应当主动配合政府部门的治理工作，积极履行矿山环境恢复治理义务，探索创新采矿、选矿、废弃矿石等环节的处理技术，协助政府部门强化技术运用，同政府部门一道强力推进废弃矿山生态环境的综合整治。

（三）坚持因地制宜原则

在废弃矿山综合治理的过程中，应当依据崩岗和废弃矿山的不同特点，采取符合当地的治理模式，根据"宜耕则耕""宜林则林""宜工则工"原则，将废弃稀土矿山整治为农业、林业、工业等建设性用地，最大化其经济效益和社会效益。

"宜耕则耕"。应当根据矿山的地理位置、自然环境和周边配套等条件，对地势轻度变形、坡度小、土壤较为肥沃、排灌设施完备的塌陷地进行整治，积极推进废弃稀土矿山的地质环境治理和污染土壤生态修复。

"宜林则林"。应当按照"整体生态功能恢复"和"景观相似性"要求，对矿产资源开发造成的生态破坏和环境污染问题进行整治，出台政策鼓励社会资本和当地农民投资，在废弃稀土矿区种植经济林和其他林木，提高矿区的植被覆盖率，改良土壤质地，改善生态环境，恢复区域的整体生态功能。

"宜工则工"。一方面，通过土地复垦和土壤修复治理，将交通便利的废弃稀土矿区直接治理成建设用地，着力打造工业园区；另一方面，在远离交通要道且靠近输变电站的废弃稀土矿区开展光伏发电项目，着力发展绿色能源产业。

（四）加强制度体系保障

稀土矿山的开发治理需要有规划、有标准、有制度、有政策作为支撑，必须始终推进制度供给和制度创新。要通过不断完善保障制度，把保护生态环境、节约集约利用资源的要求纳入矿产开发与治理全部环节中。用制度确定执法主体，明确矿山生态环境保护与治理的相关法律要求和责任，为实施稀土矿山综合治理提供法律保障，为推进矿山整治和开展地质管理提供重要依据。

实现稀土矿山的高质量治理是一项全新而艰巨的工作，完善健全系统的监督管理制度事关重大。同时，这项工作也涉及不同的监督管理部门，需要在地方政府领导下，加强各部门之间的协调配合，真正将矿山生态修复的制度优势转化为矿山治理效能。

第二节　赣南老区水土流失高质量治理典型案例

一、赣南老区水土流失治理的新探索

（一）赣南老区水土流失的重大工程

赣州是典型的丘陵地带，由于地质、地形、土壤、气候及一些人为因素，造成严重的水土流失。赣州一度被称为"江南红色沙漠"，一些环境污染严重的地方甚至危及当地村民生存。可以说，水土流失是制约赣南老区生态环境改善的一大重要因素，也成为其最大的生态问题。搞好水土保持工作，对筑牢"南方地区重要生态屏障"，实现赣江、东江流域生态改善，推动赣南老区经济社会高质量发展具有重大意义。

针对已经出现的一系列水土流失问题，赣南老区积极践行山水林田湖草系统治理理念，抓住被列入全国首批开展山水林田湖草生态保护修复试点的契机，组织了一系列水土保持工作专项调研，实施了山水林田湖草生态保护和修复工程，建设流域水环境保护与整治、矿山环境修复、水土流失治理、生态系统与生物多样性保护、土地整治与土壤改良等重大工程。自获批全国重点水土保持试验区以来，赣州先试先行、改革创新，取得了一系列显著成效，被水利部誉为创造了水土流失保持生态治理的"赣南模式"。据统计，2012年以来，赣州累计治理水土流失面积达4310.44平方千米，治理崩岗4334座（处），建成水土保持生态示范园56个，其中5个被水利部命名为"国家水土保持科技示范园区"。2020年，全市已经完成综合治理小流域630条，涌现了兴国县兴江乡塘背村、宁都县石上镇、赣县区崩岗水土流失治理、上犹县"生态清洁型"小流域治理、东江流域跨省横向生态补偿机制等保护水土资源的成功典型。

（二）推动构建东江流域跨省横向生态补偿机制

水资源保护是维护生态平衡的重要内容，发源于江西赣州东南部的东江既是珠江水系三大干流之一，也是我国具有代表性的河流型饮用水水源。东江源头包括寻乌、定南、安远三县和会昌、龙南的部分乡镇。东江源头的水质量直接关系整个东江流域的水生态安全，被称为珠三角地区群众的"生命之水""经济之水"。东江源区平均每年流入东江的水资源量约为29.2亿立方米，占东江年平均径流量的10.4%，保护好东江源头水是保护江西生态环境的重要环节。

2004年，江西编制了《东江源生态环境保护和建设规划》。2016年，江西、广东两省拉开了首轮在东江流域进行跨省生态补偿试点的序幕，在《国务院办公厅关于健全生态保护补偿机制的意见》出台后，明确在江西、广东东江开展跨流域生态保护补偿试点。2016年10月，赣粤两省人民政府签署了为期三年的《东江流域上下游横向生态补偿协议》。

2020年，江西、广东两省正式签订《江西省人民政府　广东省人民政府东江流域上下游横向生态补偿协议（2019~2021年）》，第二轮协议的签订标志着东江流域上下游横向生态补偿由试点转化为长效机制，建立健全跨省流域上下游横向生态补偿机制迈上了一个新的台阶，江西、广东两省就继续推进跨省流域上下游横向生态补偿、实行联防联控和流域共同治理，形了流域保护和治理的长效机制，保护好东江源头"一泓清水"达成了一致意见。

东江流域生态补偿试点是全国流域生态补偿机制建设的先行者，江西、广东两省经过两次跨流域生态环境的协同保护合作，生态补偿机制正逐渐完善，东江流域跨省横向生态补偿机制的试点经验，也成为推广上下游横向生态补偿机制探索创新的"源头活水"，实现了环境效益、经济效益与社会效益的多赢。

1. 促进责任落实

赣州市委、市政府主要领导在市委常委会、市政府常务会等会议上多次研究部署东江流域生态补偿工作，高位推动生态补偿工作。赣州强化"属地管理""党政同责"，明确各级地方党委、政府是实施环境保护治理工作的主体，建立了市、县、乡（镇）、村四级"河长"组织体系，东江源区各县也都成立了县级生态补偿工作领导小组，一级抓一级，层层抓落实，确保每一条河流、每一个小流域水质保护责任落实到位。

2. 做好科学规划

2016 年，为了能够更好地指导东江水环境质量的保护，江西省生态环境厅编制了《东江流域生态安全调查评估及编制生态环境保护方案的工作方案》（部分），如表 4-3 所示。

表 4-3　《东江流域生态安全调查评估及编制生态环境保护方案的工作方案》（部分）

类别	主要内容
主要任务	1. 完成东江流域生态安全调查与评估 依据《江河生态安全调查与评估技术指南（试行）》，以收集调查范围内生态系统安全相关资料为基础，结合现状水质和水生态调查分析，分别开展东江生态环境压力、东江生态系统健康、东江生态服务功能和东江生态风险四个专题的调查评估工作，最后在四个专题的基础上完成东江流域生态安全综合评估
	2. 完成东江流域生态环境保护方案的编制 基于生态安全调查评估结果，正确诊断东江主要生态环境问题，识别生态健康受损症状，诊断受损原因及受损程度，建立生态健康受损症状及其受损原因的诊断矩阵，结合矩阵和安全评估指标得分筛选出东江生态安全受损原因清单，从而为确定东江生态环境保护的具体工程项目奠定科学基础，做好东江生态环境保护工作

续表

类别	主要内容
编制报告与方案	1. 编制生态安全评估报告 根据东江生态安全调查与评估内容及结果编制东江生态安全评估报告，东江生态安全评估报告主要分为两大部分：生态安全调查与生态安全评估 编写指标依据为《江河生态安全调查与评估技术指南（试行）》规定的：①生态环境压力综合指标；②生态系统健康综合指标；③生态服务功能综合指标；④生态风险综合指标
	2. 编制生态环境保护方案 根据《东江生态环境保护方案编写技术指南》，结合流域现状和东江流域生态安全评估结果，从以下五个方面提出流域生态环境保护方案：①流域社会经济调控方案；②流域水土资源调控方案；③流域水污染综合防治方案；④流域生态保护与修复方案；⑤流域生态环境风险管理方案

资料来源：江西省生态环境厅官网。

相关技术路线如图 4-1 所示。

自 2016 年江西、广东两省建立了东江流域上下游横向水环境补偿机制以来，赣州严格按照江西政策文件的相关要求，在开展生态环境现状调查和评估的基础上，组织编制了《东江流域生态环境保护和治理实施方案》，确定了东江流域上下游横向生态补偿项目，大力推动项目实施。该方案针对东江源水质维稳压力较大、生态环境较为脆弱、环境保护基础设施滞后、流域环境监管能力不足等问题，规划实施污染治理工程、生态修复工程、水源地保护工程、水土流失治理工程和环境监管能力建设工程共 79 个重点项目，总投资 18.88 亿元。

赣州还组织东江源区寻乌、定南、龙南、安远和会昌根据《东江流域生态环境保护和治理实施方案》，制定了年度实施方案。自 2017 年 6 月起，每季度、每月定期对项目执行情况、资金使用和管理等情况进行调度，定期监督检查，从而加强资金项目管理，加快项目执行进度。

3. 创新体制机制

生态补偿达成共识后，赣州把东江流域生态补偿工作作为赣南老区振兴发展的重大政治责任和重要民生工程来抓，将东江流域生态补偿项目纳入国家山水林田湖生态保护修复试点统一调度，列入 2017 年度市委书记领衔推进落实的重大项目。为了严格生态补偿项目的管理，赣州出台了《赣州市东江流域生态补偿项目管理暂行办法》。该办法明确了项目范围、建设管理、竣工验收和考核程序等，有效保证了生态补偿项目建设质量和进度。

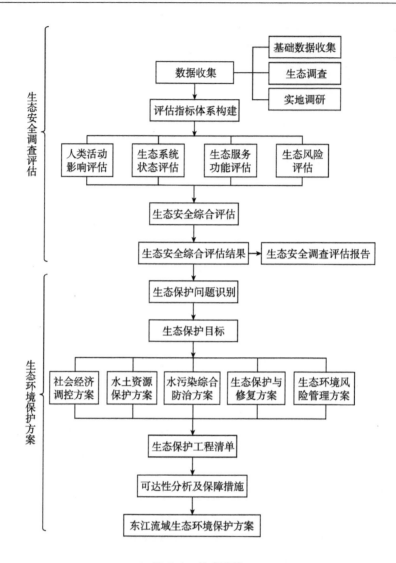

图 4-1 技术路线

资料来源：江西省生态环境厅官网。

截至 2019 年 8 月，赣州已累计投入 33 亿元用于东江源区生态环境保护与治理。① 为了建立健全资金奖惩机制，赣州出台了《赣州市东江流域生态补偿资金暂行办法》，在规范资金管理的同时，创新资金分配方式，将补偿资金分为三部

① 赣州市生态环境局召开贯彻实施《若干意见》7 周年新闻发布会［EB/OL］. 赣州市生态环境局，http：//sthjj. ganzhou. gov. cn/gzssthjj/xwfb/202101/84bf2c8bf6cb441b9d4361a84f5f0f73. shtml，2019-08-08.

分：80%的资金用作基本补偿资金，按照因素法分配下达各流域县（市），不超过2%的资金用作机制奖励资金，用于奖励建立上下游达标流域上游县（市），其余部分资金用作绩效奖励资金，会根据各流域县（市）水质达标情况进行分配，形成"能奖能扣、奖优罚劣"的奖惩机制。

从各流域县（市）来看，定南县全面实施"河长制""林长制"，实施"禁止在保护区内从事一切破坏水环境生态平衡的活动"等七个禁止制度。定南县以东江流域生态环境改善为目标，制定了《定南县加强东江源头生态环境保护和建设实施方案》《定南县加强东江源头保护区环境治理与保护和建设工作方案》《定南县保护东江源区水质综合整治排污行为专项行动实施方案》等14个政策文件，全面推进污染减排及环境质量监管，为东江流域生态环境改善提供了保障。

4. 增强跨区联动

增强跨区联动是共谋发展的必由之路。一是赣州不断加强上下游区域交流合作。依托东江"一衣带水"的亲缘关系，赣州与广州、河源、深圳宝安区分别签订了合作框架协议，开展基础设施建设、产业发展、经贸交流等方面的全面战略合作。二是赣州建立了跨界河流水污染联防联控协作机制。江西、广东两地建立了定南县、龙川县、和平县跨界河流水污染联防联控协作机制，开展了一系列跨界水质检测和执法联动。三是赣州积极开展水质联合监测。赣州与河源环境监测站确定了东江水质联合监测方案，开展了同时间、同地点、同监测方法、同药品、同仪器、同实验室的"六同"监测，有效加强了水质检测数据的质量控制。

5. 创新治理模式

（1）生态环境综合执法。环境执法改革时机日渐成熟。整合组建生态环境保护综合执法队伍，是深化党和国家机构改革拟组建的五支执法队伍之一，是改革生态环境监管体制的重要内容，是贯彻落实放管服改革精神和深化行政执法体制改革的重要举措，对于加快推进生态环境领域国家治理体系和治理能力现代化具有重要意义。

在这一背景下，作为全国生态文明县，东江源区的安远县为了解决生态领域执法部门条状管理、职能重叠、衔接不力等系列问题，2016年4月5日，安远县成立了江西首个生态综合执法局，不断创新生态环境综合执法体制机制改革，凝聚起各监管单位的力量，在执法过程中先试先行、积极探索，取得了一系列的显著成果。作为生态环境领域综合行政执法机关，安远县生态综合执法局与县森林公安局共同构建成一个生态综合执法联合体，采取"集中办公、统一指挥、统一行政、统一管理、综合执法"的运行机制，实行合署办公，两块牌子、一套人马。安远县生态综合执法局具体负责在全县范围内开展生态环境综合整治工作，以国土空间生态环境执法为重点，承担生态领域重大、疑难行政处罚案件；行使森林资源保护、环境保护、水事管理、渔业保护、土地管理、水土保持、矿产资源保护等方面法律、法规、规章规定的行政处罚权，并协助森林公安局查办破坏环境资源犯罪案件，截至 2017 年 6 月，安远县累计开展执法巡查 386，制止破坏生态环境行为 280 起，刑事立案 2 起，受理行政案件 27 起，有效遏制了各类破坏生态环境事件的发生。

会昌县、寻乌县也相继组建了生态环境综合执法大队，各流域县严格执行生态准入制度，从源头遏制污染，"封山退果、铁腕治水"，大力实施废弃矿山治理、畜禽污染整治和生态移民搬迁等系列措施，东江源区生态环境得到综合治理。

（2）"三禁""三停""三转"举措。为了做好东江源区生态环境治理工作，东江流域县（市）各出奇招，如森林覆盖率高达 84.3%，是全国平均水平两倍的安远县实施"三禁""三停""三转"举措，即对森林资源实行全面禁伐，对东江源头河道实行禁渔，对稀土钼矿、河道砂石实行禁采；对污染项目实行停批、对污染企业实行关停、对污染行为实行叫停；对遭柑橘黄龙病损毁的果园进行转产、对资源消耗型企业进行转型、对粗放型生产方式进行转变的政策措施。通过实施最严格的生态环境保护制度，划定生态保护红线，探索生态保护长效机制，全方位呵护安远县生态环境。

（3）"三同治两结合"。寻乌县按照小流域综合治理和分区实施的总体思路，摸索出了一套"山上山下同治、地上地下同治、流域上下同治"的模式，以及管理同步推进、相互结合的方法，并且在截水拦沙工程实施过程中首次从国外引进了高压旋喷桩工艺。

（4）三位一体新模式。在农村生活环境治理的问题上，东江流域县之一的定南县为了实现生活垃圾治理全覆盖，解决东江源区内农村生活垃圾的治理问题，该县通过购买服务，采取 PPP 模式，探索"政府主导、农民主体、社会资本参与"的"三位一体"新模式，引进玉禾田集团、中联重科参与，从而使城乡生活垃圾清理和运输实现一体化全覆盖，形成机械化作业模式，对农村生活垃圾做到了"户收集、镇村转运、县集中处理"，建立了生活垃圾收集和处理的长效机制，实现了全县 7 个镇、8 个圩镇、120 个行政村农村生活垃圾治理全覆盖，有效为东江流域的绿色发展去除了杂色。

6. 强化绩效考核

赣州研究制定了《东江流域水质考核断面监测方案》，在东江流域县界和省界共布设了 10 个县级水质监测断面，对 pH 值、高锰酸盐指数、氨氮等 23 个水质指标按月监测；研究制定了《赣州市东江流域县级水质考核管理暂行办法（试行）》，细化了各流域县出境断面水质考核目标和问责措施；还根据《赣州市东江源区上下游横向生态补偿工作绩效评价办法（试行）》，将绩效考核结果作为各流域县政府综合考核评价的重要参考，对绩效评价"优秀"的项目县，在安排生态补偿资金时予以适当倾斜；对绩效评价不合格的项目县，则少安排或不安排补偿资金，并予以通报批评，责令限期整改。各流域县也充分履行监督主体责任，强化绩效考核。

寻乌县对水质下降的乡镇严格按《寻乌县生态环境损害责任追究实施办法（试行）》追责，对生态环境保护年度目标考核不达标的乡（镇）和单位实行"一票否决"。2017 年以来，对环保责任落实不到位的乡镇、单位主要领导共约谈 16 人次，依法查处非法开采稀土、小电镀等环境违法案件 15 起，刑事拘留 10 人，行政拘留 3 人。

二、兴国县："江南沙漠"成"茵茵绿洲"

兴国县位于江西中南部，赣州市北部，境内地质以华夏系和新华夏系构造为主，断裂构造明显，西部有弧形旋转构造；山地土壤类型主要为红色酸性土壤、黄壤以及紫色土；地貌以低山丘陵为主，一般海拔为 300~500 米；地处亚热带季风湿润气候区，年平均降雨量为 1528.8 毫米，年内降雨多集中在 4~6 月。截至 2019 年，全县辖 25 个乡镇，1 个经济开发区，304 个行政村，总面积 3215 平方千米，总人口 79.1 万。

自 1983 年起，兴国县就被列为全国水土流失重点治理县，国家重点扶持兴国县进行大规模水土流失治理的大幕就此拉开，实施了为期十年（1990~2000 年）的第一期第一阶段治理工程。在这一过程中，兴国县不仅强化了花岗岩区崩岗等侵蚀劣地治理，还通过实施塘背河等小流域综合治理工程，探索出了"山、水、林、田、路"统一规划模式，提出并实施推广了"顶林、腰果、谷田、塘鱼"的山区开发利用模式，"猪—沼—果"等生态循环农业经济发展模式，有力促进了水土保持生态、经济效益及社会效益的提升。1991 年，《中华人民共和国水土保持法》颁布实施，工矿、交通等建设项目水土保持方案编制与强制执行，兴国县水土流失得以持续有效治理。随着 2002 年国家全面实行退耕还林（草）

政策的出台以及农村剩余劳动力不断转移就业，极大地减轻了山区资源承载压力，增加了农民家庭收入和水土保持投入。2011 年，兴国县水土流失面积再次下降至 569 平方千米，占总土地面积的 17.7%。

自 2013 年兴国县被列为第一批"国家水土保持生态文明县"之后，更多的水土保持治理工程项目如雨后春笋般涌现在兴国县这片红色土地上，凡项目落地之处，水土保持面貌焕然一新。如龙口镇都田村昔日的高岗荒坡，成为如今集生态文化教育展示功能区、生态休闲垂钓功能区、生态成果采摘体验功能区、生态立体养殖功能区、生态自然修复功能区于一体的水保生态观光旅游目的地和水保文化体验区。除了得益于《国务院关于支持赣南等原中央苏区振兴发展的若干意见》等一系列政策的扶持，国家烟草专卖局、民政部对口帮扶，兴国县的水土保持取得的优异成果与其自身在重点治理模式、重点工程建设管理机制方面的积极探索与实践也是紧密相连且不可分割的。

多年来，兴国县本着"生态建设产业化、产业发展生态化"的工作思路，推广和优化组合"小流域综合治理"、"崩岗综合整治"、"顶林、腰果、谷田、塘鱼"生态立体农业模式、"猪—沼—果"生态循环农业、"矿山植被恢复治理"等水土流失十大治理模式，通过国家水土保持重点建设工程、国家烟草专卖局援建的兴国县长冈灌区改造工程、兴国县洋池口水库建设项目等重点工程为契机，不断巩固扩大兴国县来之不易的水土流失治理宝贵成果。在建设国家水土保持工程的过程中，兴国县以强有力的建设管理机制为抓手，推动全县水土保持工程建设规范有序进行，形成高效的水土保持治理模式，除了建立"水土保持施工队伍库"以促进保障水土保持工程进度、质量、安全外，还采取了以下四种创新举措。

（一）强化组织领导，严格监督监测

（1）强化组织领导。兴国县政府成立了由主要领导任组长、各相关部门一把手为小组成员的水土保持委员会，负责全县水土保持工作的统筹、协调和调度；同时还成立了国家水土保持重点工程建设小组，负责具体项目的实施和协调。兴国县针对每条小流域也都成立了负责该流域工程规划、实施放样和监督验收等工作的工程实施小组。自上而下的组织领导体系完整规范，能够高效保证项目的实施进行。除此之外，兴国县先后还提出"不抓水保的干部不是好干部，抓不好水保的班子不是好班子""一任接着一任干，一任干给一任看""把山当成田来做"等富有特色的口号，每一任领导干部卸任移交的第一件事就是交代水土保持工作，在这样优良传统的不断延续中，兴国县也形成了"议水保、抓水保"

的良好氛围，建立了"政府统一领导、水保统一规划、多部门协作、广大群众参与"的水土流失防止机制。

（2）严格监督监测。兴国县实行监督监测的对象主要为三类：一是政府对企业进行监督监测，在全县范围内进行企业水土流失调查，随时掌握监控企业造成的水土流失状况，督促企业编报水土保持方案。二是政府对重点区域进行监督监测，不断加强对崩岗区、泥石流易发区等重点区域的监测，特别是在雨季进行严密监视，采取必要措施保障人民群众财产安全。三是政府对果业进行监督监测，针对果业开发等破坏原有植被的行为，必须先制定水土保持措施，在开发中还须做到"山顶戴帽"，切实减少人为水土流失。

（二）实施封禁管护，推动工程建设

（1）实施封禁管护。兴国将建房、烧窑、采石、开矿、修路、新农村建设等生产建设活动纳入监督范畴，把修枝、间伐、耙柴、零星砍柴等行为纳入管理范围。

为巩固治理成果，兴国县委、县政府相继出台了《关于进一步加强水土保持监督执法的意见》，就狠抓水保监督执法工作进行规范，明确各单位职责和工作任务等。《关于进一步加快推进我县水土保持生态文明建设的意见》规定，凡未办理水土保持方案审批手续的生产建设和资源开发、土地开发、公路建设、果业开发等项目，生态环境部门不得审批环境影响报告书，国家发展改革委、商务部不得核准、审批和备案，自然资源部门不得办理土地审批手续，矿山项目不得办理采矿登记和颁发采矿许可证。对把关不严、监督不力、造成严重人为水土流失的单位领导和相关责任人，要依法追究责任。

（2）推动工程建设。以实施崩岗侵蚀劣地水土保持综合治理项目为例，崩岗是指山坡分离、崩塌和堆积的侵蚀现象，严重毁坏土地资源，破坏农业生产。尽管长期治理使兴国县水土流失情况得到根本改善，但区域内局部因严重水土流失造成的崩岗地依然存在。兴国县积极争取并启动实施了山水林田湖生态保护修复工程，项目分布在全县 25 个乡镇，累计治理崩岗 2003 处。除此之外，兴国县还积极打造崩岗治理综合示范点，探索出"浆砌石挡土墙+干砌石谷坊+水土保持林+适当经济果木林"开发、"适度水平梯田整治开发种植经济果木林+规模种植水土保持林"、示范性布设各种措施展示崩岗治理技术路线和科技水平等不同的技术路线，同步治理山水林田湖。

位于兴国县永丰乡的凌源村，一片片治理过的崩岗区斜坡上长满了绿草，该村还开发种植脐橙等经济果林 0.21 平方千米、生态改造油茶等经济林 0.89 平方千米，直接受益农户 64 户，大大改善了农民生产生活条件，提升了群众幸福指数。崩岗综合治理工程以来，兴国县栽种水土保护林 0.63 平方千米、经济果木林 0.49 平方千米，减少流失面积 13 平方千米，有效加快了水土流失防治步伐，改善了农业生产条件和居住环境，提高了村民收入水平，为当地农村经济的持续、快速、健康发展奠定了良好的基础。

（三）施行政策鼓励，重视水保宣传

（1）施行政策鼓励。兴国县积极实行工程建设群众义务投工承诺制，既尊重了群众意愿，又能充分调动群众的积极性。2018 年，兴国县被列入江西水土保持工程建设"以奖代补"试点县，也是赣州水土保持改革"先试先行"重点县，兴国县实行水土保持建设工程"以奖代补"，不仅革新了传统工程建管模式，简化了工程建设程序，该政策还对经验收合格的经济果木林治理、生态清洁型小流域治理、崩岗治理等水土保持建设项目进行奖补，鼓励社会力量参与水土保持工程建设的过程中也吸纳了大量劳动力，引导当地农户通过劳动实现了致富，达到了生态效益、经济效益、社会效益的有机统一。

（2）重视水保宣传。兴国县为了使所有干部群众都积极参与水土保持生态环境建设中，其利用广播、电视、标语、板报等形式，深入乡村、工地、集镇、校园进行全方位宣传，宣传内容主要包括水土保持法律、水土保持知识、水土流失及危害、水土保持工作先进典型等。2017 年 3 月，兴国县就在五福广场举行了"贯彻水保法争当全国水土保持改革排头兵"的宣传活动，活动当天的参观人数达到上千人，这次活动也对提高民众水土保持法律意识、生态环境忧患意识及生态文明建设信念起到了积极的作用，奠定了兴国县争当全国水土保持改革排头兵的群众基础。

（四）促进科技创新，打造示范园区

兴国县十分注重科技创新的支撑作用，通过组建产学研相互协作的科技支撑体系，构建了"南方水土流失治理的兴国模式"，形成了完善的水土流失综合防治体系。此外，兴国县塘背村水土保持科技示范园区在 2018 年 2 月被命名为"国家水土保持科技示范园区"。2020 年 12 月，兴国县塘背村水土保持科技示范园区被中国水土保持协会评为第四批"全国水土保持科普教育基地"，同时被命名为"江西省兴国县塘背水土保持科普教育基地"之一，这也是全国唯一获此殊荣的县级管理单位。

兴国县塘背村水土保持生态科技示范园位于兴国县龙口镇都田村，园区总面积为 2.1 平方千米，属于南方低山丘陵花岗岩强度流失区，是江南开展水土保持综合治理的第一条小流域，能够代表兴国县水土流失的主要类型、程度、危害及生态环境、地质地理等基本特征。园区以水土保持科技教育宣传与生态旅游观光相结合，山水林田湖草统一规划，工程措施和非工程措施合理配置，治理与开发相结合，突出新的科研成果应用，探索科学防治水土流失、美化人居环境、提高群众生活水平的有效途径和优化模式，现已初步形成"生态文化教育展示功能区、生态休闲垂钓功能区、生态成果采摘体验功能区、生态立体养殖功能区、生态自然修复功能区"一园五区的发展格局，使园区科研示范、科技推广、休闲观光功能得到全面提升。目前，该园区已经成为市民水土保持生态观光旅游目的地和水土保持生态文化的体验区。

三、宁都县释放"水土治理红利"

宁都县位于南方红壤低山丘陵区水土流失最为严重的赣南地区，严重的水土流失导致水旱灾害频发，让一方百姓深受其苦。宁都县土地总面积为4053平方千米，2019年，全县水土流失面积约831平方千米，约占全县土地总面积的21%。

自20世纪80年代，宁都县就被列入了三项全国水土保持工程，相继实施了国家以工代赈水土保持项目、全国八片水土保持重点防治项目、国家水土保持重点建设工程和以奖代补试点项目，并在治理后的红土地上采用"山顶戴帽、山腰种果、山脚穿靴"的生态种植园区开发模式，种植了大量脐橙等柑橘类水果。经过了近40年的水土保持治理，宁都县石上镇境内的"宁都县现代农业科技示范园"被打造为国家级水土保持示范园区，该园区以构造剥蚀低山丘陵地为主，土壤类型主要是红砂岩母质发育的红壤，在南方红壤丘陵区具有典型性，能够突出红砂岩母质红壤的区域特色。

（一）开展水土保持工程建设以奖代补试点

自《国务院关于支持赣南等原中央苏区振兴发展的若干意见》颁布实施以来，确定由水利部对口支援宁都县，宁都县在组织领导、规划编制、项目建设、水利改革、人才培养等各个方面都得到了水利部鼎力支持，全县水利工作迎来了发展新机遇。在成功申报水土保持工程以奖代补试点县后，宁都县不忘初心、接续奋斗，以六大举措全面推进试点工作的进行。2018~2020年，取得了完成水土流失治理117.66平方千米的佳绩。宁都县水土流失面积减少了近1/3。

（1）加强试点工作的组织领导。宁都县政府成立了"宁都县水土保持工程建设以奖代补试点工作领导小组"，按照《江西省水土保持工程建设以奖代补试点办法》，宁都县政府颁布了《宁都县水土保持工程建设以奖代补试点方案（试行）》，在试点方案中强调了要将试点工作纳入乡镇年度目标考核内容，有效促进了乡镇的主体责任落实，提高水土保持工程建设以奖代补的试点工作执行效率。

（2）提供公平合理的奖补标准。宁都县在聘请第三方编制预算造价后，还将工程预算报送到县财政局评估中心审核，以财政部门审定的单价为准，采取按比例奖补，突出了差异化奖补。将项目分为公益性项目和非公益性项目，采取分类奖补和差异化奖补的方式进行。如以生态效益为主的水土保持林与生态清洁型小流域的相关措施等公益类项目奖补比例高达75%，有经济效益的非公益类项目奖补比例为30%。

（3）制定统一规范的奖补程序。宁都县制定了水土保持工程建设以奖代补试点项目统一使用的文体、表格和工作流程图，并且严格按照"一书两单三图四表"和"两承诺三公开"的监督管理机制，全面落实县、乡、村和社会的监督管理责任。

（4）开展丰富多样的宣传活动。宁都县开展了内容丰富、形式多样的水土保持以奖代补政策宣传活动，营造了浓厚的项目建设氛围，共引导农业企业、农民专业合作社、村民理事会、专业大户等各类建设主体62个参与项目建设。

（5）举办水土保持的培训活动。宁都县在2018年就先后举办了3期业务培训和38次现场示范教学培训活动，组织所有施工人员集中传授水土保持工程施工技术要点，共培训2000多人次，有效提高了施工人员的技术水平和施工队伍的施工水平。

（6）打造勇于争先的示范样板。一是坚持与创建生态文明工程相结合。如在小布镇勾刀咀生态清洁小流域建设过程中，邀请江西省水土保持科学研究院优质高效完成2项技术服务。二是坚持与打造示范样板相结合。如将原来水土流失严重的南岭小流域打造成油茶开发示范样板，对转变宁都县不合理的农林开发整地方式有着十分重要的示范意义。

试点工作开展以来，宁都县有效撬动了社会资本的参与，提高了中央水利发展资金的使用效率，明显加快了项目实施进度，明确了建后管护责任，提高了群众参与水土流失治理的积极性。

宁都县以"尊重自然、注重预防、强化治理、推进水土流失防止体系和防治能力现代化"为总目标，以"基础扎实、管理规范、科技引领、生态良好、百姓获益"为工作目标，与时俱进、扎实工作，完善试点工作机制，突出治理重点，努力打造精品亮点，形成了一批可复制、易复制的成功经验，有效助推了赣州全国水土保持改革试验区建设与江西国家生态文明试验区建设。

（二）推行防止果园水土流失的开发模式

宁都县果园开发的合理性主要归功于"山顶戴帽、山腰种果、山脚穿靴"这三大防止果园水土流失的重要举措。宁都县果园基地还建设了外梗内沟反坡梯带，梯壁播种水保草，梯面种植绿肥，实现园中有林、林中有园。

"山顶戴帽"是指保留山顶的原生树林，以达到固定水土的目的；"山腰种果"是指保留原有生态环境，只在半山腰种植一些柑橘类水果；"山脚穿靴"是指在山脚下设有森林护沟防坡，以防止水土流失。"山顶戴帽、山腰种果、山脚穿靴"是宁都县种植柑橘类水果的推广标准，通过推行这种标准，不仅能够保持原有的生态环境，还能更好地涵养水分，提高空气湿度，从而使种植出来的水果果肉鲜美、味甜多汁。

除了推行科学的建园标准之外，"引水上山、建设山塘、推进项目"还是宁都县大力解决山上无灌溉水源、防止水土流失两大问题的重要举措。以固厚乡小洋生态脐橙产业基地为例。固厚乡小洋生态脐橙产业基地地处丘陵山区，灌溉和水土流失是该基地无法回避的两大治理难题。为了解决山上无灌溉水源的难题，宁都县建设了5座山塘用于在雨季时收集雨水，建设了9座高位水池用于在旱季时提水上山。迄今为止，宁都县已在坡面种草1650亩，修建工作便道22.98千米，建设沉沙池1125个。如今的固厚乡小洋生态脐橙产业基地已经成为"涝能蓄水、旱能灌溉、土肥不下山"的高标准生态脐橙示范基地。为了解决水土严重流失的难题，对口支援宁都县的水利部通过采取将固厚乡小洋生态脐橙产业基地列为国家重点研发计划专项"南方红壤低山丘陵区水土流失综合治理"项目核心研究区的重要举措，按照"山顶戴帽、山脚穿靴、生态隔离和通道绿化"的要求实施了一系列水土保护措施。

自2016年7月该基地启动建设以来，规划面积为5246亩，2019年，已经完成开发高标准脐橙园4800亩，直接受益农户185户共705人，间接受益人数达到1000人以上。预计该基地脐橙树全部挂果之后，可年产1000万千克以上，产值可达5000万元以上，种植户年均增收3万元以上，如果按一家三口来计算，户均年收入接近10万元。

（三）打造国家级水土保持示范园区

2016年6月，江西宁都县水土保持科技示范园区被水利部批准为国家水土保持科技示范园区。该园区位于江西赣州宁都县石上镇境内的宁都县现代农业科技示范园内，与翠微峰风景名胜区为邻，交通位置十分便利，距离宁都县城仅15千米，距离赣州162千米，距离南昌324千米。宁都县水土保持科技示范园区的典型性主要体现在其园区以构造剥蚀低山丘陵地为主，园区土壤主要是由红砂岩母质发育的红壤，一定程度上能够突出南方地区红砂岩母质红壤的区域特色。

宁都县水土保持科技示范园区立足红砂岩，面向南方红壤区，以产业发展和示范推广为主，集科学实验、观光休闲、科普教育等于一体的综合性水土保持科技示范园区，具有一定的区域特色。其功能主要有以下四种，如表4-4所示。

表4-4 宁都县水土保持科技示范园区的主要功能

主要功能	功能体现
水土流失治理示范	园区将水土流失综合治理同脐橙和油茶产业开发结合，工程、植物和耕地措施相结合，基本形成了较为完善的水土保持综合防治体系，达到了很好的治理效果和示范效果。基本实现了生态效益、经济效益、社会效益的有机统一，带动周边水土流失综合治理的辐射力较强
水土流失监测	园区内建有1座自动气象观测站、10个径流观测小区、1座小流域卡口站，目前运行情况良好，能够为水土保持监测工作的开展提供强有力的技术支撑，从而探索红砂岩侵蚀区水土流失发生规律和水土保持措施下的生态效益、经济效益以及社会效益
科学研究	园区积极与江西省水土保持科学研究院、江西师范大学、江西省农业科学院等相关科研院所合作，以园区为平台，开展了土壤侵蚀监测、红砂岩水土流失规律和防治技术、小流域水沙变化、崩岗治理技术与模式、面源污染防治和水土保持效益评价等10余项科研项目课题的研究工作，成为水土保持科学试验和研究的基地，取得了很好的科研成果
科普教育	园区设置有人工模拟降雨展示区、生态排水沟道展示区、红砂岩侵蚀劣地原始坡面及不同水土保持措施的展示区，绝大部分设施都设置有简明易懂的介绍牌，备有《宁都县水土保持科技示范园简介》和《江西省水土保持知识读本》，具备同时接待200名以上学生的能力，开放时间能满足不少于100天的要求。园区正在努力打造海螺湾休闲度假区，发展休闲观光农业，促进小流域治理的转型升级。建园以来，共计有4000余人来园区休闲观光

资料来源：水土保持生态环境建设网。

自科技示范园建成以来，园区主要致力于水土保持科研创新能力、科技交流与科普教学、治理模式示范与推广、水土保持生态文化培育等方面的研究，并对科技园进行整体提升，逐步将其建设成为水土保持科研创新基地，为我国南方红壤丘陵区和大湖流域的水土保持生态建设提供技术支撑和示范样板，并使之成为国内外水土保持科学试验研究的平台、推广示范的基地、科普宣传的窗口、人才培养的摇篮和水土保持生态文化主题公园以及昌九线上的水利风景区和游览参观点，持续发挥其科研效益、社会效益和生态效益。

近年来，宁都县每年都会组织项目区的乡村干部、治理业主到科技示范园参观、学习、培训，着力提高他们的治理能力和水平。自科技示范园建成开放以来，每年有2000多人次的中小学生来园区进行科普教育活动，每年也有1600人次的社会人士（含果园治理大户、各级领导嘉宾、科研单位人员、游客等）来科技园接受水土保持教育和相关培训。

四、赣县区崩岗群的华丽蜕变

素来有"八山半水一分田，半分道路和庄园"之称的赣县区是赣南典型的丘陵山区地带，位于赣州中部。由于自然因素和人为因素的双重影响，赣县区水土流失面积达到了780.79平方千米，占全区总面积的26%。除了水土流失严重到一度被称为"江南的红色沙漠"，赣县区也是一个"崩岗侵蚀大区"，由于崩岗侵蚀会导致地形破碎、土层丧失和土壤养分流失，其也被人称为"生态溃疡"。赣县区全区共有崩岗4138座，面积达18平方千米，其中，金钩形崩岗（即崩岗顶部是凸起的呈现金钩状的峰，岗下是深深凹下去的沟谷）共有2474座，面积约7.2平方千米，占崩岗总个数的60%，占崩岗总面积的41%。水土流失和崩岗侵蚀造成了当地经济社会的重大损失，赣县区痛定思痛，决定向崩岗侵蚀发起挑战。自2017年以来，赣县区以崩岗治理为重要抓手，高效有序推进水土保持改革试验区的建设工作，着力实施山水林田湖草生态保护修复项目金钩形崩岗治理工程。

久久为功，不负所期，经过近年来的不懈努力，赣县区建成了规模约5000亩的金钩形水土保持科技示范园，该园区位于赣县区白鹭乡，与白鹭古村和宝华寺相邻，地理位置优越，可示范辐射宣传教育范围较大。金钩形水土保持科技示范园区以五大新发展理念为指导，全面贯彻国家生态文明建设战略部署，积极践行新时期治水思路，以水土资源的可持续利用和生态环境可持续保持为目标，以水土保持与生态文明教育为方式，以"科普、宣传、示范、休闲"为主题，创建以展示崩岗治理为主，并以此展开科普教育，集理念引领、典型示范、生态休闲、技术推广为一体的水土保持科技示范园，为保护水土资源、加快生态文明建设、振兴乡村、推动经济社会可持续发展提供强有力的支撑。

赣县区崩岗数量众多、类型丰富、特点各异，据此，赣县区采取了多种治理模式，如表4-5所示。

表4-5 三种崩岗治理措施简介

措施名称	措施内容	适用情况
生物措施	生物措施主要包括人工造林种草、封山育林育草、根据地形情况营造多类型水土保持林，发展果树和其他种类的经济林，在恢复生态的同时能够增加一定的经济效益	适用于以防沙固土、种植植被、恢复良好生态为主要目的的崩岗治理
工程措施	坡面治理工程、沟道治理工程及护岸工程等，通过实施工程修建建筑物以达到保持水土资源、防止水土流失的目的	适用于城市周边、低矮的丘陵崩岗治理
耕作措施	耕作措施主要包括间作套种、垄向区田、少耕浅耕等耕作措施，以达到改变小区域内的地形，提高土地表层粗糙度，增强土地表层抗冲击性的目的，从而保持土壤活力	适用于崩岗侵蚀区的上游或者集水区，或者已得到开发利用的耕地

资料来源：吴菲，李典云，夏栋，等. 中国南方花岗岩崩岗综合治理模式研究［J］. 湖北农业科学，2016（16）：4081-4084+4106.

针对不同类型的崩岗进行分类治理。赣县区坚持生物措施、工程措施与耕作措施统筹兼顾、一体推进，达到生态效益与经济效益的平衡，实现了"红色沙漠"向"绿水青山"的华丽转变。

（一）以生态效益、社会效益为主的"大均生态型治理"

赣县区大均小流域的崩岗治理采取以生态措施治理为主，工程措施治理为辅的组合方式，以恢复小流域内的良好生态环境为目标，实行"上截下堵、中间绿化、三个结合"的模式。在流域上、中、下游截水，修筑土、石建筑物，既减少径流流入崩岗，又防止泥沙流出崩岗。在流域内外种植大量速生杨树、木荷等适应性强、生长快、根系发达的植被，恢复原来的受损植被，从而改良崩岗侵蚀区生态环境。赣县区大均生态型治理主要实现的是崩岗治理的生态效益与社会效益。

据统计，自1998年起，该流域共修建谷坊46座，五级削坡处理，种植植物树种4500多株，播撒胡枝子种子50千克，其他草籽21千克。经治理后的流域崩岗不仅消除了泥沙侵蚀的危害，也提高了地标植被覆盖度，生态效益和社会效益显著。

（二）以经济效益为主的"上塘崩岗群开发式治理"

赣县白鹭乡上塘崩岗群开发式治理采取以工程措施治理为主，生物措施治理为辅的组合方式，通过实施工程、机械施工的方式将崩岗侵蚀区开发成用于家具企业生产等的工业开发用地，从而满足该区域工业生产所需的土地资源，引进德宝堂生物科技有限公司等，将原有的崩岗侵蚀区改造为企业科技研发园区，这些用于工业开发的改建为当地提供了更多的就业机会，提高了当地农民的收入，极大地促进了当地经济的有效增长。

（三）三重效益兼顾的"桃溪村崩岗侵蚀区治理"

赣县区白鹭乡桃溪村崩岗侵蚀区治理就是通过合理搭配各类措施，从而取得良好的生态效益、社会效益的同时兼顾经济效益。对于交通便利、坡面长而平缓的崩岗侵蚀区，可采取工程措施，以机械施工的方式，将崩岗侵蚀区整理成反坡台地，同时搭配上截、下堵以及中间排水的举措，保障台地安全。台地上种植经济果木林，既能确保减少土壤流失，又能产生较好的经济效益。赣县区白鹭乡桃溪村某村民投资 8 万余元，整理了金钩形小流域 20 多座崩岗，将其开发为脐橙果园，总面积达 34000 平方米，实现年收入 10 万元以上，同时在崩后谷坊等措施的保障下，侵蚀区土壤流失现象得到很好控制，实现了经济效益、生态效益和社会效益的多赢。

五、上犹县的"三治同步、五水共建"模式

享有"国家能源示范县""中国最具魅力生态旅游大县""国家油茶产业建设示范县"美誉的上犹县风景宜人、资源丰富。处于上犹江中游的陡水湖蜿蜒曲折、水清明净，全长 198 千米。坐落于陡水湖畔的上犹县梅水乡园村，本该凭借其得天独厚的乡村旅游资源优势，迈上致富之路，但在自然和人为因素的共同作用下，园村小河流域的水土流失面积达到 12.32 平方千米，该流域总面积 49.88 平方千米，水土流失面积高达 24.70%。水土流失给园村的生态环境和经济发展带来了一系列直接和间接的影响，一方面，小河流域水土流失致使河道堵塞、河道泄洪能力下降、土地生产力不足及生态环境恶化；另一方面，小河流域的水污染严重，对园村内的整体环境造成了较大影响，从而制约了园村乡村旅游资源的开发利用和附近片区农村经济的振兴发展。

水土不治理、村民难致富。为了改善园村水生态环境质量和水涵养功能，上犹县开展了生态清洁小流域建设试点，在园村小流域首创并总结了"三治同步"（治山、治水、治污措施同步实施）和"五水共建"（治山保水、疏河治水、产业护水、生态净水、宣传爱水）水土保持项目建设新理念，打造生态清洁型小流域治理的"园村样板"。2017 年 3 月，园村生态清洁型小流域被水利部命名为"国家水土保持文明工程"，园村先后荣获"省级生态文明村""省 4A 级乡村旅游点""省级生态农业旅游示范点"等称号，真正走上了一条水土治理与发展致富的双赢之路。

（一）治山保水，改善山林生态

治山保水是"五水共建"举措中的第一个举措。要防止泥沙下泄堵塞河道，首先要保树种林。上犹县采取了营造水土保持林，对坡面进行水系改造，封、禁、补、植等生态修复措施，使山林重新披上"绿衣"。在改善山林生态环境的同时，既强化了水源涵养能力，又为周边村庄增添了绿色。据有效数据统计，上犹县梅水乡园村小流域内林草保存面积占宜林宜草面积的 93.6%，小流域内直接流入陡水湖的九曲河水系水质常年达到 II 类以上，水源水质安全达标率高达 100%。

（二）疏河治水，建设美丽乡村

让乡村成为生态宜居的美丽家园，提升居民的幸福感和获得感，是实现乡村振兴的题中应有之义。上犹县通过采取河道清淤疏浚，建设生态护坡、亲水码头等措施，有序推进水土保持项目，改变了昔日河道堵塞严重、水中鱼虾几乎绝迹的河流面貌，同时也使园村河流重新焕发了生机活力，为美丽乡村建设添上浓墨重彩的一笔。

（三）产业护水，发展现代农业

园村是上犹县远近闻名的"茶叶专业村"，是"赣南第一茶村"。上犹县找准了推动当地农业产业发展与加强水土保持项目建设的契合点，根据产业基地的地形地貌和集雨面积，利用山丘区的自然高差，在茶叶及其他基地内按照需求合理配置"三沟"——坎下沟、引水沟、排渠沟，以及"两池一塘"——蓄水池、沉沙池和山塘，使小流域内排水有沟、集雨有池有塘，达到"水不乱流、肥不乱跑、泥不下地"的三大目标，不仅高效保护和利用了水土资源，提高了产业基地的土地生产能力，而且为园村现代农业发展夯实了坚实的基础。

（四）生态净水，呵护一方水源

通过配合有关部门开展"三清洁四整治"（清洁家园、清洁田园、清洁水源、整治建房秩序、整治渔业秩序、整治林业秩序、整治河道秩序）的活动，上犹县有效改善了农村人居环境和村容村貌。在农村垃圾处理方面，上犹县实行"户分类、村收集、乡（镇）转运、县处理"的四级分工模式，极大地提高了农村垃圾分类处理效率。上犹县还探索建设了农村生活污水生物化处理系统，经过处理的农村生活污水得到有效净化，这时再流入河道便可从源头上保护和净化水源。上犹县对建设生态清洁型小流域的意识强度只增不减，开展了生态修复、河道整治、房前屋后绿化、农村垃圾及污水处理等大量工作，使村庄居住环境得到明显改善，小流域面源污染减小。其中，园村的农村生活垃圾无害化处理率达到了95.3%，生活污水处理率达到了92.6%。

（五）宣传爱水，传播水保文化

传播水土保持文化，上犹县不止于"户外课堂"，还创新开展了"户内课堂"。"户外课堂"是指上犹县将水土保持文化融入水土保持项目建设中，在园村小流域设置有"水土保持文化长廊"，可供居民及游客参观学习，实地接受水土保持文化宣传教育。"户内课堂"是上犹县的创新之举，上犹县利用中共赣州市委组织部和市委党校在园村设立的干部体验式教育培训基地平台，开展了"水保知识进党校"等相关活动，以"党建+课堂"促进水土保持知识的传播，提高干部群众对水土保持与利用的了解程度和保护生态的绿色意识。

六、赣南老区水土流失高质量治理的经验启示

（一）有效实施水土保持规划

2021年是新修订的《中华人民共和国水土保持法》施行10周年。十年来，我国从《水土保持补偿费征收使用管理办法》到《生产建设项目水土保持问题分类及责任单位责任追究标准（试行）》，水土保持法律法规制度体系已基本形成。从全国水土保持规划印发到水土保持率的提出，水土保持规划体系已逐渐完善。水土保持规划是各地方对今后一个阶段内水土保持事业发展蓝图的总体谋划，也是各级地方政府依法行政的一个重要环节。如果没有开展这一规划，就会造成指导引领水土保持事业健康发展的纲领性文件缺失；如果没有有效实施这一规划，也势必会导致水土保持工作的无序开展。在《中华人民共和国水土保持法》中，专门有一个章节就如何开展与编制水土保持规划做出了详细规定，作为各地方政府的一项法定义务，制定并有效实施水土保持规划的必要性与其重要意义足以显现。

（二）突出以科技示范为重点

实现了由分散向规模开发的转变，如兴国县过去受资金、施工办法等制约，果业开发提倡"一户一亩果"，现在通过吸收社会资金、农民入股、政府补贴等措施，进行了相对集中连片的保护性开发治理，力争实现规模效益。创新工程实

施技术,如寻乌县在截水拦沙工程实施过程中首次从国外引进了高压旋喷桩工艺。强化生态示范园建设,兴国县含田小流域建设了1个124平方千米的水土保持生态示范区,设有水土保持林示范区、经济果木林建设区、生态修复区、对比试验区等功能小区,能对水土流失状况进行定量监测,为今后水土流失治理提供科学依据。兴国县不断提升塘背小流域水土保持生态观光体验园、含田水土保持生态示范建设水平,还创办了水土保持科技园。

(三)加强水土保持宣传教育

通过采用多渠道、全方位的水土保持宣传方式,能够不断增强公众水土保持的观念和意识,在全社会营造保护水土资源、自觉防治水土流失的良好氛围。宣传地点包括但不限于中小学校园、企业、广场、社区等场所,宣传平台建设也是加强水土保持宣传教育的重要工作之一,打造水土保持科普教育基地等平台能够极大助力水土保持宣传工作顺利进行,如兴国县在塘背含田小流域建立全县党员干部水土保持培训教学点和水土保持国策警示教育基地,创建兴国县水土保持展览馆,制作"兴国水保30年"电视专题片和宣传单,常态化抓好水土保持宣传月活动。在开展中小学水土保持宣传教育方面,与教育部门合作确定了首批水土保持进校园科普单位,编写了科普读本,组织学生参加课外水土保持科普活动,建立全县中小学水土保持社会实践教育基地。

第三节 赣南老区林业高质量建设典型案例

一、赣南老区林业高质量建设的总体情况

江西赣州位于赣江源头,俗称"赣南",地处南岭、武夷山、诸广山三大山脉交接地区。"十三五"期间二类调查显示,全市截至2020年10月,森林覆盖率高达76.4%。根据2016年林地年度变更调查暨森林资源数据更新成果资料显示,截至2016年底,全市林地面积4592.62万亩,森林面积4423.75万亩,活立木总蓄积量13459.85万立方米,毛竹总株数3.90亿株;阔叶树及混交林面积1213.22万亩,蓄积量5536.85万立方米;年均生长量960万立方米,采伐限额蓄积354.27万立方米,近年来实际年采伐蓄积70万立方米左右。

其中，生态公益林基本情况如表 4-6 所示。

表 4-6　生态公益林基本情况

	国家级生态公益林（万亩）	省级生态公益林（万亩）	全市（县）实施生态公益林保护总面积（万亩）	公益林面积/全市（县）林地面积（%）	公益林面积/全省公益林总面积（%）
赣州	1155.38	350.58	1505.96	32.79	29.53

资料来源：赣南林业网。

国有林场基本情况：全市原有国有林场 116 个，经改革整合重组为 51 个，其中，生态公益型林场 34 个，商品经营型林场 17 个，国有林场经营管理面积 698.17 万亩，林场活立木蓄积量 2862.74 万立方米。

森林公园基本情况如表 4-7 所示。

表 4-7　森林公园基本情况

项目	全市森林公园	国家级森林公园	省级森林公园
数量（个）	31	10	21
面积（平方千米）	1491.28	1210.19	281.09
内容	—	赣州峰山、信丰县金盆山、大余县梅关、崇义县阳明山、上犹县阳明湖、上犹县五指峰、龙南市九连山、宁都县翠微峰、会昌县会昌山、安远县三百山	南康区南山、南康区大山脑、赣县区水鸡崇、定南市神仙岭、龙南市武当山、龙南市安基山、龙南市金鸡寨、全南县梅子山、兴国县均福山、兴国县园岭、宁都县老鹰山、于都县屏山、于都县罗田岩、寻乌县黄畲山、寻乌县东江源头桠髻钵山、寻乌县东江源仙人寨、安远县龙泉山、石城县通天寨、石城县西华山、石城县李腊石

资料来源：赣南林业网。

自然保护区基本情况如表 4-8 所示。

表4-8 自然保护区基本情况

项目	全市自然保护区	国家级自然保护区	省级自然保护区	市级自然保护区
数量（个）	51	3	8	40
面积（平方千米）	2369.57	466.17	575.30	1328.10
内容	—	九连山自然保护区、齐云山自然保护区、赣江源自然保护区	阳明山自然保护区、桃江源自然保护区、五指峰自然保护区、章江源自然保护区、凌云山自然保护区、大龙山自然保护区、会昌湘江源自然保护区、信丰金盆山自然保护区	—

资料来源：赣南林业网。

赣州全力推进低质低效林改造及退化林修复，明确自2016年起，10年内实施1000万亩低质低效林改造。仅三年来，赣州累计实施低质低效林改造和退化林修复近300万亩，森林总蓄积量净增397万立方米。同时，赣州依托自然保护区、水源保护区、重要湿地及湿地公园等建设，湿地资源保护体系不断完善。截至2020年6月，赣州建立国家级自然保护区3处，省级自然保护区8处；建立国家湿地公园13处，省级湿地公园7处。①赣州用一系列实际举措厚植绿色底色，为绿色发展打下了坚实基础和深厚根基。

二、全南县实现林下生"金"，绿色致富

林下经济主要有林下种植、林下养殖、相关产品采集加工和森林景观利用等主要内容，全南县作为国家级"林下经济示范基地"及江西第一批、第二批林下经济重点县之一，立足本地种植资源、自然生态和自然习惯，在增加农民收入、巩固集体林权制度改革和生态建设成果等方面取得了良好成效。

（一）立足县情、科学规划

根据《江西省人民政府印发关于加快林下经济发展行动计划的通知》、赣州市《关于加快林下经济发展的实施方案》（见表4-9）。全南县高度重视促进林下经济发展相关工作，立足本县实际情况，制定出台了《全南县加快林下经济发

---

① 江西赣州把"光头山"变成"花果山"［EB/OL］．中国新闻网，https：//baijiahao.baidu.com/s?id=1687040424781315206&wfr=spider&for=pc，2020-12-15.

展的实施方案》《关于全南县加快林下经济发展的实施方案》《关于大力推进林下经济发展的意见》等一系列政策文件并指出，全南县将进一步优化林业产业结构，培育一批上规模、有潜力、辐射带动力强的龙头企业，推动林下经济向规模化、集约化、产业化发展。重点发展油茶、毛竹、森林药材与香精香料、森林食品、苗木花卉、森林景观利用六大林下经济产业。此外，全南县还出台了相应的推进林下经济产业发展政策，确定林下经济发展总体目标，确保在"十四五"规划期间新种植灵芝、厚朴等中草药 4 万亩。

表 4-9　赣州市《关于加快林下经济发展的实施方案》（部分）

类别		主要内容
主要目标		重点发展油茶、竹、森林药材（含药用野生动物养殖）与香精香料、森林食品、苗木花卉、森林景观利用六大林下经济产业。到 2020 年，全市新增林下经济面积 300 万亩、林下经济总面积累计达到 1300 万亩以上；新增林下经济产值达到 280 亿元，年总产值达到 560 亿元以上，力争实现三年翻番；参与林下经济林农达到 80 万户以上，努力实现山区林农"不砍树，能致富"的目标
发展森林药材与香精香料产业	目标任务	到 2020 年，实现新增灵芝、茯苓、铁皮石斛、草珊瑚、车前子、金银花、黄栀子、枳壳、罗汉果等森林药材种植面积 18 万亩以上，年产量达到 8 万吨以上，梅花鹿等药用动物养殖规模突破 2000 头，药用蛇类养殖规模突破 30 万条；新增龙脑樟种植面积 2 万亩。力争产业总产值达到 50 亿元以上，其中森林药材种养产业产值达到 35 亿元以上，香精香料产业产值达到 15 亿元以上，辐射带动林农 15 万户以上
	发展路径	（1）培育良种壮苗。在瑞金、会昌、兴国等中药材培植重点县（市），建立森林药材苗圃，培育森林药材优质种苗；开展香精香料植物种质资源建设，筛选适宜赣南山地发展的优良品种； （2）建立种植基地。选择立地条件较好、交通相对便利且较集中连片的林地，建设灵芝、铁皮石斛、草珊瑚、黄栀子、金银花、枳壳等药材种植基地；在每个县（市、区）各筛选 1 家国有林场或龙头企业和林业专业合作社，建设面积集中连片 500 亩以上的示范基地； （3）推进药用野生动物养殖。依法引导发展药用野生动物养殖产业，重点发展蛇类、梅花鹿等

类别		主要内容
发展森林药材与香精香料产业	产业布局	（1）以瑞金、会昌、兴国等县（市）为重点，建设中药材规范化种植基地，辐射带动其他县（市、区），推进全市生物制药产业发展； （2）以全南、会昌、安远、定南等县为重点，大力发展草珊瑚、黄栀子、金银花、铁皮石斛、枳壳、黄精、罗汉果、粉防己等中药材。同时，因地制宜发展灵芝、茯苓等菌类药材； （3）以上犹、宁都、龙南、赣县、定南、大余、会昌、崇义等县（区）为重点，依托现有蛇类、梅花鹿、黑熊等动物养殖企业，辐射带动周边区域大力发展动物药材养殖产业； （4）以宁都、寻乌、会昌和全南、龙南等为重点，大力发展龙脑樟和桂花香精香料产业，辐射带动周边区域参与发展。同时各地因地制宜发展山苍子等传统香精香料产业

资料来源：赣州市人民政府官网。

根据《全南县加快林下经济发展的实施方案》，全南县六大林下经济产业任务安排如表4-10~表4-15所示。

表4-10　全南县油茶产业发展任务安排　　　　单位：万亩

县名	2018年			2019年			2020年		
	新造	改造	抚育	新造	改造	抚育	新造	改造	抚育
全南县	0.3	0.2	0.8	0.3	0.3	1	0.3	0.3	1

资料来源：全南县人民政府官网。

表4-11　全南县竹产业发展任务安排　　　　单位：万亩

县名	抚育低效			笋用和笋材兼用林		
	2018年	2019年	2020年	2018年	2019年	2020年
全南县	0.2	0.2	0.2	0.1	0.1	0.1

资料来源：全南县人民政府官网。

表 4-12　全南县森林药材与香精香料产业发展安排　　　　单位：万亩

县名	2018 年					2019 年					2020 年				
	森林药材			香精香料		森林药材			香精香料		森林药材			香精香料	
	灵芝	草珊瑚	其他	龙脑樟	其他	灵芝	草珊瑚	其他	龙脑樟	其他	灵芝	草珊瑚	其他	龙脑樟	其他
全南县	1	0.3	0.16	0.01	0.03	0.5	0.2	0.16	0.02	0.05	0.5	0.3	0.16	0.3	0.7

资料来源：全南县人民政府官网。

表 4-13　全南县森林食品产业发展任务安排

县名	2018 年			2019 年			2020 年		
	种植（亩）	养殖		种植（亩）	养殖		种植（亩）	养殖	
		家禽（万羽）	家畜及动物（头、只）		家禽（万羽）	家畜及动物（头、只）		家禽（万羽）	家畜及动物（头、只）
全南县	180	6	3200	250	6	3200	310	6	3200

资料来源：全南县人民政府官网。

表 4-14　全南县花卉苗木产业发展任务安排　　　　单位：万亩

县名	预计新增花卉苗木面积		
	2018 年	2019 年	2020 年
全南县	0.02	0.02	0.02

资料来源：全南县人民政府官网。

表 4-15　全南县森林景观利用产业发展任务安排

县名	2018 年					2019 年					2020 年				
	新增森林公园（处）	创建省级示范森林公园（处）	建设各类森林旅游目的地（处）	建设森林体验与森林养生基地（处）	森林风景资源林相改造（万亩）	新增森林公园（处）	创建省级示范森林公园（处）	建设各类森林旅游目的地（处）	建设森林体验与森林养生基地（处）	森林风景资源林相改造（万亩）	新增森林公园（处）	创建省级示范森林公园（处）	建设各类森林旅游目的地（处）	建设森林体验与森林养生基地（处）	森林风景资源林相改造（万亩）
全南县	—	—	3	—	0.4	—	—	3	—	0.2	—	1	2	—	0.2

资料来源：全南县人民政府官网。

（二）示范带动，龙头引领

全南县积极引进和培育龙头企业，以国有林场和高峰公司、绿丰合作社等产业龙头、新型经营主体创建的厚朴、灵芝等林下种植基地以及县级示范基地为引领，深化"企业（公司）+合作社+基地+农户""村级经济组织+农户"的运营模式，因地制宜发展林下灵芝等品牌产品。通过免费赠送苗木、菌种，提供优质的技术服务。全南县带动全县 86 个行政村发展林下特色产业，创新"土地流转得租金、基地务工得报酬、入股入社得分红、承包基地得盈利"四种土地流转模式，实现林下"生金"、绿色致富，达到"一村一品"林下产业的建设目标。2020 年，全县种植林下林芝、草珊瑚、厚朴等森林药材及林下作物近 14 万亩，参与农户达 1.2 万户，户均增收 2000 元以上。①

（三）产品精化，产业延伸

全南县高峰公司启动了灵芝加工项目、全南厚朴生态林业有限公司建成了年处理 300 吨的芳香产品中等性试验生产线。由江西纯品元生物医药科技有限公司建设的大健康高新科技产业园项目，占地面积超过 500 亩，该项目将会对林下灵芝等农林作物进行综合开发和高值化利用，通过精深提取抗癌活性物质及开发医疗保健的相关产品。全南县还与江苏阳光集团、江苏春申堂生物科技有限公司签订了《林下灵芝等农产品深加工项目合同书》，筹备建设全南县重点项目——灵芝深加工项目。通过引进医药、保健品公司并达成相关合作的方式，全南县能够进一步延伸林下经济产品产业链、精化产品品质，从而提升灵芝等林下经济产品附加值。

（四）规避风险，拓宽销路

全南县进一步健全流通网络，引进中国网库集团公司，在全南县设立中国灵芝产业电子商务基地，建设全国灵芝单品网上交易平台，带动了山里全南、铁之粱等 20 余家本土电商企业，拓宽林下经济产品的网上销售渠道。全南县还通过"以点带面"，引导农民自主开设网店，自销、代理销售相关中药材产品的方式，帮助该县参与林下经济的农民规避市场风险、降低流通成本，获得更多收益。

（五）加强监管，合理发展

全南县通过以下举措强化林地承包经营权和林木所有权流转管理的监管：一

---

① 全南县林业局致力于特色林下产业发展［EB/OL］．江西省林业局，http：//ly. jiangxi. gov. cn/art/2020/10/16/art_ 39794_ 2865313. html，2020-10-16.

·192·

是通过调研，制定相关试点方案。全南县结合实际制定下发了《关于印发全南县积极稳妥推进林地流转，进一步深化集体林权制度改革试点方案的通知》。二是抓住重点，扎实稳妥推进工作。根据《关于印发全南县积极稳妥推进林地流转，进一步深化集体林权制度改革试点方案的通知》的要求，制定下发了《全南县林地经营权流转证登记管理办法（试行）》《全南县商品林采伐管理改革试点实施方案》等文件，有序地推进村级林业合作社建设、乡镇林权交易平台建设、林地经营权流转证等各项工作。三是创新模式，破解林地流转难题。全南县从剖析当前农业产业化经营中存在的突出问题入手，创新总结了六种土地流转模式，即一次性租赁，返租倒包，土地托管，实物分红，土地入股，人入社、地不入股，人入社、地入股。四是加大投入，完善基础设施建设。为使改革试点工作顺利进行，全南县投入了 33 万元资金专项用于改革试点工作，主要用于扶持县级林权交易平台、乡镇林权交易平台、村级林业示范合作社建设。

三、大余县低质低效林"变身"高颜值生态景观

近年来，作为江西重点林区县的大余县，被誉为粤港澳大湾区"休闲度假旅游的后花园"，是国家主体功能区示范区、国家生态文明先行示范区。大余县林业用地面积约 163.9 万亩，占全县国土面积的 80.4%，但是由于受历史因素及粗放经营、自然灾害等影响，部分森林植被逐渐成为低质低效林。近年来，大余县紧扣"生态名县"目标，以生态项目建设、低质低效林改造为着力点，在将低质低效林改造为高颜值生态景观的过程中进行了不少有益探索。

（一）主要做法

1. 丰富改造形式，提高旅游经济价值

大余县采取将造林与造景相结合的方式，利用更新造林、补植造林等技术手段，对梅关景区周围的低质低效林进行改造提升，种植了红梅、杏梅、朱砂梅、青梅等 20 多个梅树品种，并且按照花色和品种，打造了 10 个区域的特色景观带，建成了既能游玩观光，又能感受生态文化的"千亩梅园"。除此之外，还栽培了桂花、楠木、竹柏、银杏等优质景观苗木，打造了银杏基地、桂花长廊等风景怡人、景色优美的森林旅游景观。这些由低质低效林改造而来的高颜值生态景观，不仅提升了大余县生态旅游景区的景观效益和价值，也进一步推动了该县生态旅游产业的蓬勃发展。

大余县紧扣"生态名县"目标，推进低质低效林与森林旅游、乡村旅游相融合。自 2017 年以来，大余县改造低质低效林 5 万多亩，其中，新建 10 多个森

林旅游新景点。在大余县县域高速公路沿线重点路段，通过补植补造和更替改造的手段，实行多树种混交，打造了近 2000 亩的精品景观带，既提升森林生态景观，又使森林生态系统日益完善。

2. 撬动社会资本，盘活低质低效林改造

大余县除了将每年 3000 万元低质低效林改造资金列入县财政预算之外，还特别注重撬动社会资金，以多元化融资的形式，推进低质低效林改造项目的有序高效进行。同时，在每一个低质低效林改造点，大余县都会配备一名专业的技术人员参与全程。技术人员除了负责严格把控设计、劈山、整地、种植等各道工作程序，严格把控苗木的品种选择关和品种质量关外，还要负责指导苗木的抚育与管护工作，大余县林业、规划建设等相关部门切实跟进新景点的旅游基础设施建设工作。

3. 结合生态旅游，走出生态经济发展新路

大余县将低质低效林改造工作与森林旅游、乡村旅游、经济造林有机融合后，邀请规划设计院的专家和园林绿化专家对低质低效林改造点进行规划设计，因地制宜，根据各个改造点的自身定位确定建设主题，以精心挑选和搭配的优质苗木打造特色景观，建设了丫山风景区、三月三生态园等特色生态景点。

在低质低效林改造的过程中，大余县十分尊重当地林农和林地经营者的主观意愿，对有改造意愿的林农和林地经营者给予优先支持。同时，大余县鼓励林农以投工投劳的形式折股与其他经营主体参与改造，以确保投资人与经营者的合法权益。大余县让绿色与经济融合，走出了一条林改与造景并举、增绿与增收并重、绿化与美化同步的发展新路子。

大余县以森林资源景观可持续发展为目标，以森林景观保护和建设为重点，通过基础设施和资源保护等项目建设，为森林旅游发展创造了良好的条件，形成了以国家梅关森林公园为龙头，以章江流域生态旅游长廊建设为主线，以丫山景区、梅岭风景区、章水国家湿地公园、西华山地质矿山公园等森林生态旅游为主体的旅游格局，开展了林相改造，补植了观赏树种，优化了森林景观环境，积极打造森林旅游示范县。2018 年，大余县共接待游客 597.5 万人次，旅游总收入约 37.3 亿元，村民人均增收 2100 元，旅游已经成为大余县稳定、持续、生态的发家致富新路径。

（二）主要成效

"春看杜鹃夏观荷，秋赏银杏冬品梅，一年四季皆秀色，时时处处是风景。"大余县以"中国最美乡村旅游目的地""中国最美绿色生态旅游名县""国家森

林旅游示范县""中国宜居典范县"的美誉，成为受人青睐的旅游目的地。2019年实现旅游观光人数789.03万人次，旅游总收入51.21亿元，近几年主要旅游指标年均增长35%以上。

近年来，大余县建设示范基地35个，创建森林乡镇6个、森林村庄28个、国家森林乡村7个、省级乡村森林公园8个；先后荣获"全国森林旅游示范县""全国森林康养示范基地建设县""省级森林城市""全省森林防火先进单位"等荣誉称号。近五年（2015~2020年），全县累计完成人工造林10万亩、森林抚育30万亩、封山育林6万亩、低质低效林改造11万亩。

2017~2018年，大余县完成人工造林面积27950亩，占任务数的108%。其中，国家投资工程造林6650亩（重点防护林工程5500亩、国家储备林示范项目1150亩），省级财政项目造林1000亩，非工程造林20300亩。同时，大余县组织开展义务植树活动，2018年植树12万余株，面积1240亩。较之往年，大余县更加注重树种选择和搭配，向美化、彩化、珍贵化的趋势发展，并结合旅游景区打造新亮点，促进森林旅游产业同步提升。

四、于都县以"六抓"促"三保"模式

自赣州实施新一轮造林绿化以来，于都县立足"大县大作为、绿色新长征"的定位，按照"绿起来、美起来、富起来"的要求，把低改工作作为彰显生态优势、改善人居环境、提升城乡品质、建设秀美乡村的重要抓手，大格局谋划、大力度推进、大项目带动、大手笔投入、高质量实施，促进了全县森林质量、效果和品位的全面提升，美丽于都建设取得新进展。2018~2019年连续两年获评赣州低质低效林改造工作先进县；2020年，江西造林绿化培训现场会在于都县召开。为奋力打好低质低效林改造持久战，于都县形成了以"六抓"促"三保"的模式。

（一）抓考核、抓投入，低改建设基础有保障

于都县委、县政府高度重视低质低效林改造工作，主要领导亲自挂帅、密集调度，高标准推进低改工作。一是强化工作考核，把低改工作纳入高质量发展年度考核中，列入现代农业攻坚战专项调度，并在冬春植树关键时期，由县委、县政府领导带队组建质量督查组，确保各项措施落实到位，将常态化调度机制贯穿低改全过程。二是保障资金投入，加强涉农资金项目整合，把低质低效林改造与重点防护林工程建设、森林"四化"建设有机结合、一体推进，2015~2020年县财政共整合项目资金1.64亿元专项用于低改工作，切实保障了项目建设需求。

（二）抓规划、抓管护，低改工程质量有保障

坚持精心规划，于都县每年都聘请专业林业规划设计单位，对低改工程建设进行详细外业调查和精细化作业设计，抓住哪里种、怎么种、种什么三个关键。坚持生态优先，针对不同地类、不同林分选择更新、补植、抚育、封育等措施精准施策。坚持适地适树、科学搭配选择树种，以效益高的乡土树种、阔叶树种为主，兼顾绿化、美化、彩化、珍贵化。坚持精准把关，严把施工关、技术关。引入招投标、监理等工程造林方式，选择"三讲三有"（"三讲"即讲信誉、讲良心、讲政治；"三有"即有实力、有队伍、有苗圃）施工单位，全过程实行监理公司工程监理和业主林业技术人员专业监督"双线"质量把关制，高质量推进低改工作。坚持精细管护，严格造后管护，要求施工单位连续 3 年做到春、夏两季追肥、秋季综合抚育，造林工程款与造林成活率、保存率、苗木生长量相挂钩，切实保障造林质量。

（三）抓结合、抓提升，低改综合效益有保障

于都县立足新时期经济社会发展新需求，认真写好低改结合、提升效益这篇文章。深入融合乡村旅游、城市功能品质提升、水源涵养，针对主要交通干线、重点村庄、城区水源保护区、河道岸线等重点区域，通过低质低效林改造，进行绿化、美化、彩化、珍贵化打造，主要通道沿线森林质量和森林景观得到了明显的提升，建设了一批秀美宜居乡村，保障了水源安全，营造了美丽城市"后花园"，2018~2020 年完成了于都县境内 150 千米高速和近 40 千米铁路沿线低质低效林改造 15 万亩，城区周边贡江岸线结合城市功能品质提升建设森林"四化"示范基地 5500 亩和水源涵养林 20000 亩，结合森林乡村创建对 9 个重点村庄实施乡村风景林提升改造 5000 亩，通过抓点示范、以点带面、点线结合，全县全域森林质量得到稳步提升，充分显现了低改工作成效。

五、信丰县狠抓油茶林改造提升，培育示范典型

信丰县深入贯彻落实习近平关于油茶产业发展的重要指示精神，按照省委、省政府和市委、市政府的部署要求，以新发展理念引领油茶产业高质量发展，把发展油茶产业作为富民产业来抓。全县累计发展油茶种植面积 11.2 万亩，其中高产油茶林面积 7.5 万亩，低产油茶林 3.7 万亩。2021 年，赣州市政府出台低产油茶林改造提升三年行动方案后，信丰县周密部署、全面启动，及时召开了全县低产油茶林改造提升暨油茶资源高质量培育推进会，下发了《信丰县 2021—2023 年油茶资源高质量培育实施方案》，成立了由县委、县政府分管领导为组

长、副组长，相关职能部门负责人为成员的工作领导小组，县财政按照不低于市级专项资金1：1比例落实配套资金，将油茶资源高质量培育计划任务分解落实至各乡镇和经营主体，组建了科技服务队伍48人；已全部落实了2021年低产油茶林改造提升计划任务，现已完成低产林改造0.3万亩，占计划任务的86.7%；完成低产油茶林提升0.6万亩，占计划任务的76.3%。信丰县正在建设各种类型的示范基地14个，油茶改造提升工作顺利推进。截至2021年，各项计划任务工作进展情况如下：

第一，新造油茶林。计划任务4000亩，完成整地3800亩，已定植2800亩。

第二，低产油茶林改造。计划任务3000亩，完成各项低改措施2600亩。

第三，低效油茶林提升。计划面积8000亩，完成提升措施6100亩。

第四，示范基地建设。计划任务低产油茶林改造和提升示范基地各4个。落实新造油茶林示范基地3个、低产油茶林改造示范基地5个、低效油茶林提升示范基地5个。其典型做法主要体现在以下四个方面：

（一）高位推动抓落实

信丰县委、县政府高度重视油茶产业发展工作，成立了由县委书记任组长、县长任第一副组长的领导小组，主要领导亲自抓、分管领导勤调度，统筹研究、谋划部署落实。实行每月一调度，年终总考核，着力压实各级各部门油茶产业高质量发展的工作职责。全县成立6个工作组，深入实地了解种植企业、大户、农户，分析诊断低产林成因，做好宣传发动和调查摸底工作，及时把任务分解落实到乡镇、村、组和具体的山头地块，加速推进油茶低产林改造提升进程。

（二）技术提升强服务

长期聘用原国家林科院亚林中心资深专家赵学民团队担任全县油茶产业发展的技术顾问的同时，聘请了省内外专家教授和市县行业知名人士对全县油茶种植大户、油茶种植加工企业、油茶专业施工队、林农和油茶技术管理人员采取分层次、多频度、针对性培训，着力培养一批油茶栽培"乡土专家"，组建县乡油茶指导员和油茶土专家的科技推广服务队48人，开展送"油茶良种良法"科技下乡活动，对油茶种植、低改提升的每个关键环节进行技术指导。

（三）示范带动促发展

按照《江西省油茶资源高质量培育建设指南（试行）》中的质量要求，高标准打造市、县、乡（镇）各种类型的示范基地14个。创新组织模式作示范，针对大量青壮年劳动力外出务工、油茶林无人经营的问题，信丰县积极探索委托承包实施模式，采取由村委会、村小组干部负责宣传发动，组织引导林农签订委托协议，统一委托社会力量承包实施。这种组织形式，既有效解决劳力问题，又确保改造提升的质量和进度。

（四）打通堵点增效益

聚焦油茶产业链中存在的突出问题，坚持精准施策，打通产业链堵点断点，促进油茶产业转型升级。促成江西友尼宝农业科技股份有限公司与武汉国兴宏大油脂工程有限公司共同研发的全自动油茶鲜果烘干脱壳分选机生产线落户信丰县，提高了生产效益。积极推进国家（江西·赣州）油茶产业园建设，主动与国家、省、市对接汇报，倾力把产业园建设成为以精深加工、种源收集、示范种植、研发培训、商贸物流、绿色金融、文化和产品展示、康养体验等功能为一体的油茶产业集群，把信丰县打造成南方油茶及衍生品集散地，国内一流的国家级油茶产业融合发展示范区。

六、赣南老区林业高质量建设的经验启示

（一）强化林业人才培养

在长期的生态建设和产业发展实践中，需要培养一大批既具有扎实的理论知识和丰富的工作经验，又研究生态产业，能够推动多功能林业健康可持续发展的复合型人才，对人才培养体制机制建设工作给予足够的重视，这样才能推动林业高质量、可持续发展，创造林业最大的经济价值。强化林业人才培养，一是建立人才库，搭建人才信息网络，实现林业人才的资源共享；二是积极开展培训工作，完善用人与评价机制；三是积极发展林业人才基础教育，稳步开展林业基础教育建设，为林区输送更多高质量的专项人才。

（二）发展林业特色产业

从赣州来看，赣州充分利用本市区内丰富的森林资源，大力发展油茶、毛竹、森林旅游等林业特色产业，走出了一条特色、环保、生态的兴林富民之路。特别是以建设全国油茶产业发展示范市为着力点，大力推动油茶产业发展。因此，因地制宜发展林业特色产业，能够进一步筑牢城乡发展的绿色根基，让生态更美，促产业增效。

（三）深化林业各项改革

赣州以全国集体林业综合改革试验示范区为契机，不断促进林业各项改革，持续增强林业发展的内生动力。具体来看，一是积极推进林业产权制度改革，进一步建立完善的林权交易市场；二是顺利完成国有林场主体改革，将原有的国有林场进行整合重组，实现重组、定性、保障、减人、剥离、转换六个到位的改革

目标；三是全面推行林长制，建立完善五级林长组织体系，其中，组级林长人数达到了 43551 人。

<h1>第四节　赣南老区高质量推进高标准
农田建设典型案例</h1>

一、赣南老区高标准农田建设基本情况

建设高标准农田，是巩固和提高粮食生产能力、保障国家粮食安全的关键举措。江西是传统农业大省、粮食大省，肩负着保障国家粮食安全和重要农产品供给的光荣使命。习近平莅临江西视察时，留下了殷殷嘱托："要夯实粮食生产基础，发挥粮食生产优势，实施藏粮于地、藏粮于技战略，巩固粮食主产区地位。"①要坚持质量兴农、绿色兴农，深化农业供给侧结构性改革，优化农业产业体系、生产体系、经营体系，发展绿色农业、特色农业、精品农业、品牌农业，不断提高农业综合效益和竞争力，努力推动江西从农业大省向农业强省迈进。

江西坚持以高标准农田建设为切入点，率先在全国出台《江西省推进统筹整合资金推进高标准农田建设实施方案》《江西省统筹整合资金推进高标准农田建设项目管理办法》等多个政策文件，规定从 2017~2020 年，按照亩均 3000 元补助标准，投入资金约 360 亿元，新建高标准农田 1158 万亩。自 2017 年江西新一轮高标准农田建设启动以来，到 2020 年超额完成了 1158 万亩建设任务，实际建设面积超过 1179 万亩，期间建成的高标准农田项目区，平均土地流转率 76.9%。2017~2019 年，新增耕地面积超过了 9.54 万亩，按照调出基准价测算，可实现指标交易收益超过 137 亿元。江西省着力夯实农业发展基础，不断推动乡村振兴，以实际行动回报总书记的殷殷嘱托。

江西省政府下达赣州市 2017~2020 年高标准农田建设任务 127.53 万亩，其中，2017 年建设任务 33.27 万亩，2018 年建设任务 30.56 万亩。江西强调坚持

①　关于市政协四届三次会议第 125 号提案的答复［EB/OL］. 吉安市农业农村局，http：//agri. gi-an. gov. cn/xxgk-show-10134393. html，2018-08-02.

加强高标准农田建设生态环境保护，并将其作为推动江西在全国率先实现绿色崛起的重要前提，将其纳入每年一次的高标准农田绩效考评体系中。赣州各县（市、区）在推进高标准农田建设进程中，始终将生态环保作为一项重要内容贯穿于项目建设的全过程，并在考评中得到了充分肯定，其中石城县、于都县、会昌县等表现卓越，取得了良好的社会效益和经济效益，为江西提供了"赣南经验"与"赣南做法"。2017~2019 年赣南老区高标准农田绩效考评获得先进的单位如表 4-16 所示。

表 4-16 2017~2019 年赣南老区高标准农田绩效考评先进单位

奖项		2017 年	2018 年	2019 年
奖励项目县	一等奖	—	石城县	—
	二等奖	石城县	信丰县	石城县
	三等奖	于都县、会昌县	全南县	于都县、信丰县
表彰项目县		—	于都县、会昌县	会昌县、全南县

资料来源：江西省农业农村厅官网。

二、石城县把好"设计、施工、管护"三道关

自 2017 年江西新一轮高标准农田建设启动以来，石城县多次作为高标准农田建设典型被其他兄弟县市竞相学习。石城县能够将昔日的"冷浆田""斗笠田"建设成如今的"吨粮田""高产田"，主要经验在于其牢牢把好了"设计、施工、管护"三道关，真正将"藏粮于地、藏粮于技"的战略落实到了石城县每一处"望天田"上。

（一）建设前，顶层设计是关键

项目建设启动前，石城县积极开展高标准农田建设专项清查，做好顶层设计与合理规划。

第一，为了全面摸清各地高标准农田数量、质量、分布和利用状况，制订适合当地农田的设计方案，石城县采取"三进片区"的方式，即第一次进入片区，是对项目地块进行初步的测量与调查，绘制出现状图；第二次进入片区，是为了征求当地农户的意见，从而制定项目施工图；第三次进入片区，是要和村组及农民进行确认，再次征求群众对工程的设计意见。

第二，为了加强高标准农田建设生态环境保护，石城县秉持"生态环保、高

效节水"设计理念，不仅大量推广环保节能的技术与材料，而且还按照"路通、水畅、地平、土肥、生态"的要求进行规划部署，形成了"县、乡、村"三级联动的工作机制。

第三，为了保证项目实施的高效有序推进，石城县制定了联席会议、进展调度、绩效考核等制度，并且专门建立高标准农田建设工作微信群，县政府分管领导通过线上掌握施工实时进度，根据现场情况采取相应的调度措施。

（二）建设中，施工质量是核心

项目施工质量是整个高标准农田建设项目的核心所在，为了抓好这个核心工作，石城县采取三级监管、实地巡查和明确奖惩三重举措，保证施工项目的高质量进行。

首先，三级监管是指石城县对高标准农田建设工程质量及安全施工的实行原则，即县政府、施工单位和农民三个主体同时对施工农田进行监管，一旦遇到不符合施工质量要求的高标准农田，三级主体能够及时取得联系，进行反馈返工，直至高标准农田能够高质量建成。

其次，石城县政府成立了高标准农田建设领导小组，各个小组领导实行分区包干，并且不定期深入施工现场进行实地巡查，督促施工单位按规范的施工程序和技术要求进行施工，在发现问题时及时给予纠正。

最后，明确奖惩是指石城县明确了对施工质量给予奖励或处罚的标准，对负责农田平整、道路平整、渠道工程的相关施工，按照绩效评价标准进行评分，被评为优良分部工程，则对其奖励 2 万元。同样，整体单位工程若被评定为优良工程，则对其奖励 10 万元，两者不重复进行计算。有了明确的奖惩标准，各个标段工程也就有了施工的榜样示范，还能够激励各施工标段积极向优良工程看齐，认真严格抓好高标准农田建设工程的施工质量。

（三）建设后，加强管护是保障

为了加强农田基础设施建后管护，保障农田基础设施发挥作用，实现农田基础建设又快又好发展，石城县坚持建设和管护协同一体推进，并结合该县实际情况进行了有益尝试，以政府名义出台了《石城县农田基础设施建后管护暂行办法》，将所有农田基础设施纳入管护范围，按县、乡（镇）6：4 的比例筹集建后管护经费，县级筹集 100 万元，并将建后管护经费纳入县级财政年度预算。该县农业农村局将管护经费按耕地面积和管护工作量分配到乡镇。各乡镇成立管护协会，各村用公益性岗位招聘管护人员，由乡镇与管护人签订管护合同，按渠道每千米每年 1500 元、机耕路每千米每年 600 元的标准计算管护工资，并明确管护范围、内容、要求及考核方法。群众遇到排灌问题可直接找管护人员，彻底解决了群众的一块"心病"。

石城县结合"谁受益、谁管护"和"市场化运作与政府补助相结合"的原则，建立了以项目为管护主体的长效机制，由项目区所在乡（镇）督促管护主体对建成后的高标准农田建设项目进行常态化管护，实行专人管护模式，明确管护标准，落实管护资金。该县财政按每亩 6 元的标准，安排项目年度管护资金，并列入县财政预算。

三、会昌县建设高标准农田，助推农户共同致富

2020 年，会昌县作为赣州产业基础较好、产业特色明显的县之一，成功获批江西首批有机产品认证示范区。从某种程度上说，这是对会昌县目前农业产业发展现状的肯定和激励，会昌县也充分认识到了自身的优势所在，将推进生态农业发展与高标准农田建设相结合，不断推进农业结构调整，以蔬果产业为主线大力推进高标准农田建设，走出了一条适用于赣南老区的会昌县发展模式，即"投资公司+新增耕地+乡村结合+建后管护"。

（一）筑实制度、技术与经费等多重保障

高标准农田建设工作推进前，会昌县政府成立了以县长为组长、其他相关部门负责人为成员的高标准农田建设领导小组。会昌县高标办每周二、周五召集施工单位、设计单位等主要负责人召开建设工作调度会，会上就农田施工当中所遇到的矛盾纠纷、技术问题、施工进度与质量等进行汇报和讨论，并积极寻求解决方式，以保证项目能够更好的落实和执行。此外，会昌县还在实施工程的项目村成立村民理事会，村民理事会由乡镇牵头，老党员、村民群众参与其中，主要负责对项目村材料、施工过程进行监管。

会昌县始终坚持"田成方、渠相通、路相连、旱能灌、涝能排"的高标准农田建设基础要求，多次组织施工人员和管理人员，前往经验丰富的先进县市进行相关模式与技术的学习。在农田建设中，县高标办始终遵循生态环保的理念，应用 PVC-O 管铺设高效节水灌溉管道，实施节水灌溉工程，并由水利局派出专业技术人员对高效节水灌溉进行技术指导。截至 2019 年，小密乡半迳村、周田镇司背村、富城乡寨头村、文武坝镇凉舟村、庄埠乡庄埠村等地实施节水灌溉面积共计 5001 亩。

为了对乡镇、村组干部的工作积极性进行充分调动，推动乡村主动监督高标准农田建设质量，新增耕地建设等工作，会昌县不仅将高标准农田建设项目纳入

乡镇绩效考核和先进个人考核，还给予了每亩100元的乡镇工作经费，如果有额外新增耕地，还增设了耕地奖励资金。2018年，县财政就下发了285万元的奖励资金。

（二）打好产业结构调整与高标准农田建设组合拳

产业兴则乡村兴。为了激发土地的产出效益和农田的高产能，在确保粮食安全的前提下，会昌县着力打好高标准农田建设和产业结构调整的"组合拳"，因农田的条件制订可行方案，按农业结构调整"九大工程"，在蔬菜、稻虾共作，贝贝小南瓜等为主导产业的基础上开展农田建设和施工。

同时，会昌县政府、县农业农村局以及各乡镇积极开展招商引资并鼓励土地向种植大户流转，通过引进实力雄厚的农业企业，大力实行"公司+企业+合作社+农户"带动集体劳动力实现产业的规模种植，集约管理。截至2019年，以西江镇千工村、小密乡半迳村、珠兰乡上照村、站塘乡李官山村、高排乡石灰坝村为主的蔬菜基地建设面积已达到8540亩；右水乡田丰村、田高村、田升村、筠门岭镇学子村等地的稻虾共作基地建设面积达到2430亩；鲜切花等产业规模发展到2684亩，产业结构调整占总建设面积的63.15%，新增耕地总计约1118亩，占总面积的3.92%。

四、宁都县打造赣南万亩粮仓，提升粮食安全水平

"纵使三年两不收，仍有米谷下赣州"。宁都县位于江西东南部、赣州北部，占地面积4053平方千米，居江西第三。宁都县既是农业大县，又是产粮大县，素有"赣南粮仓"之美誉。除了得益于面积辽阔，宁都县种粮产粮多还与其耕地条件好密切相关。2015年，宁都县土地确权登记颁证面积69.20万亩，为赣州第一，其中水田面积64.35万亩，旱地面积4.85万亩。宁都县双季稻宜种面积40余万亩，单季稻宜种面积约24万亩。宁都县粮食生产高峰期（2012~2013年）水稻年复种面积94万余亩，其中，早稻39万亩、中稻12万余亩、晚稻42万余亩，年产粮食4亿千克以上，占赣南粮食总产量的20%，曾多次被评为国家或江西粮食生产先进县。

高标准农田建设作为稳定粮食产粮产能的重要举措之一，对稳步提升国家粮食安全有着举足轻重的作用。从江西下发的各市高标准农田建设计划来看，2017~2020年，赣州高标准农田建设任务为127.53万亩，占2017~2020年江西总建设任务的11.00%左右。宁都县建设任务为19.32万亩，是建设任务量第二大赣南老区县，占赣州建设总任务量的15.15%，具体各年度建设任务。

（一）惠农政策调动种粮大户积极性

实行资金奖补。多数农户在选择种植作物时只算"经济账"，也就是什么挣钱种什么，种粮大户作为县政府夯实粮食生产基础的重点培育对象，也存在着这种心理。宁都县政府深入了解到这一点，2020 年，县财政筹措了 7000 万元用于奖补连片种植水稻 200 亩以上区域内的种植户。

促进稻谷"单改双"。"单改双"是稳定粮食播种面积的有效举措，在宁都县政府的有序组织下，不少党员干部深入田间地头，用朴实而又接地气的语言为农户宣传政策，主动积极为农户算经济效益，带动了一批群众响应改种双季稻的号召，从而稳步扩增粮食种植面积。

（二）"农田托管"服务，解决农民"耕种收"难题

大批青壮年外出务工早已成为农村的普遍现象，而这种现象背后催生的一系列农业问题在很长一段时间内都没有得到有效解决，如像"闲置良田无人问津、想种粮却无法及时收种"等问题。为了解决这一问题，宁都县采取引导农户与农机专业合作社签订"托管"协议的形式，将水稻生产全过程全部托管给"田保姆"经营管理。

"有田没闲种，有心又无力，有了'田保姆'，省心又省力。"农田托管的创新之举可谓是有效解决了上述问题，宁都县为了鼓励农户积极参与，还对购置农机的农户给予一定的资金补助，从根本上解决了外出务工农户耕地、种稻和收稻的"云需求"难题。

（三）延长农业产业链，打造粮食加工强县

宁都县是中国好粮油示范县，引进、培育了一批如和鑫米业、丰泽米业、金润粮油、惠大饲料等省内产业化龙头企业，40 多家粮食加工企业通过抱团发展，形成了产业集群。在龙头企业的引领下，宁都县立足本地实际情况，充分发挥农业优势，加快转化、加工粮食等初级农产品，使之不断精化、深化。

《国家农业部关于支持江西省信丰县现代农业发展实施方案》提出，立足现有资源条件和产业基础，帮助信丰县及赣州市建立健全现代农业产业体系，编制信丰县现代农业发展规划，将赣州市列入农产品产地初加工试点范围，支持赣州市推进特色农产品深加工。正是得益于该方案，宁都县通过延长粮食产业链，走"围绕农业办工业，办好工业促农业"的特色之路，使原本价格低廉的农产品价值得以提升，农民收入也随之提高，宁都县正向粮食加工强省积极转变。

粮丰仓实天下安。宁都县通过制定一系列惠农政策，在激发种粮大户积极性的同时，也带动了普通农户投入种粮的热潮当中。不断推进"单改双"工作的有序进行，扩大粮食种植面积，支持鼓励农机专业合作社开展全程托管服务，让撂荒田重新种上了绿苗。2020 年，宁都县种植粮食作物 105.00 万亩，其中水稻 97.25 万亩，其他粮食作物 7.75 万亩，收获粮食 4.20 亿千克。

（四）创新灌溉模式，提高大棚蔬菜种植收益

宁都县大力发展现代农业，除了推动粮食产业的快速发展，还积极推动设施蔬菜产业的高标准建设和规模化发展。截至 2020 年，宁都县以青塘富硒蔬菜产业园为核心，已建成种植示范基地 5 个，规模以上大棚蔬菜基地 83 个，全县蔬菜种植面积达到 2 万余亩。

宁都县多是山区，这一特殊的地理条件也决定了该县降水量较高，较高的降水量带来的大棚蔬菜种植问题主要聚集在雨水的灌排上，如果雨水灌排不畅，大棚里种植的蔬菜作物很容易被淹没，导致蔬菜减产，农民收益大幅降低。在水利部的鼎力支援下，宁都县水利部门创新灌溉模式，将大口井作为常用灌溉水源，以 1 小时降雨量 30 毫米作为排水渠道设计依据，以水肥一体化滴灌为灌溉方式，达到"旱能浇水、涝能排水、用能节源"的目的。自 2017 年以来，经过三批的连续建设，蔬菜种植基地已经建造了配套设施 52 口大井，32.12 千米排水渠道。与种植水稻相比，大棚蔬菜亩均灌溉用水量每年为 150 万立方米，不到水稻用水量的 1/4。雨水丰富的宁都县藏水于地，不仅避免了雨水洪涝，同时也极大地降低了当地村民种植大棚蔬菜因水涝减产的风险。

五、赣南老区高质量推进高标准农田建设的经验启示

"十四五"时期，我国农业将处在转变发展方式、转换增长动力的攻坚期。高标准农田建设是农业高质量发展的基础，涉及区域广、建设周期长，必须采取有力措施，加快补齐建设和管护的短板。从赣南老区高质量推动高标准农田建设的成效来看，从以下两方面形成合力能够尽快有效补齐高标准农田的建设和管理短板：

第一，多渠道保障资金投入，解决"钱从哪里来"的问题。赣南老区充分考虑当地资源禀赋、市场价格变化等因素，着力细化各个县市区内的高标准农田投入标准，并且实施了动态调整机制。在加大财政投入基础上，积极推动构建多元化筹资机制，推动用好政府债券和土地出让收益使用政策，把高标准农田建设新增耕地指标调剂收益优先投入高标准农田建设。同时，探索通过财政补贴、投资补助、贷款贴息、政府和社会资本合作等多种模式，鼓励社会资本参与。

第二，要明确农田建设的管护主体，从而提高耕地综合生产能力。赣州积极

引导农民及新型农业主体等用地又养地，利用又保护；通过筹资投劳等方式，参与农田建设运营，分享合理收益。以新建成的高标准农田为重点，推进工程、农艺、农机措施结合，构建耕地质量保护与提升长效机制。

第五节　赣南老区绿色循环低碳发展典型案例

一、崇义县构建生态农业融合发展机制

在乡村振兴战略实施与农业供给侧结构性改革背景下，农村第一、第二、第三产业融合发展是深化农业供给侧结构性改革、推动乡村产业振兴的重要抓手，也是促进农业增效、农民增收、农村繁荣的有效途径。崇义县按照产业生态化和生态产业化的思路，先后获评国家生态文明建设示范县、国家"绿水青山就是金山银山"实践创新基地和江西经济生态生产总值（GEEP）核算试点，崇义县利用其得天独厚的生态资源优势，大力发展生态农业，促进形成了崇义县特色三产融合发展模式，极大地推动了生态要素向生产要素、生态财富向物质财富的有力转变。

（一）主要做法

1. 县乡村企四级联动，优化三产融合发展机制

在县建立三产融合示范园。崇义县投资 3.5 亿元建设北麓湾三产融合示范园，吸引了 200 多家新型经营主体入驻园区进行创业，北麓湾三产融合示范园成为夜间经济消费区和备受年轻人喜爱的网红打卡胜地。

在乡镇设立三产融合服务站。搭建政企农直通服务平台，全县 16 个乡镇都设有三产融合服务站，并且聘请专职服务人员 100 余人全方位帮助企业解决用地、原材料、用工培训等方面的难题，为三产融合发展保驾护航。

在村设置农企利益联结服务点。在村一级创新推行"四保四分红"农企利益联结机制，使全县三产融合受惠农民达 6 万余人，人均年增收入近 2000 元。

在企业搭建电商营销平台。扶持引导企业建立大数据、云计算平台，低成本、高效率开展线上商业活动，如以崇义南酸枣糕为主打产品的江西齐云山食品有限公司 2019 年实现了线上销售收入 2000 多万元。

2. 科技创新增强三产融合发展动能

为了提升研发能力，崇义县坚持科技引领、实行院企合作，依托高等院校、科研院所等优势资源，纵深推进南酸枣、刺葡萄、竹木等生态产品的研发，建成刺葡萄、南酸枣、高山茶等院士、专家工作站6个，农业技术联盟8个。江西齐云山食品有限公司获国家专利34项，成为国内南酸枣生产技术标杆。江西中竹生物科技有限公司依托本地丰富的竹木资源，创新开发生物质新材料项目，使全县70万亩毛竹资源和100多万吨竹屑资源得到了高效利用。该公司先后获绿色、有机、地理标志产品认证27个、中国著名品牌1个、江西著名商标5个。推动产销精准对接，崇义县崇天然食品有限公司在北京、上海等大城市开设线下直销店，实现餐饮、销售、体验、文化等多种功能集中展现。充分发掘线上资源，开发"云上崇义"App，推进一键开店、聚合支付和直播带货，做好营销文章。强化智慧物流建设积极对接市场前沿，打造"快递、电商、物流"等新动能于一体的智慧物流产业园。让齐云山南酸枣糕、君子谷葡萄酒、崇义高山茶等系列产品畅销国内外，进一步增强了崇义县生态产业融合的发展动能。

3. 龙头企业引领，实现三产融合产品增值

崇义县大力推广"龙头企业+基地+个体"合作模式。一是走市场化道路，采用公司化运作可以有效避免农产品生产加工"散小乱"现象的发生，使生态农业产业规模质量和效益得以提升。二是发挥龙头企业的支撑带动作用，能够加快企业引进和培育，形成集聚效应，推动崇义县生态产品形态不断丰富，产业产值持续提升。例如，崇义南酸枣产业以江西齐云山食品有限公司为龙头，新增山茶油、果蔬系列生态产品，年产值达到了1.8亿元。

4. 创新农村金融服务，助力三产融合快速发展

崇义县财政安排5000万元，设立生态产业三产融合发展基金，推行"1+N"涉农资金整合方式，创新设立"产业融合信贷通"金融产品，发放农业产业发展贷款60多亿元，较2019年同比增长了近7%。系列举措极大地解决了企业融资难、融资贵等棘手问题。

（二）主要成效

1. 提升了农村产业效益

新型农业组织是发展现代农业的主力军，在崇义县，新型农业组织的数量和规模都在逐步发展壮大。截至2020年，全县合作社数量达到248家，家庭农场数量达到226家。全县建成南酸枣30万亩、刺葡萄1万亩、高山茶2万亩、生态鱼养殖4万亩、竹木140万亩，毛竹产量持续稳定在1亿根以上，建成10个

笋竹两用丰产林示范基地。① 崇义县生态农业产业在不断做大做强。

农业示范园区是促进现代农业发展、引领农民增收致富的重要载体。崇义县通过三产融合发展,在生态产品价值实现等方面取得了良好成效,成功创建了第二批国家农村产业融合发展示范园,三产融合经验做法也被纳入第一批江西国家生态文明试验区改革举措及经验做法推广清单。此外,崇义县率先打造全国首个南酸枣种质资源圃、1000 亩果用南酸枣优良无性系示范林以及 3000 亩刺葡萄产业示范带,君子谷野果世界园获评江西刺葡萄标准化栽培示范区。

2. 增加了农民直接收入

崇义县自推动三产融合发展以来,受惠农民达到 6 万余人,约占全县农村人口的 36%,农民人均年增收入近 2000 元。以崇义县南酸枣产业为例,崇义县野生南酸枣种植面积达到 30 万亩,全县 16 个乡镇人工种植仿野生南酸枣果用林 3.5 万亩,南酸枣糕年产量达到 8000 余吨,占全国产量的 70% 以上,形成了带动 1.5 万群众参与、年产值 3 亿余元、年利税 4000 余万元的助民富民产业,南酸枣也成为农民的"摇钱树"。全县生态产业生产总值突破了 55 亿元,生态产业对经济的贡献度超过了 60%,一系列数据均表明,崇义县生态产业真正成为"富民产业""富县产业",实现了生态农业的播"绿"成金。

(三) 经验启示

1. 优化利益联结机制

进一步优化农企利益联结机制是推动三产融合发展的重要动力之一。目前,农民与企业的利益联结模式主要有股份合作模式、新型订单模式、多层次融合模式等,然而,或多或少会存在农民与企业之间的契约关系不稳定、利益联结关系不稳固等问题。因此,崇义县设置了三产融合服务站、农企利益联结服务点等平台,在村一级创新推行"四保四分红"农企利益联结机制,不仅为企业提供了全方位一站式服务,更是始终坚持以人民为中心,积极组织和引导农民、依靠农民、富裕农民,达到了农民与企业双赢的目标。

2. 强化科技创新驱动

崇义县以现代农业发展需求为导向,大力扶持引导企业不断加大技术创新力度,牵头组建了一批研发工作站,实施了一批创新项目,取得了一系列科技成果,涌现出像江西齐云山食品有限公司、江西中竹生物科技有限公司等一批特色

---

① 崇义县三产融合赋能县域经济高质量发展 [EB/OL]. 赣州党务公开网,http://www.gzdw. gov. cn/n289/n433/n18478582/c30796397/content. html,2020-07-29.

龙头企业，极大地提高了崇义县农村产业融合发展示范园的核心竞争力和生态农业的产品附加值。除此之外，充分运用手机App、电商直播等新兴信息技术手段，鼓励在一线城市社区设立生态产品线下直销网点，打造线上线下两条营销战线，这也是崇义县不断扩大营销覆盖面，全面打响崇义县生态品牌，健全生态农产品营销体系的一系列强有力的经验举措。

3. 加速龙头企业引领

对于农业企业而言，要避免农村以往"散小乱"问题的重蹈覆辙，一条重要的思路就是要积极发挥龙头企业在三产融合中的引领作用。也正是依靠像江西齐云山食品有限公司这样的龙头企业带领，崇义县得以形成"龙头企业+基地+个体"的合作模式，促进生态农产品向精深加工的方向发展，产业链条得以进一步延伸，产品附加值得以进一步提高，务工农民的工资收入得以进一步增加。

4. 加大要素投入力度

资金不足是农村企业发展的关键性制约因素，加大金融支持力度是崇义县破解农业经营主体资金不足难题的惠农新路子，崇义县加大对农村产业融合发展的信贷支持，给经营主体提供了经济支援上的有力保障，让企业资金问题得到了有效解决，加快了三产融合发展的前进步伐。

二、定南县利用废弃矿山发展生态循环农业

生态循环农业是把循环经济的理念应用于农业生产，在农业生产过程和产品生命周期中减少资源、物质的投入量和废物的排放量，增加价值链条，延伸农业产业链，尽量减少对生态环境系统的不利影响，实现资源利用节约化、生产过程清洁化、产业链接循环化、废弃物处理资源化，是达到生态和经济良性循环的一种以农副产品多级闭合循环利用的现代化农业发展类型。

当前，赣南老区促进农业绿色高质量发展，是农业农村工作领域的主旋律。定南县在农业循环经济理念的指导下，深入践行"两山"理论，依托国家和省级"沼气工程"项目实施，按照"源头减量—过程控制—末端利用—资源循环"的技术思路，从源头控制畜禽污染，整县推进畜禽粪污资源化利用，构建绿色生态循环农业发展新模式，走出了一条安全、生态、绿色、高效的兴农产业发展之路。

（一）主要做法

1. 科学规划、多措并举，解决源头控制难题

定南县采取多重有效举措，着力控制造成污染的源头。一是定南县科学规划

畜禽养殖区，按照一定标准将其划分为禁养区与非禁养区（包括限养区和可养区），以最严格的力度整治非禁养区环保不达标的企业，全面关停拆除禁养区养猪场的数量达到 1044 家。二是为了促进污染源头减量，定南县从栏舍改造和节水改造两方面着手，一方面，积极引导养殖场改造基础设施、进行清洁化生产、学习绿色生产技术；另一方面，对小散户按照干湿分离、雨污分流等要求进行标准化改造。截至 2020 年，定南县完成节水栏舍改造 2.5 万平方米，雨污分流 26.0 万平方米，拆除栏舍面积 26.1 万平方米。① 三是为了解决养殖户短期内投入大量资金购置节水栏舍改造设施、搭建异位发酵床等配套设备的资金运转困难问题，定南县对在规定时间内购买相关配套设施的养殖户按照"先建后补"的原则予以分项奖补，使养殖场改造工作有序推进、顺畅进行。

2. 变废为宝、复绿复种，打造能源生态农场

定南县利用废弃矿山发展生态循环农业，在废弃矿山实验种植了皇竹草 1500 亩，大片的皇竹草生机盎然、长势喜人，不仅可以作为当地大规模养殖牛、羊等的越冬青贮饲料，还能作为能源原料，投入致力于发电并网和集中供气管网的沼气发酵罐中发酵，从而提高公司沼液施用能力。定南县利用废弃矿山率先在全国打造能源生态农场，每年可消纳沼液 20000 吨，年产牧草达到 8800 吨，产值 300 万元左右，在达到固土、改良、循环利用等目标的同时，真正实现了废弃矿山的复绿复种。

3. 搭建平台、创新运营，实现农业绿色发展

定南县解决粪污处理利用难题的途径主要有两个。一是定南县着力搭建综合平台。例如，引进锐源公司建设了智慧农业平台、养殖业粪污收集处理中心和科研中心，以及能源生态农场基地、科普试验基地和果蔬生态农场基地，形成"一平台、两中心、三基地"的畜禽粪污资源化利用综合平台。全县 112 家存栏 500 头以上规模养殖场与锐源公司签订粪污处理合同，实现了粪污全量化收集处理，全县畜禽粪污综合利用率达到了 99.7%。二是定南县创新运营治理，采取了"N2N+"的循环农业运营模式。第一个"N"是指连接县内的"N"家畜禽养殖场（收集粪污作为生产原料）；"2"是指以养殖业粪污处理收集中心的沼气发电站和有机肥厂两个平台为核心纽带；第二个"N"是指连接"N"家种植户和企业（提供有机肥和供电），既处理了养殖业粪污，又满足了油茶、果业、蔬菜等

---

① 定南：循环农业厚植绿色发展［EB/OL］. 客家新闻网，https：//baijiahao.baidu.com/s？id = 1671569343234695908&wfr=spider&for=pc，2020-07-07.

种植业的肥料需要，实现了农业的绿色发展；"+"是指与废弃矿山治理相结合，率先在全国打造了能源生态农场。如今，定南县全年可处理畜禽粪污40万吨，年发电量2000万千瓦·时，年产固体有机肥4万吨、液态肥30万吨，覆盖定南县17万亩油茶、果业、蔬菜、水稻基地，既减轻了生猪养殖的环保压力，又实现了畜禽粪污的科学处理。

（二）主要成效

促进了环保、民生与生态三大公共产品的共享。定南县既是国家级生猪调出大县、省生猪供港大县，又是东江源区县、赣江源头县，年均60万吨的生猪养殖粪污处理问题是困扰定南县多年的一大难题，现如今采用养殖粪污第三方集中全量化处理，推进畜禽粪污资源化利用，实现了该区域农业废弃物趋零排放。在定南县生态农业循环示范园的养殖业粪污收集处理中心，收储的畜禽粪污等废弃物，通过纤维水解、多原料共发酵、高温生物降解等技术进行无害化、资源化处理后，产生的沼气用于发电并网和集中供气管网，既满足了园区企业的发电需要，又解决了附近村镇居民对清洁优质燃气的迫切需求与天然气管网无法接通的矛盾，为村民营造良好家园提供了绿色电力服务支撑。将畜禽粪污变废为宝，极大地改善了定南县农业生态环境，进一步支撑定南县绿色生态品牌的创建。

建立了循环企业、循环养殖企业与种植户等多方共赢的机制。从循环企业的角度来看，依托国家和省级"沼气工程"项目的实施，定南县的沼气工程和有机肥等企业能够获得比较高的投资回报率，获得相应的经济效益。从参与循环养殖企业的角度来看，它们通过栏舍改造和节水改造等减量化措施，极大地节省了企业治理畜禽粪污设施的建设投资与养殖成本。从参与循环种植户的角度来看，种植户从事农业种植活动的相应废弃物能够得到有效处理，定南县政府还会对购买示范园有机肥的种植主体进行奖补和提供用肥指导，鼓励种植户运用水肥一体化技术进行施用，从而实现土壤改良和绿色生物杀虫等功效。种植户种植的农作物得到了增质提效，农业产业的绿色发展也得到了有效促进。

实现了社会效益与环境效益的双向显著提升。定南县通过"N2N+"区域沼气生态循环农业模式的推广，既为养殖企业减少了粪污治成本，又提高了养殖户对农业环境的治理能力，实现了社会效益和环境效益的双向显著提升。

（三）经验启示

1. 建管结合、全面发力

建设与管护齐头并进，对准污染源头全面发力，是定南县政府提升畜禽污染治理能力的重要法宝，也是加快推动从末端治理向源头治理的有力举措，有助于赣南老区深入打好污染防治攻坚战，巩固拓展"十三五"时期取得的阶段性成果。解决源头污染控制问题，既要靠建，也要靠管，因此不仅要建好，而且要管好。从建设角度来看，难点主要体现在资金缺口上，对于畜禽养殖企业和养殖户来说，购置专用车辆、完善栏舍改造、节水改造和异位发酵床等配套设施的建设周期长、资金投入大，定南县以分项奖补的政策机制化解了这一难题。从管护角度来看，难点主要体现在主体缺位上，即建设好配套设备后，却缺乏拥有相应知识与技术的主体进行管护。定南县鼓励引导养殖企业建好又用好，巩固源头减量成果，补齐建设和管护短板。

2. 创新引领、驱动发展

定南县从平台搭建、运营治理、发展模式三方面进行创新，有效破解畜禽污染利用难题。平台是创新的载体，没有平台的创新就是无本之木。作为加速转化创新成果的重要途径和聚集创新资源的重要抓手，定南县搭建的"一平台、两中心、三基地"畜禽粪污资源化利用综合平台，将会给定南县生态循环农业带来更多优势力量，为定南县农业绿色发展注入源源动力。定南县以第三方集中处理为核心，以养殖业粪污处理收集中心的沼气发电站和有机肥厂两个平台为核心纽带，一头承接上游"N"家畜禽养殖场，收集其畜禽粪污作为生产原料，另一头连接下游"N"家种植户和企业，为其提供有机肥和供电。这种治理模式构建了区域种养平衡，推动了县域农业生态循环产业发展。发展模式的创新主要体现在实施了生态经济融合发展模式，产生了良好的生态效益、经济效益。

3. 完善政策、增强保障

完善政府奖补、扶持和推广等机制，能够有效激励和保障企业的技术创新和应用推广。一是定南县完善奖补机制，推进养殖场改造工作顺畅推进，解决了企业资金缺口大的难题。二是定南县完善扶持机制，积极争取项目资金为引进企业提供技术指导和标准化生产上的大力支持。三是定南县完善推广机制，给予购买有机肥的种植户以资金激励，组建沼液专业合作社，为种植主体提供专业的有机肥施用指导和服务，极大地促进了有机肥的推广使用。定南县政府的一系列有力举措，为企业、养殖企业、种植户都提供了良好的保障。

三、信丰县脐橙土壤改良促进生态价值实现

信丰县自 1971 年引种栽培赣南第一批脐橙以来，已有 50 年的发展历史，信丰县成为赣南脐橙的发源地，中国赣南脐橙产业园也坐落于"中国脐橙之乡"信丰县安西镇。近年来，信丰县积极践行"绿水青山就是金山银山"的绿色可持续发展理念，立足当地资源禀赋优势，在合理的开发范围内，以安西镇脐橙种植园为核心区，充分调动多方资金推动脐橙种植区土壤改良工程，充分将红壤资源转化为经济优势，大力发展脐橙企业。信丰县将生态修复治理与文化旅游产业相结合，建设"中国赣南脐橙产业园"国家 AAAA 级景区，加快推进"资源变资产、资产变资本"的转化进程，积极探索生态产业化经营模式，形成了信丰县典型的促进生态价值实现的经验做法。

正如习近平指出的那样，"你提到的这个生态总价值，就是绿色 GDP 的概念，说明生态本身就是价值。这里面不仅有林木本身的价值，还有绿肺效应，更能带来旅游、林下经济等"。信丰县正是牢固树立"生态本身就是经济价值"这一观点，通过不断探索与转化，取得了一系列的显著成效。

（一）调动社会资本，推动建设土壤改良工程

信丰县为了改善脐橙种植园土壤退化问题，促进脐橙产业的转型发展，自 2017 年起，就开始进行山水林田湖生态保护修复工程安西片区脐橙园土壤改良项目的建设，该项目实施内容包括建立化肥减量增效核心示范区 5000 亩、推广实施水肥一体化技术 25000 亩、增施有机肥 25000 亩。辐射信丰县安西镇、大塘埠镇、古陂镇、大桥镇、新田镇、铁石口镇、小江镇等乡镇。项目总投资共计 10300 万元，其中除了中央资金 1500 万元、县政配套 2620 万元外，企业及群众自筹资金达到了 6180 万元，可以看出，该项目 60% 的资金都是来自社会资本的引进，信丰县山水林田湖办通过"以奖代补"的方式对参与投资的农业龙头企业——农夫山泉股份有限公司实施项目进行补助。

信丰县之所以能够有效撬动社会资本，与其多方投入、一体推进的引资方式息息相关。该县在中央、市、县项目奖补资金的基础上，加大县级配套资金投入，并且有效整合了项目资源，积极动员相关企业及社会力量进行资金自筹、引导项目所在地村民入股、发动群众投工投劳，为项目的实施落地提供了多渠道、强有力的资金保障。

信丰县脐橙产业开启了高质量发展的全新征程，其经验做法得到了赣州的肯定和推广。2018 年，信丰县恢复和开发脐橙 3.6 万亩，建成丰树园现代柑橘苗木繁育基地、100 个防控示范区和 120 个标准化生态示范果园。2019 年，信丰脐橙产业高质量发展又迈出新步伐，新开发和恢复果园 3.3 万亩，建设标准果园 102 个，脐橙总面积达 21.9 万亩、产量 20.0 万吨。

（二）以生态修复推动文化旅游，拓展"两山"转化新通道

作为首批国家现代农业脐橙产业园创建县，信丰县加快了脐橙产业转型发展

的步伐，把脐橙产业作为"首位产业"来抓，严格把控脐橙品种、优化脐橙种植区土壤结构，统筹推进创建标准化生态果园，增加线上电商销售力度，使脐橙产业总产值达到 20 亿元，成为国家级出口食品农产品（脐橙）质量安全示范区。

通过对产业园区进行生态修复治理，大力发展文化旅游，信丰县在安西镇建成了占地 5400 亩的中国赣南脐橙产业园区，该园区内建有全国首家以"脐橙"为主题的大型综合性现代展馆——6000 平方米大型脐橙文化博览馆，目前已有众多国内外游客蜂拥而至，前往展馆参观游览。信丰县还有致力于种植科研的中美柑橘黄龙病合作实验室以及脐橙产业博士后工作站。2020 年，中国赣南脐橙产业园被评定为"国家 AAAA 级旅游景区"、荣获"江西省工业旅游示范基地"称号，信丰县通过"旅游+产业"，推动了生态与旅游的协同发展，把区域产业优势变成了助推县域经济跨越发展的不竭动力，通过发展文化旅游，建设美丽乡村，促进乡村振兴，拓展了"两山"转化新通道。

四、安远县发展绿色循环优质高效特色农业

安远县以生态理念、生态保护、生态产业、生态旅游、生态城乡为着力点，争当全国生态文明先行示范区的排头兵，逐步走上了一条经济社会与生态建设同升共进、人与自然和谐相处的绿色崛起之路。2019 年，安远县成功入选 2019 年绿色循环优质高效特色农业促进项目实施县。

为贯彻落实中央一号文件精神，培育壮大乡村特色产业，助力产业兴旺，助推乡村振兴战略实施，农业农村部办公厅、财政部办公厅出台《关于做好 2019 年绿色循环优质高效特色农业促进项目实施工作的通知》，该年度选择包括江西在内的 10 个优势特色主导产业发展基础好、提质增效潜力大、地方政府高度重视的省（自治区），实施绿色循环优质高效特色农业促进项目。入选后，中央财政将通过以奖代补方式对实施绿色循环优质高效特色农业促进项目予以补助，并且在建设全程绿色标准化生产基地、完善产加销一体化发展全链条、加强质量管理和品牌运营服务三个方面予以大力支持。

可以说，此次入选该项目后，安远县绿色循环优质高效特色农业将得到极大的提升与促进，同时也说明了安远县本身具备特色农业的产业基础与发展潜力，并且形成了具备安远县特色的"两山"转化路径。安远县积极推广资源集约利用、循环利用，发展高效生态农业、旅游等现代服务业以及新能源、新材料、节能环保等绿色产业。

（一）无公害白玉菇栽培技术

白玉菇是江西重要的珍稀食用菌栽培品种，但至今国内仍没有无公害白玉菇生产技术规程。由于缺乏严格的标准约束，产量不稳定，产品质量较差，给生产造成一定的影响。为了提高白玉菇产品质量，实现白玉菇规模化、可持续发展，特制定江西农业地方规程《无公害白玉菇栽培技术规程》，而该项技术规程正是由安远县天华现代农业有限公司率先制定的。

在安远县政府的引导下，安远县天华现代农业有限公司始终践行"在技术上做加法，在排污上做减法"的准则，仅每年投入的技术研发资金就达到了250多万元，该公司制定的《无公害白玉菇栽培技术规程》填补了我国该项技术规程的空白，每年利用莲子壳、麦皮等废料1万多吨，真正做到了变废为宝，走出了自己的发展新路。该公司年产值达8000多万元，成为亚洲最大的杏鲍菇出口企业。如今，安远县天华现代农业有限公司正筹建申报院士工作站，还加大投资进入了第三期项目建设期。在安远县，像安远县天华现代农业有限公司这样依靠技术发展食用菌的企业已达20多家，实现绿色发展来日可期。

（二）三百山生态旅游

三百山是安远县东南边境诸山峰的合称，是东江的源头、国家级风景名胜区、国家森林公园、国家AAAA级景区、全国首批保护母亲河生态教育示范基地。三百山景区规划面积197平方千米，主峰海拔1169米。其由福鳌塘、九曲溪、东风湖三大游览区，155处景观景点组成，旅游资源涵盖8大主类，涉及25个亚类，65种基本类型。其森林覆盖率高达98%，动植物资源十分丰富，空气中负离子浓度极高，最高达到近7万个/立方厘米，年均气温15摄氏度，夏季平均气温23摄氏度，被誉为"天然氧吧""避暑胜地"。

不负青山，方得金山。2017年9月，安远县对三百山景区实行全封闭建设，实施包括道路建设、游览体系、服务设施、景区环境等建设提升项目，推进三百山升级改造。[①] 2019年8月，经过提升改造的三百山景区开放迎客，新建成的安远县旅游集散中心以及东风湖、过桥垄游客服务中心，精心打造的天空之桥、漫云栈道、源头朝圣园等景点，给游客带来了全新体验。景区相关负责人介绍，开放后的第一个国庆黄金周，景区就接待游客数量近7万人。如今，三百山也成为赣粤闽三省交界地域自然山水旅游首选目的地。2019年，安远县旅游接待人数

---

① 安远：向生态要效益　向绿色要小康［EB/OL］. 江西赣州文旅, https://baijiahao.baidu.com/s?id=1671635035453537615&wfr=spider&for=pc, 2020-07-08.

达 480 万人次，实现旅游综合收入 30 亿元，分别比 2018 年增长 33% 和 29%。安远县的生态旅游产业真正成为安远县农民增收与进行生态保护的最佳平衡点。

安远县的发展事实证明，用改革的方法、走开放的路子是实现绿色崛起的必经之路，而绿色崛起也是实现科学发展的永续之路。具有绿色资源禀赋优势的县域要能建立起一套能够有效促进绿色发展的体制机制，大胆"走出去"，放心"请进来"，学习借鉴国内外先进经验，积极发展循环工业、循环农业和现代服务业。

五、赣南老区实现绿色循环低碳发展的经验启示

（一）转变内在思想观念

思想是行动的先导，要实现赣南老区绿色循环低碳发展的目标，思想转变是关键。转变思想观念主要体现在三个方面：从数量到质量、从末端到全程、从单独治理到综合治理。从数量到质量是指要从以往的"数字减排"的假象中跳出来，避免减排数据上去了，环境质量却下降了的情况，真正将环境质量的显著改善作为最终目标。要从末端治理转向全过程管理，将事前预防、事中监督同样作为不可忽视的环节。从单独治理到综合治理指的不仅考虑生态环境治理，转向综合考虑节能减排、优化国土空间格局、产业结构调整等方面；还要运用底线思维去设定明确的"上限""红线"，借此有效防止出现生态环境不可逆的恶化现象和人民群众健康受到威胁的情况。

（二）实现生产方式变革

赣南老区实现绿色循环低碳发展的典型案例主要是积极发展生态农业和有机农业等，采用降低用水、节约土地、减少农药化肥的投入等方式，从而改善农业生态环境。因此，推行绿色循环低碳的生产方式，是推动各行业按照节约资源、保护环境的要求实现生产方式根本转变的不二法门。农业如此，工业也是如此，推动工业的节能减排，彻底摒弃高污染、高投入的粗放式增长，才能从根本上改善工业生态环境。只有实现生产方式的变革，才能从根本上缓解经济增长与资源、环境之间的矛盾，从而有效减少资源消耗过度和污染排放问题。此外，还要大力推行清洁生产，从源头上加强清洁生产，减少污染物排放。除工业企业之外，还应实施全方位的清洁生产，包括农业以及服务业。

参考文献

［1］解保军. 马克思生态思想研究［M］. 北京：中央编译出版社，2018.

［2］中共中央文献研究室. 习近平关于社会主义生态文明建设论述摘编［M］. 北京：中央文献版社，2017.

［3］任耀武，袁国宝. 初论"生态产品"［J］. 生态学杂志，1992（6）：50-52.

［4］张林波，虞慧怡，李岱青，等. 生态产品内涵与其价值实现途径［J］. 农业机械学报，2019（6）：173-183.

［5］李干杰. 加快推进生态补偿机制建设　共享发展成果和优质生态产品［J］. 环境保护，2016（10）：10-13.

［6］吴菲，李典云，夏栋，等. 中国南方花岗岩崩岗综合治理模式研究［J］. 湖北农业科学，2016（16）：4081-4084+4106.

［7］陈芳孝. 北京市矿山生态治理主要技术与典型模式［J］. 中国水土保持，2007（7）：25-26.

［8］杨兴峰，邹慧，章东亮，等. 对接粤港澳大湾区　助推江西高质量发展［J］. 科技中国，2020（5）：68-74.

［9］汪清，邱欣珍. 赣县崩岗综合治理经验评述［J］. 水土保持科技情报，2001（3）：38-40.

［10］郭敏，赵恒勤，赵军伟. 赣州市生态文明试验区绿色矿山建设成效及建议［J］. 中国矿业，2020（6）：64-68+75.

［11］胡亚光，钟小根. 赣州推进大湾区康养旅游"后花园"跨越式发展的几点建议［J］. 质量与市场，2020（16）：68-70.

［12］王凌霞，李忠武，王丹阳，等. 红壤低山丘陵区水土流失防治分区方法与措施配置——以宁都县小洋小流域为例［J］. 土壤学报，2021（5）：

1169-1178.

[13] 杨华莲. 坚持生产、生活、生态统筹 奉贤展现新农村新面貌 [J]. 上海农村经济, 2018 (1)：18-20.

[14] 吴良灿, 朱逸, 陈日东. 江西赣州：山水林田湖生态保护修复试点工作的实践与思考 [J]. 中国财政, 2018 (12)：55-57.

[15] 赖熹姬, 张乔娜. 江西生态文明建设的实践与启示 [J]. 中共南昌市委党校学报, 2020 (4)：57-60.

[16] 肖胜生, 王聪, 郭利平, 等. 南方红壤丘陵区水土保持生态服务功能提升研究进展——以江西省兴国县塘背河小流域为例 [J]. 水土保持通报, 2019 (6)：289-294.

[17] 李德成, 梁音, 赵玉国, 等. 南方红壤区水土保持主要治理模式和经验 [J]. 中国水土保持, 2008 (12)：54-56.

[18] 曾贤刚, 虞慧怡, 谢芳. 生态产品的概念、分类及其市场化供给机制 [J]. 中国人口·资源与环境, 2014 (7)：12-17.

[19] 刘学涛. 习近平生态文明体制改革的主要内容及推进路径 [J]. 决策与信息, 2020 (12)：16-23.

[20] 王燕. 新发展理念视角下习近平生态文明思想探析 [J]. 党史博采（下）, 2020 (12)：4-6.

[21] 雷环清, 张声旺, 袁明华. 兴国县水土保持生态大示范区建设的成功经验 [J]. 中国水土保持, 2005 (11)：28-29.

[22] 潘峰, 喻荣岗, 胡松, 等. 兴国县水土保持需求分析及工作重点 [J]. 中国水土保持, 2020 (4)：63-64+68.

[23] 于东升, 陈洋, 马利霞, 等. 兴国县水土流失治理历程与新时期重点治理方向及策略 [J]. 中国水土保持, 2021 (1)：63-67.

[24] 万劲波. 强化生态文明建设的创新支撑 [J]. 世界环境, 2017 (6)：19-21.

[25] 方世南. 生态文明理念创新指导实践的十大着力点 [J]. 学习论坛, 2020 (4)：5-10.

[26] 王建东. 习近平关于科技推进生态文明建设重要论述的理论内蕴与时代价值 [J]. 福建师范大学学报（哲学社会科学版）, 2021 (1)：55-62+170.

[27] 孙要良. "绿水青山就是金山银山"理念实现的理论创新 [J]. 环境保护, 2020 (21)：36-38.

［28］郑博福，朱锦奇．"两山"理论在江西的转化通道与生态产品价值实现途径研究［J］．老区建设，2020（20）：3-9．

［29］马永喜，王娟丽，王晋．基于生态环境产权界定的流域生态补偿标准研究［J］．自然资源学报，2017（8）：1325-1336．

［30］王佳伟．我国自然资源资产离任审计问题的探讨［D］．南昌：江西财经大学硕士学位论文，2017．

［31］习近平．关于《中共中央关于全面深化改革若干重大问题的决定》的说明［N］．人民日报，2013-11-16（001）．

［32］习近平在参加青海代表团审议时强调：坚定不移走高质量发展之路坚定不移增进民生福祉［EB/OL］．中华人民共和国中央人民政府，http：//www.gov.cn/xinwen/2021-03/07/content_5591271.htm，2021-03-07．

［33］习近平主持召开中央全面深化改革领导小组第三十七次会议［EB/OL］．中华人民共和国中央人民政府，http：//www.gov.cn/xinwen/2017-07/19/content_5211833.htm，2017-07-19．

［34］习近平：决胜全面建成小康社会　夺取新时代中国特色社会主义伟大胜利——在中国共产党第十九次全国代表大会上的报告［EB/OL］．中华人民共和国中央人民政府，http：//www.gov.cn/zhuanti/2017-10/27/content_5234876.htm，2017-10-27．

［35］习近平在江西考察并主持召开推动中部地区崛起工作座谈会［EB/OL］．中华人民共和国中央人民政府，http：//www.gov.cn/xinwen/2019-05/22/content_5393815.htm，2019-05-22．

［36］江西举行统筹整合资金推进高标准农田建设工作发布会［EB/OL］．中华人民共和国国务院新闻办公室，http：//www.scio.gov.cn/xwfbh/gssxwfbh/xwfbh/jiangxi/Document/1698220/1698220.htm，2021-01-29．

［37］江西纳入首批国家生态文明试验区［EB/OL］．中国文明网，http：//www.wenming.cn/syjj/dfcz/jx/201608/t20160823_3610670.shtml，2016-08-25．

［38］李克强总理考察江西赣州［EB/OL］．新华网，http：//www.xinhuanet.com//politics/2016-08/22/c_129248354_7.htm，2016-08-22．

［39］谈谈我国新发展阶段［EB/OL］．新华网，http：//www.xinhuanet.com/politics/2021-01/04/c_1126942998.htm，2021-01-04．

［40］江西省国家生态文明试验区建设成效明显　森林覆盖率稳定在63.1%［EB/OL］．东方财富网，https：//finance.eastmoney.com/a2/202011261715861729．

html，2020-11-26.

［41］江西高速公路路网密度是全国平均水平的2.5倍 从零到6234公里仅用了25年［EB/OL］. 光明网，https：//m. gmw. cn/baijia/2021 - 04/07/1302215371. html，2021-04-07.

［42］"稀土王国"努力弥补生态欠账——江西赣州废弃稀土矿山环境综合治理纪实［N/OL］. 中国青年报，https：//baijiahao. baidu. com/s？id = 1680123134158258013&wfr=spider&for=pc，2020-10-10.

［43］江西赣州：城镇老旧小区改造让城市生活更宜居［EB/OL］. 中国青年网，http：//df. youth. cn/dfzl/202110/t20211016_ 13264272. htm，2021-10-16.

［44］江西赣州把"光头山"变成"花果山"［EB/OL］. 中国青年网，https：//baijiahao. baidu. com/s？id = 1687040424781315206&wfr = spider&for = pc，2020-12-25.

［45］发展升级 小康提速 绿色崛起 实干兴赣［EB/OL］. 中国江西网，https：//jiangxi. jxnews. com. cn/system/2013/07/23/012527711. shtml，2013-07-23.

［46］江西省人民政府印发关于支持赣州打造对接融入粤港澳大湾区桥头堡若干政策措施的通知［EB/OL］. 江西省人民政府，http：//www. jiangxi. gov. cn/art/2020/6/10/art_ 4975_ 1876272. html，2020-06-04.

［47］以绿色发展打造美丽中国"江西样板"［EB/OL］. 人民网，http：//theory. people. com. cn/n1/2016/0915/c83845-28717571. html，2016-09-15.

［48］江西省赣州市林业局聚焦重点攻难点落实林地经营权［EB/OL］. 浙江省林业局，http：//lyj. zj. gov. cn/art/2020/11/24/art_ 1276367_ 59000370. html，2020-11-24.

［49］赣州改造千万亩低质低效林 优化树种结构 改善赣江和东江流域生态［EB/OL］. 江西省人民政府，http：//www. jiangxi. gov. cn/art/2018/5/27/art_ 399_ 199247. html，2018-05-27.

［50］一方山水 万般风情 赣州等你来［EB/OL］. 金台资讯，https：//baijiahao. baidu. com/s？id=1669157244031271626&wfr=spider&for=pc，2020-06-17.

［51］昌北机场年货邮吞吐量突破12万吨增速连续两年列全国千万级机场第一［EB/OL］. 江西省人民政府，http：//www. jiangxi. gov. cn/art/2019/12/29/art_ 393_ 1312560. html，2019-12-29.

［52］2020年赣州市水质综合指数排名全省第一，水质优良率实现"两个百分百"［EB/OL］. 江西省环境厅，http：//sthjt. jiangxi. gov. cn/art/2021/3/8/art_

42067_ 3256243. html，2021-03-08.

　　［53］江南都市报：让城市拥抱森林　绿色赣鄱"数"咱强［EB/OL］．江西省林业局，http：//ly. jiangxi. gov. cn/art/2019/3/14/art_ 39842_ 2478078. html，2019-03-14.

　　［54］赣州市多举措推动林业高质量发展［EB/OL］．江西省林业局，http：//ly. jiangxi. gov. cn/art/2021/6/17/art_ 39793_ 3422027. html，2021-06-17.

　　［55］全南县林业局致力于特色林下产业发展［EB/OL］．江西省林业局，http：//ly. jiangxi. gov. cn/art/2020/10/16/art_39794_2865313. html，2020-10-16.

　　［56］政府工作报告——2020 年 4 月 27 日在赣州市第五届人民代表大会第五次会议上［EB/OL］．赣州市人民政府，https：//www. ganzhou. gov. cn/gzszf/c102460/202007/0ad923a75fcc4348a54daeef082647dc. shtml，2020-05-07.

　　［57］2018—2019 年度全市低质低效林改造核查结果的通报［EB/OL］．赣州市人民政府，https：//www. ganzhou. gov. cn/gzszf/c100038/201912/d6691a6b57e84d3c8d00b9016017349c. shtml，2019-11-27.

　　［58］2020 年赣州市大气污染防治工作情况总结［EB/OL］．赣州市生态环境局，https：//www. ganzhou. gov. cn/zfxxgk/c116184/202102/fa5521a962814d75b6207f17e8839829. shtml，2021-02-19.

　　［59］赣州市生态环境局召开贯彻实施《若干意见》7 周年新闻发布会［EB/OL］．赣州市生态环境局，http：//sthjj. ganzhou. gov. cn/gzssthjj/xwfb/202101/84bf2c8bf6cb441b9d4361a84f5f0f73. shtml，2019-08-08.

　　［60］我县三产融合赋能高质量发展［EB/OL］．崇义县人民政府，http：//www. chongyi. gov. cn/cyxxxgk/cy53617/202202/f85a3679717f408086045b6c554b8d27. shtml，2021-12-17.

　　［61］兴国：市场化修复生态　让废弃矿山提速复绿［EB/OL］．时空赣州网，http：//www. jxgztv. com/xgnr3/387529. jhtml，2020-07-14.

　　［62］2019 年第 111 期："赣州市土壤污染防治工作情况"新闻发布会［EB/OL］．时空赣州网，http：//www. jxgztv. com/szfbxwfbh/346709. jhtml，2019-11-14.

　　［63］安远：向生态要效益　向绿色要小康［EB/OL］．江西赣州文旅，https：//baijiahao. baidu. com/s？id = 1671635035453537615&wfr = spider&for = pc，2020-07-08.

　　［64］中央环保督察组向江西移交第十七批信访件［EB/OL］．光明网，https：//share. gmw. cn/difang/2021-04-27/content_ 34803323. htm，2021-04-27.

［65］自然资源［EB/OL］. 兴国县人民政府，http：//www. xingguo. gov. cn/xgzf/c104322/tt. shtml，2020-06-24.

［66］龙南市水保局对废弃稀土矿山治理［EB/OL］. 龙南市人民政府，http：//www. jxln. gov. cn/lnzf/ldxx/202008/c31c4acc73f54589afe556342e248220. shtml，2020-08-22.

［67］优良率99.5%！2021年赣州空气质量全省"双第一"［EB/OL］. 人民资讯，https：//baijiahao. baidu. com/s？ id = 1721016478122297598&wfr = spider&for = pc，2021-01-04.

［68］赣州市：扎实推进山水林田湖生态保护修复试点工作［EB/OL］. 吉安市财政局，http：//czj. jian. gov. cn/news-show-1274. html，2017-04-19.

［69］中科院专家：生态产品　如何能够创造经济价值？［EB/OL］. 新浪财经，http：//finance. sina. com. cn/review/jcgc/2021-03-16/doc-ikkntiam3179039. shtml，2021-03-16.

［70］江西高铁里程从12位跃居全国第三［EB/OL］. 客家新闻网，https：//baijiahao. baidu. com/s？ id = 1654587721522066351&wfr = spider&for = pc，2020-01-02.

［71］赣州全力推进生态文明试验区建设　筑牢南方生态屏障［EB/OL］. 客家新闻网，https：//baijiahao. baidu. com/s？ id = 1629251582723180891&wfr = spider&for = pc，2019-03-28.

［72］赣州市创造水土保持生态治理"赣南模式"纪实［EB/OL］. 客家新闻网，https：//baijiahao. baidu. com/s？ id = 1630589896245341818&wfr = spider&for = pc，2019-04-12.

［73］定南：循环农业厚植绿色发展［EB/OL］. 客家新闻网，https：//baijiahao. baidu. com/s？ id = 1671569343234695908&wfr = spider&for = pc，2020-07-07.

后 记

2021 年是"十四五"开局之年，也是推进《国务院关于新时代支持革命老区振兴发展的意见》落实的第一年，在这个特殊时间节点开展新时代赣南老区生态文明建设高质量研究，既是理论探索的承前启后，又是实践经验的接续积累，具有十分重要的意义。

2020 年 11 月 7~8 日，由中国社会科学院农村发展研究所、江西师范大学、福建社会科学院、龙岩学院共同主办的第四届全国原苏区振兴高峰论坛在龙岩学院举办，论坛期间，江西师范大学党委书记、苏区振兴研究院名誉院长黄恩华与中国社会科学院农村发展研究所所长、苏区振兴研究院学术委员会主任魏后凯商讨了苏区振兴研究院"十四五"时期的科研工作，提出要围绕革命老区高质量发展主题，持续编著系列研究丛书，"革命老区赣南区域发展丛书"就是其中的一套。遵照黄恩华书记指示，苏区振兴研究院按照"五位一体"新发展理念确定了丛书的主要研究内容。

本丛书的出版得到了江西师范大学党委委员、副校长周利生、董圣鸿的鼎力支持和倾心指导，学校研究生院给予了经费支持。

本书得以顺利出版，要感谢经济管理出版社知言分社丁慧敏社长和她团队的鼎力支持。

衷心感谢上述各位领导的关心和大力支持。

限于我们的学识和能力，本书肯定存在许多不足，在文责自负的同时，还要恳请您批评指正。